U0170877

国家科学技术学术著作出版基金资助出版

特征模法及其在天线设计中的应用

褚庆昕　李　慧　林江锋　著

科学出版社

北　京

内 容 简 介

本书对特征模法相关的参数进行了详细的介绍，包括特征值、模式重要性、特征角、Q值、特征场等，对于相关参数在各种天线中的最佳应用方法进行了阐述。此外，本书从能量的观点和电路的观点分别阐述了特征模式的耦合，也对模式的Q值进行了深入的探讨。本书不仅介绍了经典的特征模理论指导天线设计的方法，还对各应用领域相关的前沿内容进行了阐述、梳理和展望，对特征模法的后续发展有一定的启发意义。

本书可供从事天线研究相关工作的研究人员及通信工程专业的高校师生参考。

图书在版编目(CIP)数据

特征模法及其在天线设计中的应用/褚庆昕，李慧，林江锋著. —北京：科学出版社，2022.6

ISBN 978-7-03-072435-9

Ⅰ.①特… Ⅱ.①褚… ②李… ③林… Ⅲ.①天线设计-研究 Ⅳ.①TN82

中国版本图书馆 CIP 数据核字(2022)第 094357 号

责任编辑：郭勇斌 肖 雷／责任校对：杜子昂
责任印制：张 伟／封面设计：刘云天

科学出版社 出版
北京东黄城根北街 16 号
邮政编码：100717
http://www.sciencep.com
北京建宏印刷有限公司印刷
科学出版社发行 各地新华书店经销
*
2022 年 6 月第 一 版 开本：787 × 1092 1/16
2024 年10月第四次印刷 印张：12 3/4
字数：286 000
定价：119.00 元
(如有印装质量问题，我社负责调换)

作 者 简 介

褚庆昕，华南理工大学国家二级教授，博士生导师，中国电子学会会士，IEEE Fellow，中国电子学会天线学会副主任委员，电波传播学会副主任委员，国务院政府特殊津贴专家。目前从事新一代无线通信中的天线与微波技术等领域的研究工作。出版专著两部，发表学术论文 600 余篇，获授权中国发明专利 70 余件。主讲的本科生课程射频电路与天线 2009 年被评为国家精品课程。2011 年获广东省教学名师称号。分别于 2002 和 2008 年获教育部自然科学奖一等奖，2013 年获广东省自然科学奖二等奖，2016 和 2018 年获中国电子学会科学技术奖二等奖。

李慧，大连理工大学教授，博士生导师，日本东北大学客座教授，中国电子学会天线分会委员，IEEE 高级会员，中国电子学会高级会员。博士毕业于瑞典皇家理工学院和浙江大学，获得两个独立的博士学位后，于瑞典隆德大学从事博士后工作。目前主要研究方向包括特征模理论及其应用、5G 毫米波终端天线、基站天线、可穿戴天线系统、射频识别天线系统等。先后入选辽宁省“兴辽英才”青年拔尖人才、大连市科技之星、辽宁省百千万人才计划等人才计划。

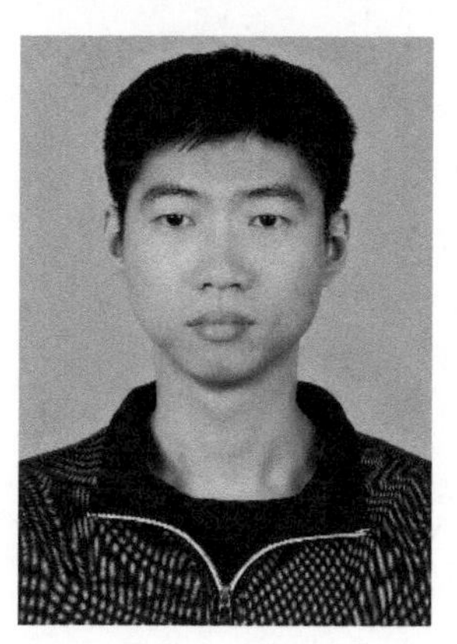

林江锋，2013 年毕业于北京邮电大学，获得工学学士学位。2018 年毕业于华南理工大学，获得工学博士学位。2019 年获得澳门大学濠江学者博士后奖学金。研究方向是特征模理论及应用，目前已发表 SCI 论文 12 篇，其中 9 篇发表在天线专业顶级学术刊物上。

前　言

一直以来，麦克斯韦电磁理论与具体天线设计存在着似乎难以逾越的鸿沟。虽然天线特性的计算依赖于麦克斯韦方程，但如何通过理论计算直接得到天线结构的具体形式是十分困难的。因此，天线设计者往往都是从天线的基本原理出发，应用基于全波数值方法 (有限元法、时域有限差分法、矩量法等) 的商用软件进行耗时的仿真探索 (试错、扫参、优化等)，以期得到满足特性要求的天线结构与尺寸。基于完备函数理论体系的电磁场模式展开理论是解决复杂电磁场问题计算的一个有效途径。这类方法对封闭空间的电磁场问题如波导、谐振腔等非常有效，也可以用于天线的电路特性分析。但对于开放结构、天线的辐射特性，传统的模式展开理论并非普遍适用。特征模理论的出现，为电磁理论和天线设计架起了一座桥梁。因此，越来越多的学者和专家关注了特征模理论，并对其进行了理论和应用方面的诸多创新，特征模理论及其应用也得到了迅速发展。

本书正是在这种背景下，对特征模理论、方法以及在天线设计中的应用进行了系统、详尽且具有前瞻性的阐述。除了基础理论部分，书中的内容基本上都来自于作者的原创性工作，尤其是特征模的耦合理论，特征模方法在天线带宽拓展、小型化、圆极化实现、多天线系统及其去耦等方面的应用，为天线设计者提供了系统有效的设计方法。书中对一些实用且具有普遍意义的问题进行了深入的探讨，以通俗易懂而又不失严谨的方式阐述了特征模理论、方法和应用，使读者以简单直观的方式了解基于特征模方法设计天线的物理机理和过程，并能迅速找到相应的解决方案，这对于天线研究人员和工程师都具有重要的意义。

在 2010 年前后，我在从事宽带谐振天线的研究中发现，谐振天线要实现宽带的核心机理是实现多模式。我们借鉴多模宽带滤波器理论，提出了一系列基于电抗元件加载来构造和控制天线输入阻抗多模式的方法，实现了宽带谐振天线的设计。但对于方向图也需要在宽频带内保持稳定的天线，如基站天线、卫星导航天线等，仅实现输入阻抗的多模式是远远不够的，还需要保证各个模式的电流分布相似。而基于电流分布展开的特征模方法正好可以解决这些问题。于是，我与我的博士生林江锋开始了特征模方法的研究。林博士在特征模的模式耦合理论、应用特征模方法设计圆极化宽带天线等方面都取得了出色的成果，这些都已写入本书中。大连理工大学李慧教授在瑞典隆德大学访学期间，与瑞典索尼爱立信公司就手机天线的设计开展了合作研究，在国际上较早地采用特征模方法分析手机天线的辐射机理，指导手机天线的设计，提出并实现了多款高隔离度的 MIMO 天线、宽频带天线、可重构天线等，有效地解决了手机天线尤其是低频天线中相关性高、耦合严重的问题，可谓硕果累累。书中有关手机天线方面的内容均来自于李老师的工作及其对同行相关工作的综述。同时，李教授和林博士在本书的撰写和编辑方面也付出了艰辛的工作。在此，我对他们的辛勤付出表示衷心的感谢！

本书得到了国家科学技术学术著作出版基金的资助，科学出版社为本书的资助申请和出版给予了很大的帮助和支持，特此表示衷心的感谢！

由于作者水平有限，加之本书的主要内容比较前沿，书中难免有疏漏之处。我们真诚地希望读者能够有所收获的同时，不吝赐教，多多提出宝贵的意见。

褚庆昕

2022 年 3 月 28 日于华南理工大学

目　录

1 绪 论

1.1 特征模理论的发展历程

无线通信技术在不断向前发展的过程中，天线作为整个通信系统不可或缺的一部分，面临着层出不穷的新要求，如要求天线小型化，宽频或者多频工作，具有滤波特性，在多输入多输出 (multiple-input multiple-output, MIMO) 系统中要求不同天线单元之间的隔离度高，在基站天线中要求方向图和增益稳定等。

设计指标要求的增多使得天线的结构越来越复杂，单纯依赖传统的解析方法已经很难对天线进行精确的分析，因此利用商用软件 (如 HFSS、FEKO、IE3D、EMPIRE、CST、XFDTD、NEC 等) 对天线进行数值分析已成为必然。近年来，天线的发展主要得益于算法和计算机技术的进步。但是，利用软件对天线进行仿真并不能清楚地提供天线的工作机理，所以即便有了商用软件的辅助，一个成功的天线设计还依赖于设计者本人的知识储备和以往的设计经验，很多情况下，天线的优化过程就是一个不断尝试的过程。

众所周知，解析本征模式理论由于其清晰的物理概念，在天线设计领域获得了广泛的应用。常用的解析模式有球体的 TE/TM 模式，单极子的 TM 模式，还有微带贴片天线的腔体 TM 模式。利用这些模式，人们可以研究天线的 Q 值 (品质因数)[1-2]，拓展天线的带宽 [3-5]，提高天线的增益 [6-7]，以及实现其他特性。但对于具有不规则形状的辐射体，求解这些解析模式的谐振频率和电流分布非常困难。

与传统解析本征模式理论不同，特征模法不仅保留了解析本征模式理论概念清晰的优点，还结合了数值矩量法 (method of moment, MoM) 善于处理不规则结构的优点，保障了方法的普适性。例如，传统腔体 TM 模式可以分析形状规则的贴片天线，对于形状不规则或加载缝隙、短路探针的贴片天线 [3-7] 则无能为力，但利用特征模理论 (characteristic mode theory, CMT) 就可以分析这类天线。

1965 年，特征模理论由 Garbacz 等 [8-9] 提出，后来 Harrington 等在此基础上结合矩量法对其进行了完善，形成了目前被广泛应用的形式 [10-11]。根据特征模理论，任何一个物体，表面的电流或者辐射的方向图，都可以分解成一系列特征模式对应的特征电流或特征远场的叠加。这些特征模式由物体的结构、材料和边界条件决定。特征模理论就是通过研究物体的固有模式，从物理机制上解释物体的辐射、散射和谐振特性，并指导天线的研究。特征模理论有两大优势：第一，模式本身不依赖激励。对于平台集成天线来说，这可以将馈源天线和集成平台对辐射的贡献区分开来。分析平台自身的模式有助于深刻理解平台的辐射和散射特性及其如何与外界馈源 (即天线) 相互耦合。这将指导后续的天线以及馈电网络的优化，以激励需要的模式，抑制干扰的模式。第二，由特征模分解得到的各模式的特征电流以及特征远场是正交的。该特性有利于模式的独立控制，可应用于可重构天线以及低相关性的多天线系统的研究中。

在传统特征模理论的基础上，Mautz 和 Harrington 进一步发展出端口/网络特征模理论 [12]，并将研究对象从理想电导体推广到理想磁导体 [13] 以及电介质和磁材料 [14-15]。此外，还有不少学者都对特征模理论的发展做出了贡献，在 Harrington 的经典特征模式以外又提出了一些新的模式 [16-18]。但是，由于早期电子计算机计算能力和内存的限制，特征模理论在天线中的应用并未引起广泛的关注。随着电子计算机的进步，当仿真技术成为天线设计的主流方法后，特征模理论由于其清晰的物理概念才得到了重视，并在最近十几年兴起一波研究热潮 [19-21]。具体到国内，文献 [22]—[24] 率先对特征模理论进行了研究，对后面特征模理论在中国的繁荣发展起到了重要的引导作用。

1.2　特征模理论的发展现状

从 2000 年开始，国内外掀起一波利用特征模理论分析设计天线的热潮，这些天线包括电小天线、平面倒 F 天线 (PIFA)、多输入多输出 (MIMO) 天线、圆极化天线等。利用特征模理论可以对天线的输入阻抗、带宽、Q 值、耦合、方向图、增益等电路和辐射参数进行分析，揭示天线的工作机理。利用特征模理论设计天线的核心是寻找到或构造出一个或多个模式，这些模式的谐振频率、电流分布、方向图、增益等能够满足天线的性能要求。下面我们详细介绍特征模理论及其在各类天线应用中的研究现状。

1.2.1　天线特征模式与输入阻抗的关系

天线输入阻抗的谐振点可以由单个谐振模式 (characteristic mode, CM) 引起，也可以由相邻的感性模式和容性模式合作引起 [25]。下面我们以对称振子 (偶极子)、圆环天线和贴片天线为例说明这个结论。

图 1.2.1 给出了对称振子前 3 个模式的电流分布和模式重要性 (modal significance, MS) 系数曲线，3 个模式分别在 3 个不同的频点谐振。图 1.2.2 给出了中心馈电对称振子的输入阻抗曲线，分析该频段的输入阻抗只需考虑 CM1 和 CM3，因为在中心馈电时，CM2 没有被激励出来，对输入阻抗无影响。图 1.2.3 给出了在并联谐振点处天线上的电流分布，从图中可以看出，该电流是由 CM1 和 CM3 叠加而来的。但是在第一个和第二个串联谐振点处，由于天线上的电流分布分别与 CM1 和 CM3 的电流分布类似，所以我们可以判断串

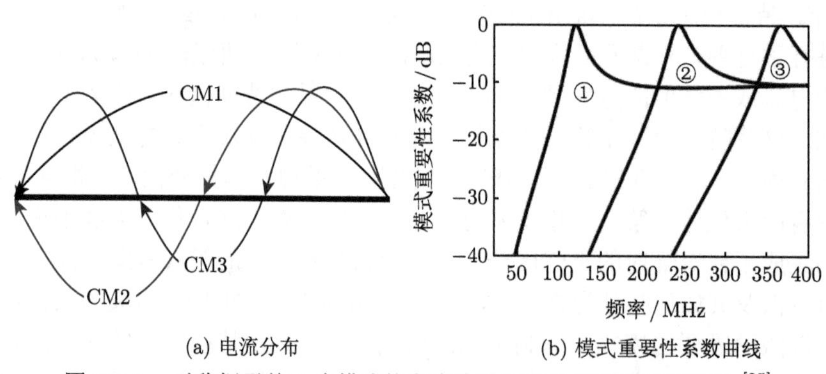

(a) 电流分布　　(b) 模式重要性系数曲线

图 1.2.1　对称振子前 3 个模式的电流分布和模式重要性系数曲线 [25]

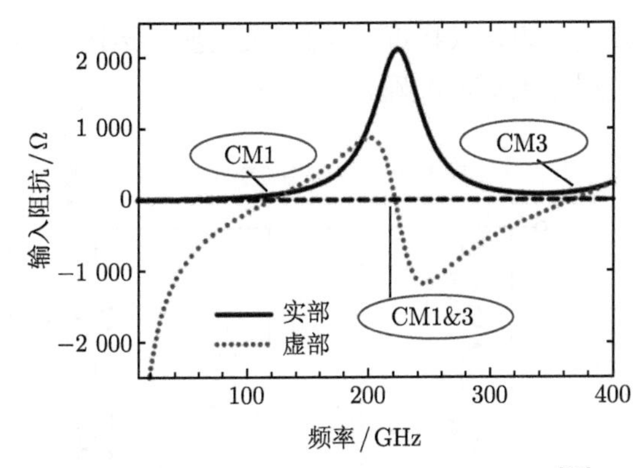

图 1.2.2 中心馈电对称振子的输入阻抗 [25]

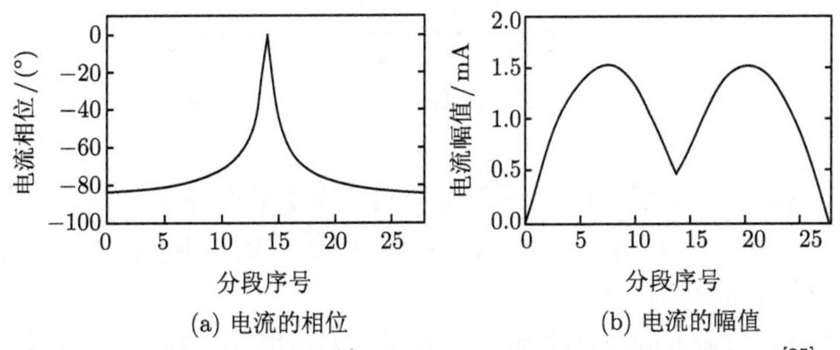

(a) 电流的相位 (b) 电流的幅值

图 1.2.3 在并联谐振点处对称振子上面电流的相位和幅值分布 [25]

联谐振点是分别由 CM1 和 CM3 带来的。实际上，串联谐振点的位置与 CM1 和 CM3 谐振点的位置相同。在串联谐振点处，天线输入电阻较小，而在并联谐振点处，天线输入电阻较大。

相比于对称振子这样的开放结构，圆环天线是闭合结构，所以在频率等于零时 (直流)，圆环天线上仍然有电流，而这对于对称振子是不可能的。这使得圆环天线存在一个非谐振模式，这个模式的特征值永远不会等于零，即不存在谐振频率。由于圆环结构的对称性，存在成对的简并模 (degenerate mode)，每对简并模具有完全相同的特征值，但电流方向互相垂直。与对称振子类似，圆环天线输入阻抗的串联谐振点就是单个特征模式的谐振点，并联谐振点则位于各个特征模式谐振点中间，由相邻的特征模式合作引起。

与对称振子和圆环天线不同，对于贴片天线来说，其输入阻抗的并联谐振点对应于单个特征模式的谐振点，而其串联谐振点则由相邻特征模式合作引起 [22,26]。在并联谐振点处，贴片天线输入阻抗较小，而在串联谐振点处，贴片天线输入阻抗较大。实际上，对于形状规则的贴片天线，其特征模式对应着传统的腔体 TM 模式。在文献 [22] 中，以等边三角形贴片天线为例，对两种模式进行了比较，发现这两种模式具有相同的谐振频率。

文献 [27] 指出，从输入阻抗来说，对称振子的每个模式可以等效为一个串联 RLC 电路，天线总的输入阻抗可以等效为多个串联 RLC 电路的并联 (图 1.2.4)。对于电小和中等规模尺寸的天线来说，只需少数模式就可以精确计算其辐射特性或其输入阻抗的实部，但如果要精确计算天线输入阻抗的虚部，则需要考虑更多的模式。实际操作时常常把低阶模式用串联 RLC 电路来等效，而其他高阶模式则直接用一个并联电容来等效，这样等效出来的电路输入阻抗与天线输入阻抗很接近。文献 [28] 进一步指出，如果采用高通 RLC 电路来等效每个模式，将使得结果更加准确。

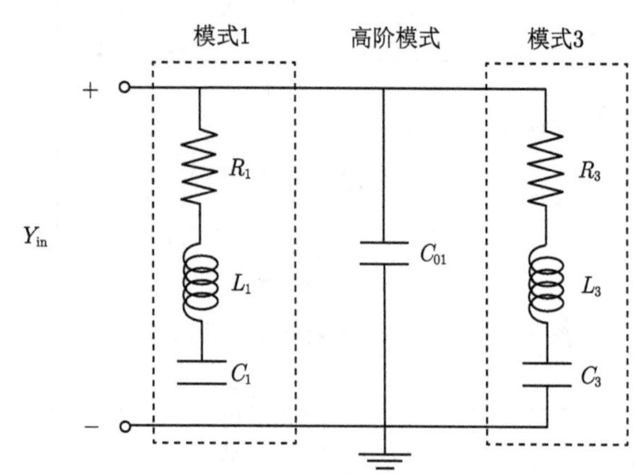

图 1.2.4　中心馈电对称振子的等效 RLC 电路 [27]

对于贴片天线来说，文献 [26] 指出其每个模式需要采用并联 RLC 电路来等效，总的输入阻抗等于各个并联 RLC 电路的串联 (表示低阶模式的影响) 再加上一个串联电感 (表示其余所有高阶模式的影响)。

从天线特征模式与输入阻抗的关系可以知道，若想增加天线带宽，可以通过两种方法：一种是减小模式本身的 Q 值来增加模式带宽，另一种是将多个模式靠在一起。需要特别指出的是，即便已经激励出一个特征模式，也并不意味着天线可以工作在其谐振点附近，还需要确保馈源与模式之间阻抗匹配 [29]。对于多模天线来说，多模特性确实增加了天线的潜在带宽 [30]，但为了实现这个潜在带宽，就必须确保馈源与多个模式阻抗匹配。

1.2.2　多模天线

电小天线由于受到朱兰成带宽极限 [31] 的限制，其带宽很难做宽。文献 [32] 和文献 [33] 发现当电小天线存在两个谐振频率接近的特征模式，若在某种激励方式下，这两个特征模式都被激励出来，且在各自的谐振频率附近这两个模式的输入阻抗都与馈源阻抗接近时，就会在反射系数曲线上出现两个极小点，从而显著增加天线的阻抗带宽。在这个思想的指导下，文献 [32] 和文献 [33] 设计了一款宽带电小四臂 TM_{10} 单极子天线，如图 1.2.5 所示，线圈绕在 4 个支撑臂上面。图 1.2.6 给出了前两个模式的特征电流分布，与单极子 TM_{10} 模式的电流分布类似，这两个模式都有垂直于地板向上的电流分量存在。此外，这两个模式的谐振点可以分别通过臂上相邻线圈的距离 p_a 和 p_b 来调节。

众所周知，PIFA 的带宽受地板尺寸的影响。文献 [34] 认为 PIFA 作为电小天线，辐射能力较弱，其作用在于激励出地板的特征模式，使地板成为主要的辐射体。为了将天线高度和馈电结构考虑进来，文献 [34] 将 PIFA 单元用无限大导体平面代替，并将该无限大导体平面与有限大地板视为一个整体计算其特征模。研究发现，在工作频段内，若只有一个模式的重要性系数较大，那么该 PIFA 带宽较窄；若有不止一个模式的重要性系数较大，那么该 PIFA 带宽较宽。

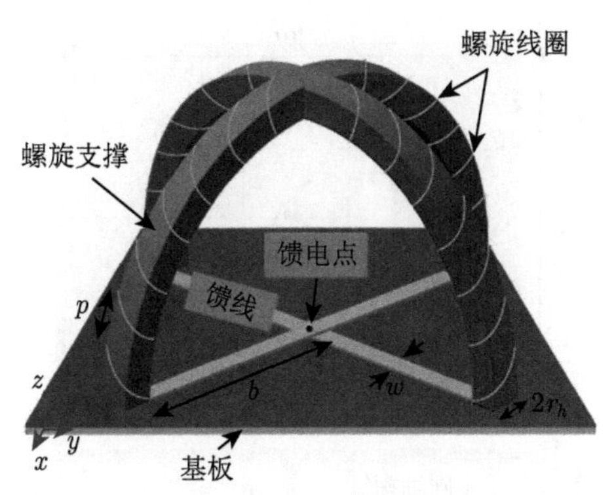

图 1.2.5　电小四臂 TM_{10} 单极子天线 [32]

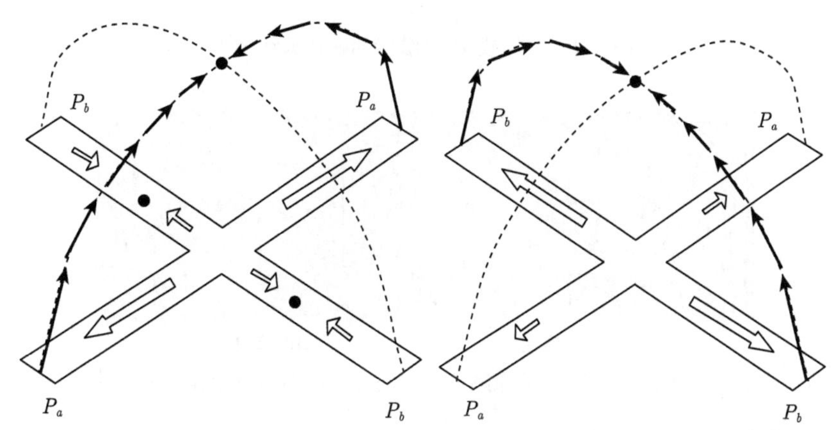

图 1.2.6　电小四臂 TM_{10} 单极子天线前两个特征模式的电流分布 [32]

除了通过改变地板尺寸来增加带宽，文献 [34] 进一步指出，可以在 PIFA 的地板上蚀刻缝隙 (图 1.2.7)，缝隙的方向与模式电流流动的方向垂直，这样可以改变地板的电长度和电宽度，从而改变模式的谐振频率，促使两个模式相互靠近以增大天线的带宽。

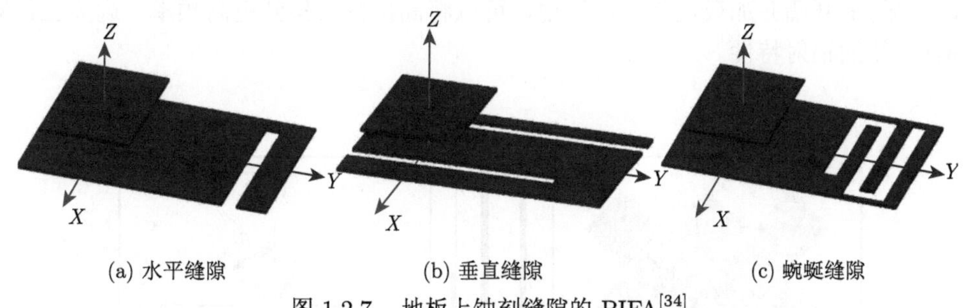

(a) 水平缝隙　(b) 垂直缝隙　(c) 蜿蜒缝隙

图 1.2.7　地板上蚀刻缝隙的 PIFA[34]

文献 [35] 指出，在微带天线的贴片上加载 U 形缝隙后 (图 1.2.8)，可以引入一个新的缝隙模式，加上原有的微带天线 TM_{10} 模式，天线的带宽得以增加。图 1.2.9 显示缝隙模式和 TM_{10} 模式的电流都沿着同一方向流动，极化相同，故引入缝隙模式不会使天线的交叉极化比变差。

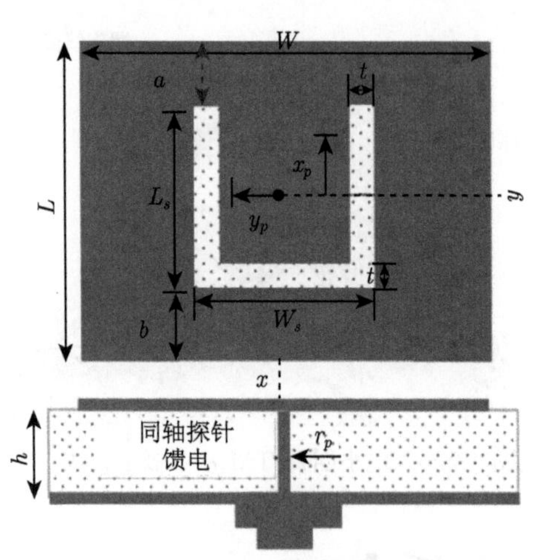

图 1.2.8　加载 U 形缝隙的贴片天线 [35]

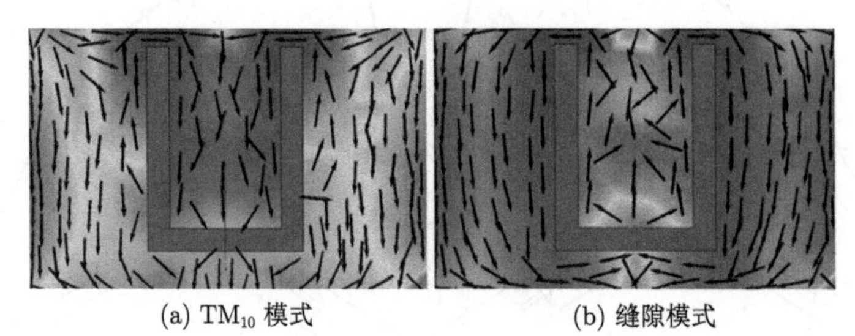

(a) TM_{10} 模式　　(b) 缝隙模式

图 1.2.9　加载 U 形缝隙贴片天线的 TM_{10} 模式和缝隙模式 [35]

文献 [36] 采用超表面作为微带天线的辐射单元 (图 1.2.10)，并分析了其特征模式，通过同时激励出一个缝隙模式和一个准 TM_{30} 模式拓展了带宽。从图 1.2.11 可见，这两个模式具有相似的电流分布，保证了天线方向图在宽频带内的稳定性。文献 [37] 进一步指出当存在多个超表面微带天线 (图 1.2.12) 时，它们之间的互耦会激励出各自的高次模式，这些高次模式的辐射会使天线的方向图发生畸变，即主瓣发生分裂和偏转、出现旁瓣等。通过在超表面单元上开槽并加载短路销钉接地，可以将高次模式移到更高频率，远离工作频段，从而改善天线的辐射特性。

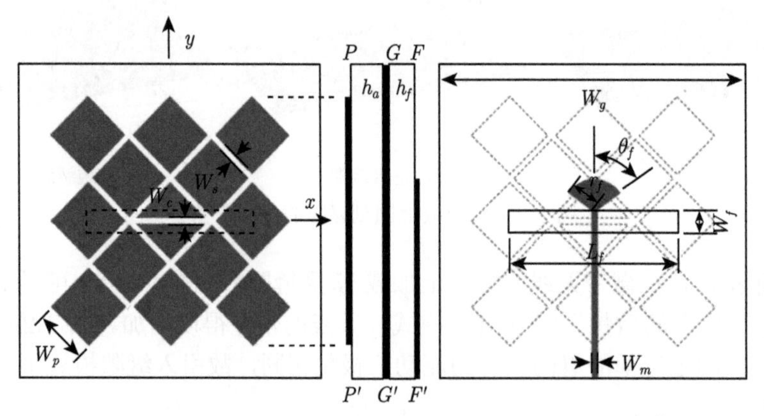

图 1.2.10　文献 [36] 所提出的超表面贴片天线结构 [36]

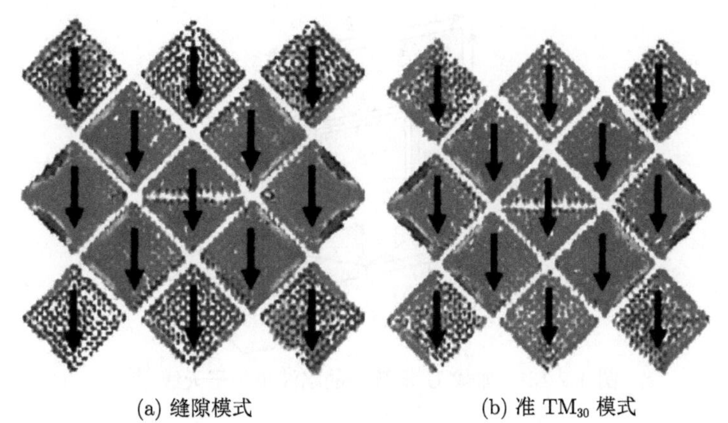

图 1.2.11 超表面贴片天线的缝隙模式和准 TM_{30} 模式 [36]

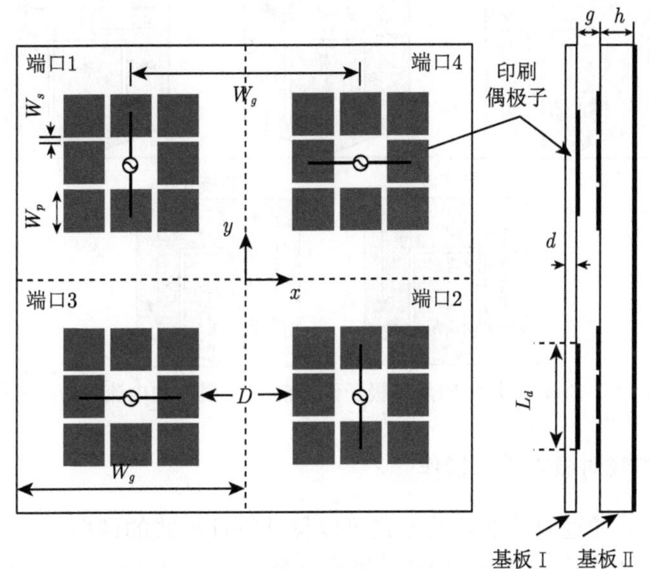

图 1.2.12 4 个存在互耦的超表面天线 [37]

引入缝隙模式除了增加带宽外，还可以产生陷波特性。例如，文献 [38] 提出了一款超宽带陷波单极子天线，单极子与地板垂直，如图 1.2.13 所示，在单极子上加载 U 形缝隙后，成功实现了陷波特性。此时除了模式 J_2 的特征角曲线变化较大且其谐振点下降外，其他模式几乎不受影响。这是因为图 1.2.14 显示，U 形缝隙的引入阻碍了模式 J_2 水平电流的流动，使该模式的电流路径变长。其他模式的电流要么流动方向与 U 形缝隙的臂平行，要么在 U 形缝隙所处的位置强度很弱，因此引入 U 形缝隙对这些模式的电流分布影响很小。另外，由于缝隙模式的特征角曲线非常陡峭，辐射带宽很窄，所以它对天线性能的影响局限在其谐振点附近，天线只在其谐振点附近出现陷波特性。需要注意的是，缝隙模式不止一个，这里出现的是最低阶的，高阶的缝隙模式超出了我们所关注的频段。

综上可见，通过在导体上合适的位置加载缝隙或开槽，可以对相关模式进行有效控制，从而使天线产生某些性能，如带宽增加、出现陷波等。缝隙位置的选择需要考虑已有模式的电流分布。

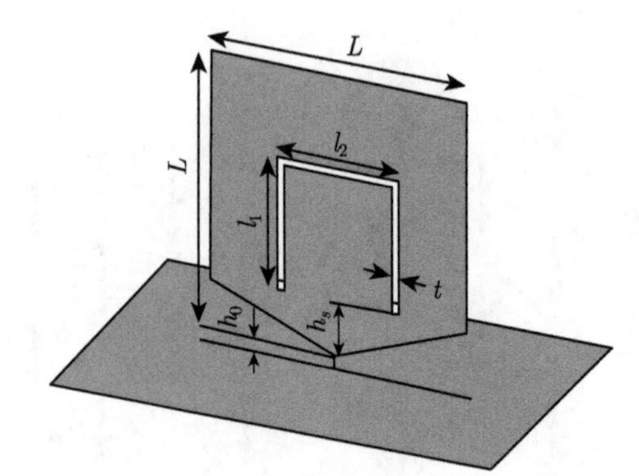

图 1.2.13　加载 U 形缝隙的陷波单极子天线 [38]

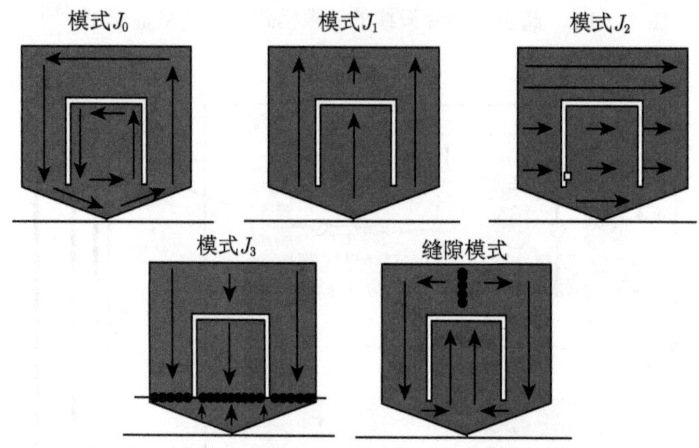

图 1.2.14　加载 U 形缝隙后单极子天线前 5 个模式的电流分布示意图 [38]

1.2.3　通过电抗加载对模式进行操作

文献 [39] 指出，通过阻抗加载的方式可以移动特征模式的谐振点。图 1.2.15 给出了对称振子加载电抗元件前后的特征值曲线，加载电容是为了提升模式 J_1 的谐振点，加载电感则是为了降低模式 J_2 的谐振点，这样一来，模式 J_1 和 J_2 相互靠近，对称振子带宽增加。

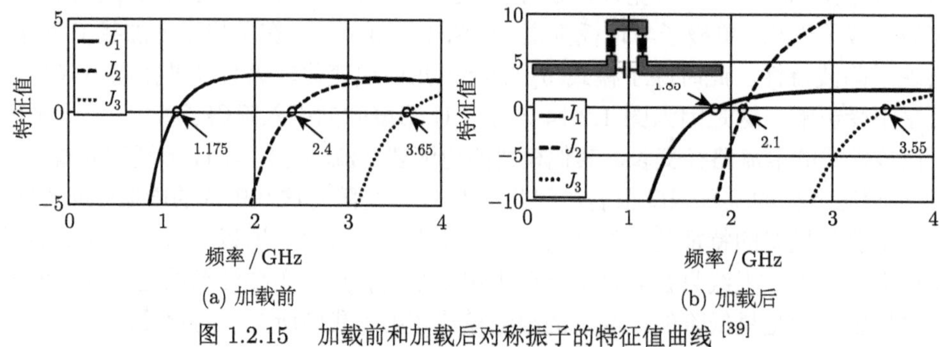

图 1.2.15　加载前和加载后对称振子的特征值曲线 [39]

多模操作虽然可以拓展天线阻抗带宽，但是当各个模式的电流分布不一致时，天线就难以在宽频带内保持方向图特性不变。为了解决这个问题，文献 [40] 提出在天线上加载电抗，使单个模式在宽频带上保持某一理想电流分布和谐振状态，这样一来，天线始终处在单模工作状态，电流分布和方向图特性都保持不变。

电抗加载方法实现流程如图 1.2.16 所示，文献 [40] 选择一个 1.2m 长的对称振子 (图 1.2.17) 来演示该方法。首先我们需要让这个对称振子在宽频带内一直以最低阶模式工作。为了实现这个目标，加载电抗应该使得最低阶模式的特征值在宽频带内始终接近于零 (dB 值在 −50 以下)，即该模式在宽频带内一直处于谐振状态。图 1.2.18 给出了每个端口需要加载的电抗元件的理想值。产生这样的理想值需要很复杂的网络，这里用一个二单元串联 LC 网络来近似，电感、电容值要求为负数，因此需要采用非福斯特元件。

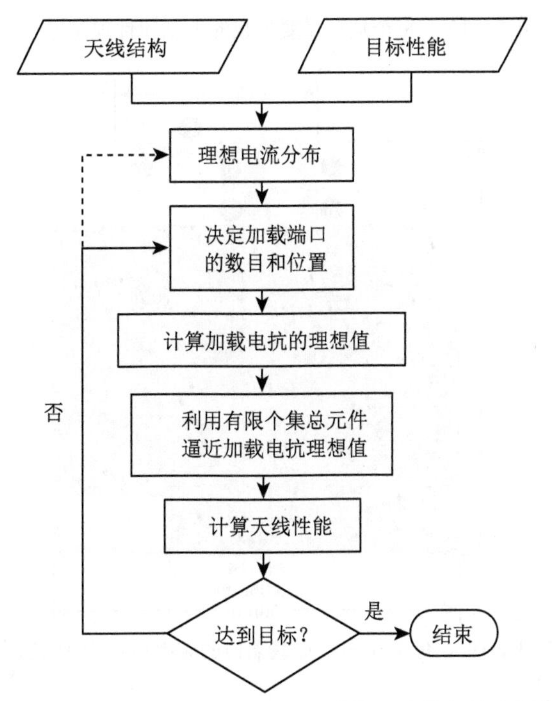

图 1.2.16 采用电抗加载方法拓展单模天线带宽的流程 [40]

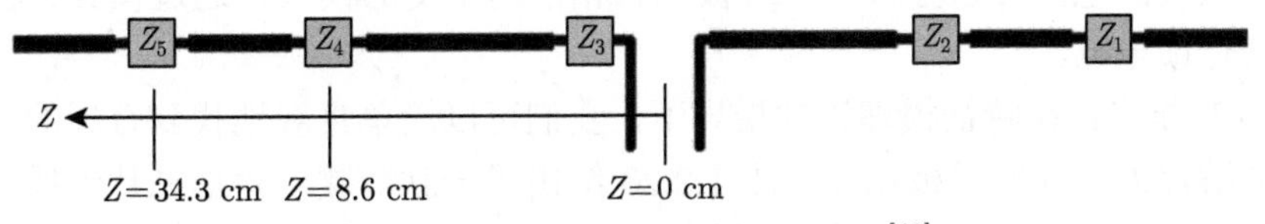

图 1.2.17 五端口加载的对称振子 [40]

除了增加带宽，文献 [41] 提出可以利用电抗加载技术改变模式谐振频率来实现天线工作频率可重构的目标。由于天线的工作模式及其电流分布没有改变，天线的输入阻抗和辐射特性在各个工作频点保持不变。文献 [41] 用一款对称振子天线和一款 PIFA(图 1.2.19) 演示了该方法。

需要注意的是，文献 [40] 和文献 [41] 所用的方法都没有解决输入阻抗匹配的问题，所以加载电抗后仍然需要在天线和馈源间添加匹配网络以实现阻抗匹配。

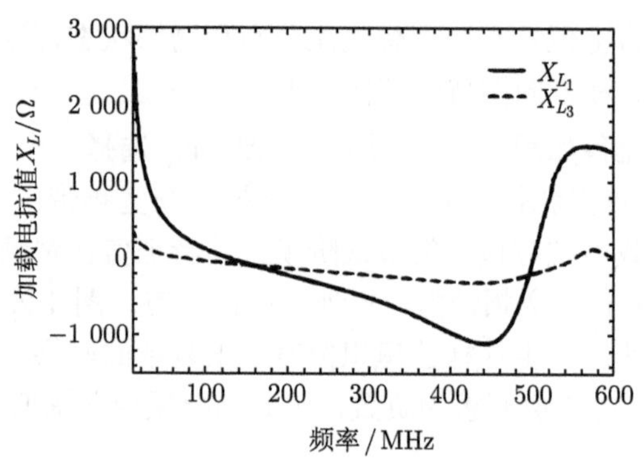

图 1.2.18　每个端口需要加载的电抗元件理想值 [40]

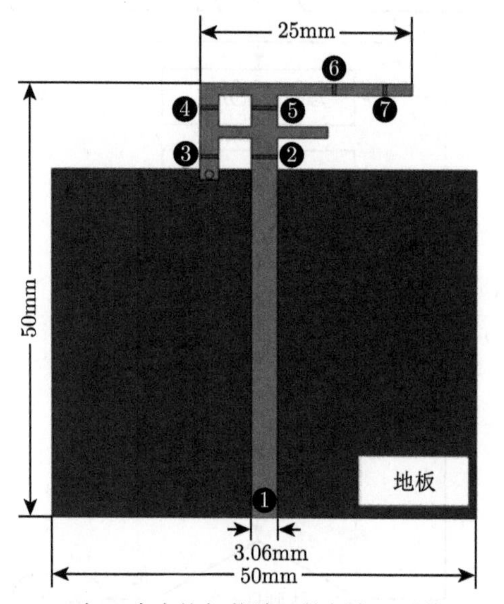

图 1.2.19　有 7 个电抗加载端口的频率可重构 PIFA[41]

1.2.4　利用特征模式远场正交性设计圆极化天线

圆极化天线的电流可以分解成一对极化和相位均正交的模式，通过模式分析可以很方便地找到最佳馈电点。

文献 [27] 指出，在特征模理论的指导下，我们可以简单直观地找到合适的馈电点，使任意形状的贴片天线辐射圆极化波。图 1.2.20 给出了一款等腰三角形贴片天线的结构，图 1.2.21 给出了其水平电流模式和垂直电流模式在贴片上的分布，图 1.2.22 给出了它们的模式重要性系数曲线和特征角曲线，可以发现，在 3.4GHz 处，两个模式的重要性系数相等，特征角相差 90°。天线最佳馈电点就是两个模式电流强度相等的位置。

文献 [42] 利用特征模理论分别分析了两款流行的圆极化微带贴片天线，即非对称 U 形缝隙贴片天线和非对称 E 形贴片天线 (图 1.2.23)。对称 U 形缝隙贴片天线是宽带线极化天线，U 形缝隙在这里的作用是增加带宽，但非对称的 U 形缝隙却可以使辐射贴片产生两个极化和相位都正交的模式。对称的 E 形贴片天线也是宽带线极化天线，非对称的 E 形贴片天线则是通过调节两个开路缝隙的长度来实现带宽较窄的圆极化。

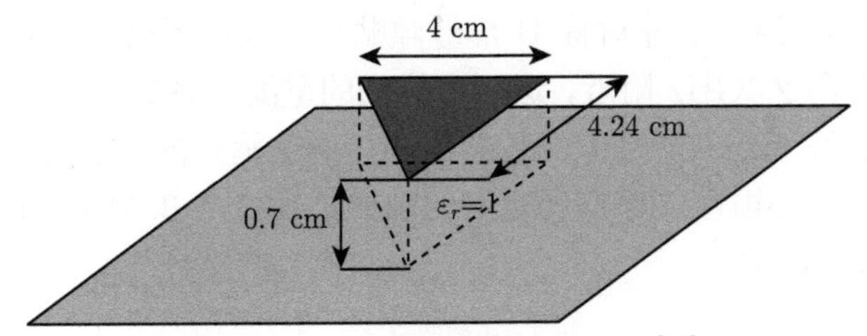

图 1.2.20 等腰三角形贴片天线 [27]

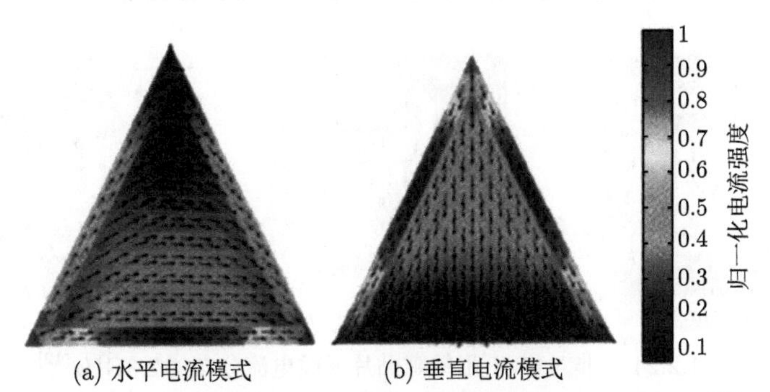

(a) 水平电流模式 (b) 垂直电流模式

图 1.2.21 水平电流模式和垂直电流模式在贴片上的分布 [27]

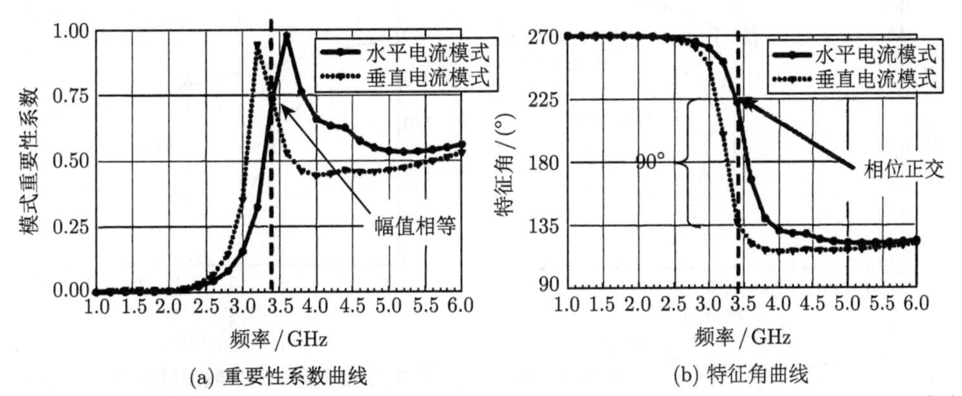

(a) 重要性系数曲线 (b) 特征角曲线

图 1.2.22 等腰三角形贴片天线水平和垂直电流模式的模式重要性系数曲线和特征角曲线 [27]

(a) 非对称U形缝隙贴片天线 (b) 非对称E形贴片天线

图 1.2.23 文献 [42] 中两款流行的圆极化微带贴片天线 [42]

图 1.2.24(a) 和 (b) 给出了非对称 U 形缝隙贴片天线水平模式和垂直模式的电流分布，图 1.2.25 显示，在频率 2.3GHz 附近，这两个模式的重要性系数相等，特征角相差 90°。此外，图 1.2.24(c) 显示，在 U 形缝隙的长臂内侧，两个模式的电流强度差别最小，所以在该处馈电，比通常的中心馈电能够获得更好的轴比，轴比从 3.7dB 下降到 1.2dB，最小轴比出现在频率 2.325GHz 处。

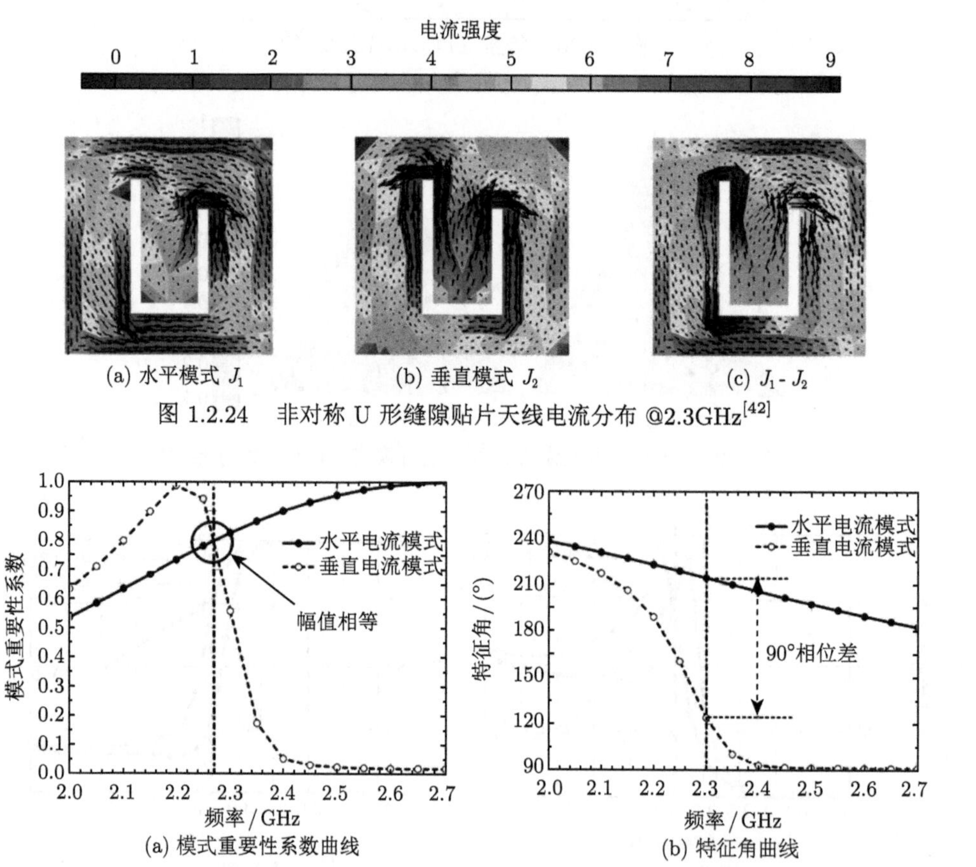

图 1.2.24 非对称 U 形缝隙贴片天线电流分布 @2.3GHz[42]

图 1.2.25 非对称 U 形缝隙贴片天线水平和垂直电流模式的模式重要性系数曲线和特征角曲线 [42]

图 1.2.26 给出了非对称 E 形贴片天线前 3 个模式的电流分布，其中 J_1, J_3 是垂直模式，J_2 是水平模式。图 1.2.27 显示，J_1, J_2 的模式重要性系数在频率 2.3GHz 处相等，而 J_2, J_3 的模式重要性系数在 2.6GHz 处相等。所以在 2.3GHz 处激发 J_1, J_2 可以实现圆极化，但在 2.6GHz 处，由于 3 个模式都被激励出来，导致垂直电流分量远大于水平电流分量，天线圆极化性能比较差。观察 3 个模式的电流分布，可以看出，若切除贴片区域 I 以减少垂直电流分量，不仅可以减小天线的尺寸，还可以改善 2.6GHz 处天线的圆极化性能。

利用特征模式设计圆极化天线，除了可以帮助我们选择相位相差 90° 的两个模式来激励之外，也可以揭示出不同结构的模式特性，找到结构的带宽潜力，通过合理的设计来拓展带宽。文献 [43] 设计了一款利用椭圆缝隙耦合馈电的圆极化微带天线，如图 1.2.28 所示。这里采用椭圆缝隙而不是传统的圆缝隙作为耦合结构是为了增加圆极化带宽，因为圆形贴片的水平电流模式和垂直电流模式是简并模，而椭圆贴片的这两个电流模式不是简并模，它们特征角的差异会随着频率升高而增大。同时注意到当用 L 形馈线对椭圆缝隙进行耦合馈电时，两个馈点的距离在中心频率处是 1/4 波长，但其电尺寸会随着频率升高而变大。这两种变化对两个模式加权系数相位差的影响相互抵消，最终使其在更宽频段内保持在 90° 左右，天线的轴比带宽得以增加。

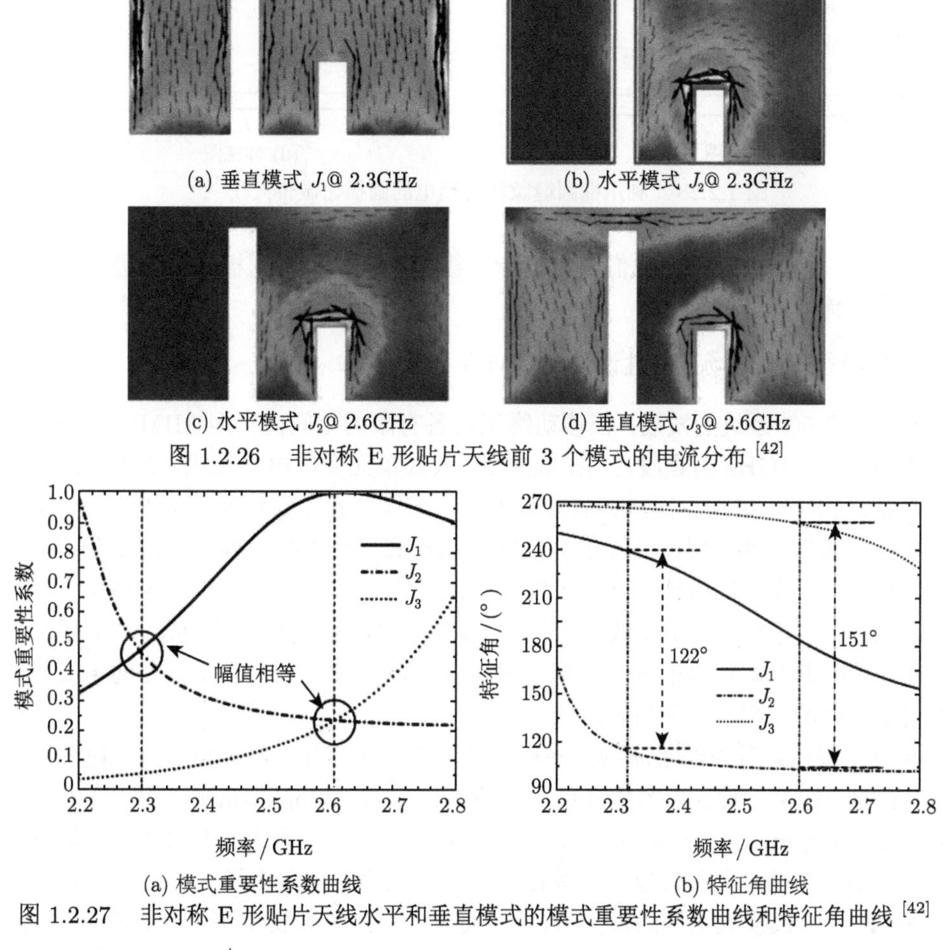

(a) 垂直模式 J_1@ 2.3GHz (b) 水平模式 J_2@ 2.3GHz

(c) 水平模式 J_2@ 2.6GHz (d) 垂直模式 J_3@ 2.6GHz

图 1.2.26 非对称 E 形贴片天线前 3 个模式的电流分布 [42]

(a) 模式重要性系数曲线 (b) 特征角曲线

图 1.2.27 非对称 E 形贴片天线水平和垂直模式的模式重要性系数曲线和特征角曲线 [42]

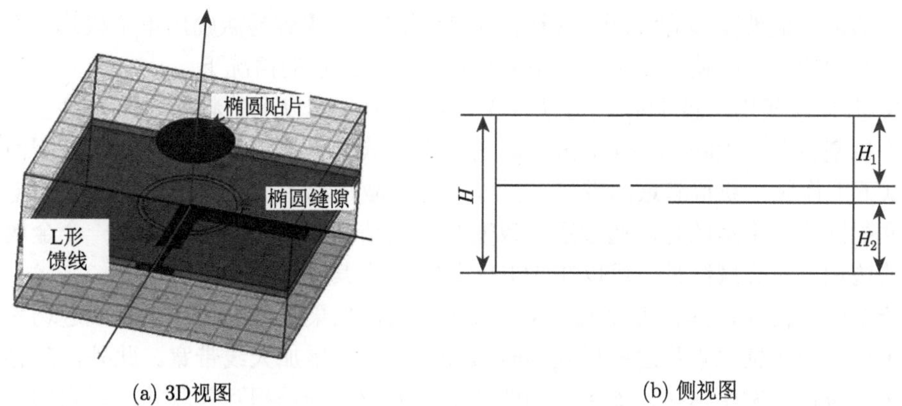

(a) 3D视图 (b) 侧视图

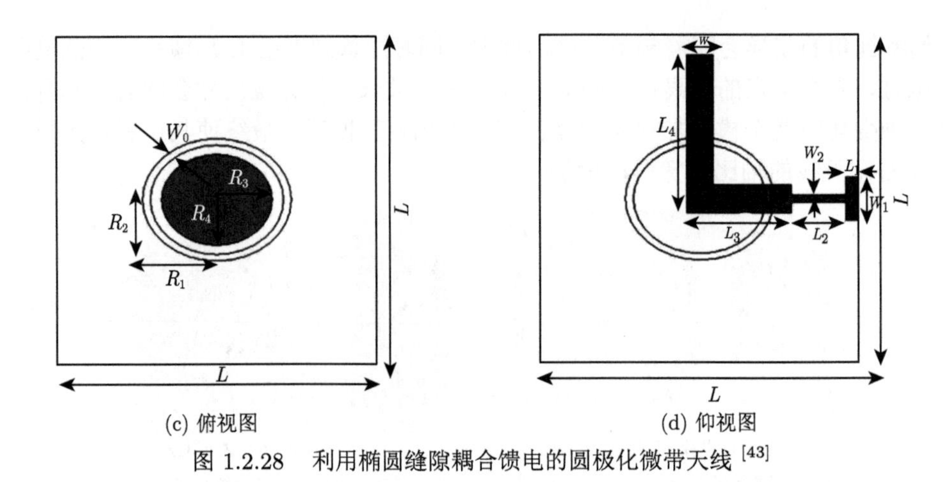

(c) 俯视图　　(d) 仰视图

图 1.2.28　利用椭圆缝隙耦合馈电的圆极化微带天线 [43]

综上可见，特征模理论为我们分析设计圆极化天线并对其圆极化性能进行优化提供了简单直观的工具。

1.2.5　利用特征模式远场正交性设计 MIMO 天线

随着 4G 和 5G 系统的发展，在移动终端设备有限的空间内实现 MIMO 天线越来越困难，特别是在低于 1GHz 的频段内。在低频段，天线单元变成电小天线，支撑天线单元的金属基板 (terminal chassis) 反而成为有效辐射体，天线单元在低频段内并不谐振，所以它从辐射单元变成馈电单元，用以激励出基板的电流模式，产生有效辐射。但多个天线单元共享同一个金属基板作为辐射体会导致天线单元间产生强烈的互耦，降低 MIMO 天线性能。

最近几年，德国 Manteuffel 教授的课题组发现，在特征模理论的指导下，通过合理设计天线单元并选择其在基板上的安装位置，可以同时激励起基板上几个正交的电流模式，以减小天线单元间的互耦，并获得合适的带宽。

文献 [44] 提出两种方法来激励出基板上的电流模式，分别是电容耦合激励和电感耦合激励，相应的天线单元称为电容耦合单元 (capacitive coupling element，CCE) 和电感耦合单元 (inductive coupling element，ICE)，由于这些激励单元是电小尺寸的，所以它们对辐射的影响很小。激励单元的位置非常关键，为了有效激励出某个模式，ICE 应该放在模式电流的最大值处 (或模式电场的最小值处)，而 CCE 则应该放在模式电流的最小值处 (或模式电场的最大值处)。文献 [44] 还指出，ICE 比 CCE 更容易激励出单个模式，而不会同时激励出其他模式，即使是在工作频率偏离该模式谐振点的情况下。

但文献 [45] 指出文献 [44] 的方法仅仅适用于 1GHz 以上的频段，因为对于一个典型尺寸的手机基板，如 130mm × 66mm，只有一个模式的谐振点在 1GHz 以下，因而难以在 1GHz 以下工作频段获得满意的带宽。另外，为了激励起多个模式，需要多个馈电单元和复杂的匹配网络。幸运的是，通过适当改变基板的结构，比如在基板上加一个金属框或沿着基板的边加一个金属细带，可以在 1GHz 以下产生其他谐振模式。

在给定的频段内，具有较大重要性系数的模式，如果它们的特征电流或近场具有关联性，则可以用单个馈电点将这些模式同时激励出来，以增加天线带宽。此外，若存在不同模式在不同频段内发生谐振，如果它们的特征电流或近场是相互关联的，那它们也可以被单个馈电点同时激励出来，实现天线多频工作。文献 [46]—[48] 根据文献 [45] 提出来的增加带宽和实现多频的方法，给出了更为详尽的分析设计过程。

文献 [49] 详述了在手机基板上设计缝隙 MIMO 天线的流程，馈电端口的选择需要使每个端口单独馈电时激励出来的模式没有重复，以保证方向图正交，从而获得高隔离度。具体流程如下：①首先计算完整手机基板的特征模式，会发现模式电流的最大值出现在基板的边沿上，找到最低阶模式及其电流最大值处；②为了激励出最低阶的模式，在其电流最大值处放置电压间隙 (voltage gap) 端口 1，这将成为 MIMO 天线的第 1 个输入端口，但这时输入电阻很小，为了增加输入电阻以方便匹配，需要增加缝隙的长度至 l_1；③重新计算带有缝隙 l_1 的基板的特征模式 (令端口 1 短路)，找到新的最低阶模式，在其电流最大值处放置电压间隙端口 2，调整缝隙的长度至 l_2；④重新计算带有缝隙 l_1 和 l_2 的基板的特征模式 (令端口 1 和端口 2 短路)，找到新的最低阶模式，在其电流最大值处放置电压间隙端口 3，调整缝隙的长度至 l_3。图 1.2.29 给出了最终的天线结构，图 1.2.30 给出了各个端口的有源辐射方向图，可以发现这些方向图是互相正交的，最大辐射方向都不相同。

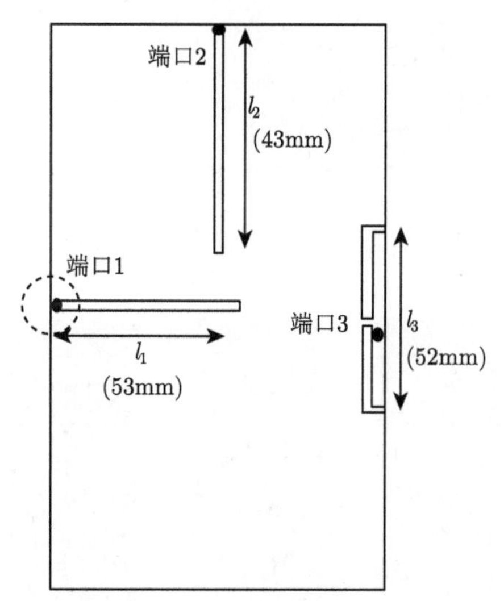

图 1.2.29 在手机基板上设计缝隙 MIMO 天线 [49]

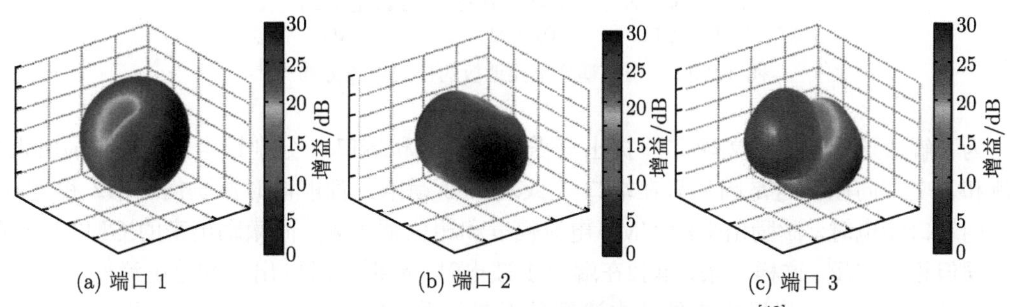

图 1.2.30 3 个端口分别馈电时的有源辐射方向图 [49]

文献 [50] 指出上述设计流程可以化简：对完整基板计算其特征模式后，找到三个最低阶模式及其电流最大值处，直接在这些地方加馈电端口，无须重复计算特征模式。但最完整的方法还是上面提到的流程。

文献 [51] 提出了一款基于手机基板的二单元 MIMO 天线 (图 1.2.31)，图 1.2.32 给出了带有耦合单元地板的特征模式，这些特征模式的电流分布与不带耦合单元的地板的特征模式很像，但在工作频率 2.28GHz 处，前者的 CM2 和 CM3 能发生谐振，后者的 CM2 和 CM3 不能发生谐振。当端口 1、端口 2 同相和反相馈电时，CM2 和 CM3 分别被激励出来。由于 CM2 和 CM3 的正交性，该 MIMO 天线无须解耦网络就可以获得高隔离度。但实现同相和反相馈电需要 180° 混合网络，而在空间有限的手机内很难同时实现 180° 混合网络和阻抗匹配网络。

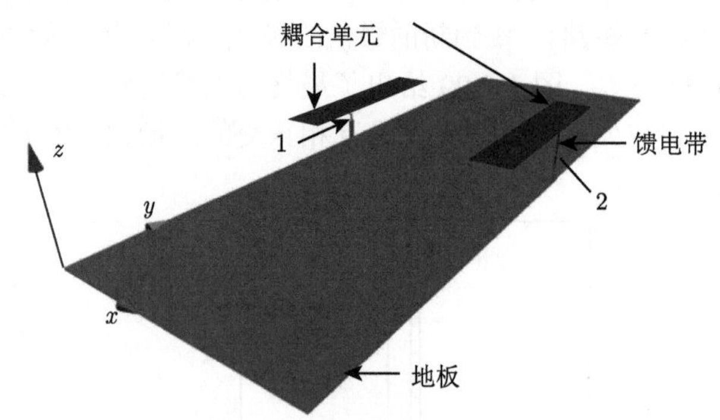

图 1.2.31　基于手机基板的二单元 MIMO 天线 [51]

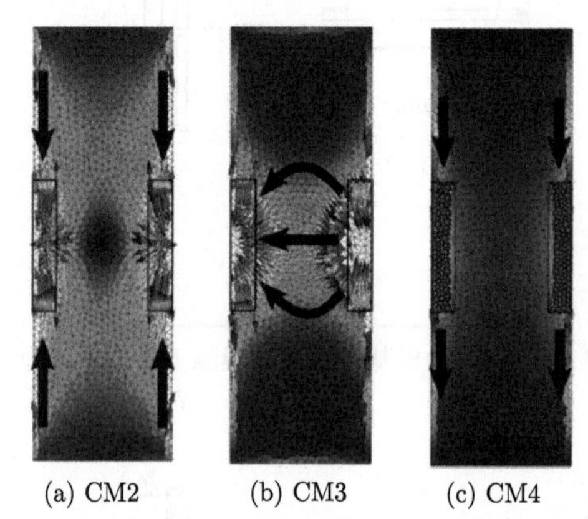

图 1.2.32　带有耦合单元地板的模式电流分布 [51]

为了解决这个问题，文献 [51] 提出只需在端口 1 和端口 2 分别馈电，也能激励出正交电流和正交方向图。这是因为只在端口 1 或端口 2 馈电，都能同时激励出 CM2 和 CM3，但不同端口馈电时，激励出来的 CM2 电流幅度和相位都相同，而激励出来的 CM3 电流幅度相同但相位相反。这样一来，单独在端口 1 馈电时，地板上激励出来的总电流就与单独在端口 2 馈电时地板上激励出来的总电流满足正交关系。图 1.2.33 给出了两个端口分别馈电时各自的有源辐射方向图，虽然两者很像，但计算出来的包络相关系数 (envelop correlation coefficient，ECC) 只有 0.016 4，这两个方向图的正交性是依靠相位分集来实现的。

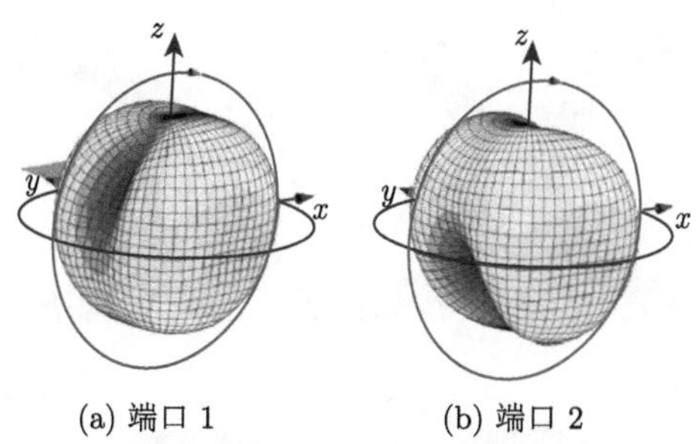

(a) 端口 1　(b) 端口 2

图 1.2.33　端口 1 和端口 2 单独馈电时的有源辐射方向图 [51]

此外，文献 [52] 提出还可以利用阻抗加载的方法来提高馈电端口隔离度，如图 1.2.34 所示，天线包含两个馈电端口 (端口 1 和端口 2) 和两个阻抗加载端口 (端口 3 和端口 4)。设计天线的过程需要用到特征模分析方法和多端口网络分析方法，前者用来确定馈电端口和加载端口的位置，后者用来确定加载阻抗的取值。为了不影响天线效率，端口加载采用电抗而非电阻，理论上端口 3 和端口 4 加载电抗后必须使端口 1 和端口 2 的互耦为零。

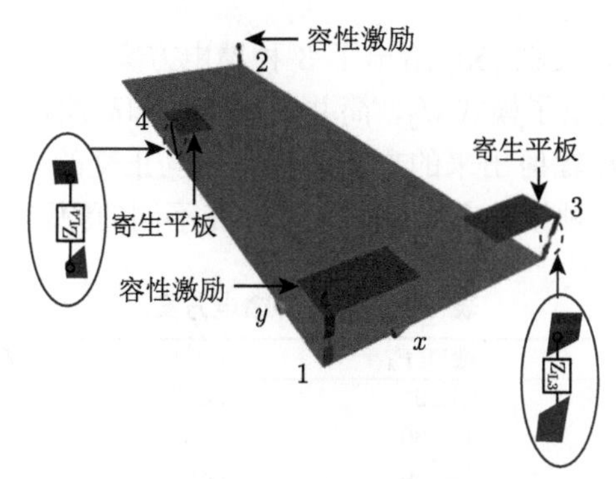

图 1.2.34　基于手机基板的方向图可重构 MIMO 天线 [52]

除了将长方形的手机基板作为辐射体，文献 [53] 和文献 [54] 还提出了一款圆环形多模 MIMO 天线，它有 4 个馈电端口，如图 1.2.35 所示。图 1.2.36 给出了该天线前 5 个模式的电流分布。在所考虑频段内，模式 J_0 的特征值恒大于 0，特征角恒小于 180°，因此该模式呈现电感特性，是非谐振模式。模式 J_1 和 J_1' 是简并模，它们的特征值完全相同。

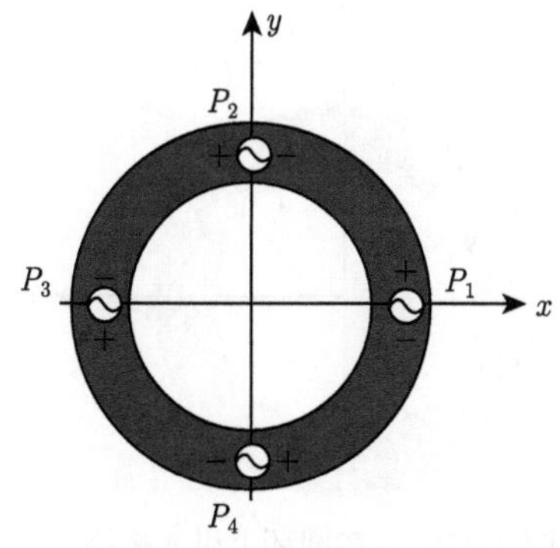

图 1.2.35　具有 4 个馈电端口的圆环形多模 MIMO 天线 [53]

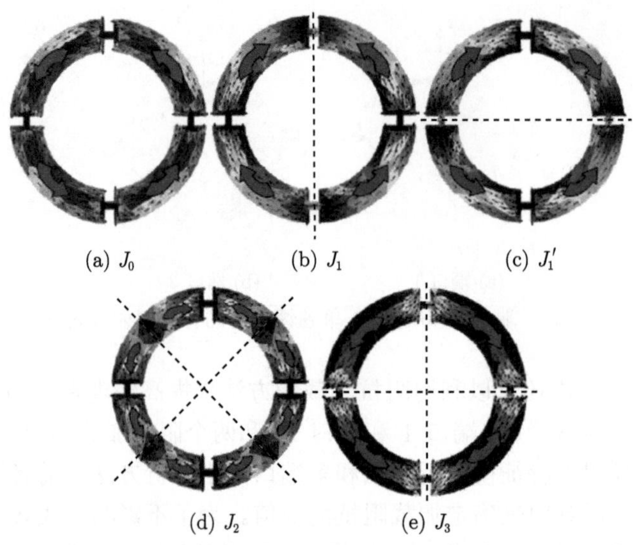

图 1.2.36　圆环形多模 MIMO 天线前 5 个模式的电流分布 [53]

为了激励出这些模式，文献 [53] 给出了 3 种馈电方案，如表 1.2.1 所示。从中可以看出，3 种馈电方案分别激励出了模式 J_0，简并模 J_1, J_1' 和高次模式 J_2，由于这些模式相互正交，3 种馈电方案下天线辐射出来的方向图也是相互正交的。但是由于各自激励出来的模式谐振频率并不相同，3 种馈电方案下天线工作在不同的频段。

表 1.2.1　三种馈电方案

	端口 P_1	端口 P_2	端口 P_3	端口 P_4	激励模式
第一种方案	$1\angle 0°$	$1\angle 0°$	$1\angle 0°$	$1\angle 0°$	J_0
第二种方案	$1\angle 180°$	$1\angle 180°$	$1\angle 0°$	$1\angle 0°$	J_1, J_1'
第三种方案	$1\angle 0°$	$1\angle 180°$	$1\angle 0°$	$1\angle 180°$	J_2

然而在 MIMO 系统中，各个天线单元必须工作在相同的频段。为了解决这个问题，采用电容加载的方法，具体实现方式是在圆环上引入裂缝，如图 1.2.37 所示。之所以采用电容加载而不是电感加载，是考虑到模式 J_0 是电感模式，引入电容后，可以使其成为谐振模式。虽然加载电容会改变相关模式的谐振频率，但基本不改变模式的电流分布。

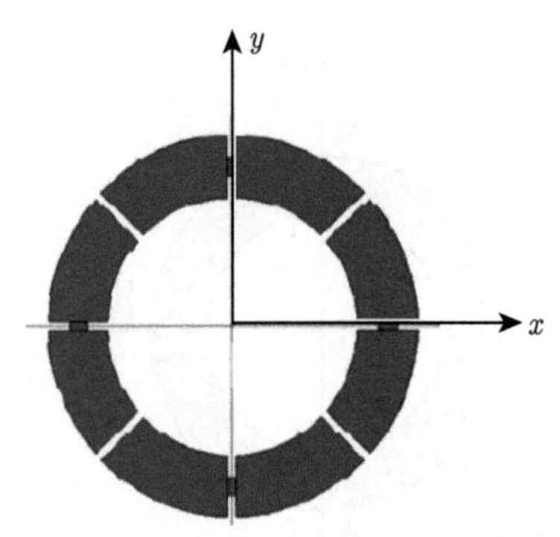

图 1.2.37　在圆环上引入裂缝 [53]

加载电容后，模式 J_0 变成谐振模式，简并模 J_1, J_1' 向高频移动，模式 J_2 则没有改变，这是因为裂缝刚好开在模式 J_2 的电流零点处。这样一来，这些模式的谐振频率互相靠近，结果就是 3 种馈电方案下天线的工作频段出现重叠。如果以 −6dB 作为参考值，加载电容后，该 MIMO 天线带宽可以达到 43.55%。

1.2.6 特征模式在天线方向图综合中的应用

特征模理论还可以用于天线方向图的综合。文献 [55] 针对电小尺寸无人驾驶飞行器 (unmanned aerial vehicle, UAV) 的应用场景 (图 1.2.38)，运用特征模理论提出了一种设计天线的新方法：将 UAV 看成辐射体，而把天线看成馈电单元，用来激励出 UAV 表面的多个电流模式，从而产生期望的方向图。具体操作过程是先计算得到 UAV 表面的电流模式及其特征远场，再运用多目标演化算法 (multi-objective evolutionary algorithm) 确定各个模式的加权系数，最后使用缝隙天线作为馈电单元来激励出各个模式，为了满足模式加权系数的要求，需要小心确定缝隙天线的安装位置。文献 [56] 采用了类似的方法设计了一款 HF 频段船用 (shipboard) 天线，如图 1.2.39 所示。

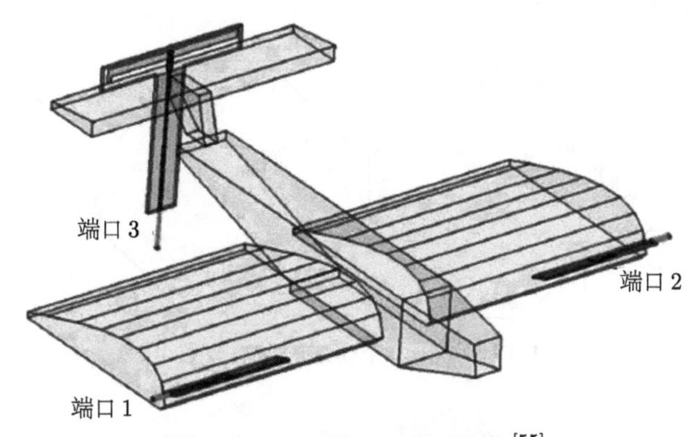

图 1.2.38 三端口 UAV 天线 [55]

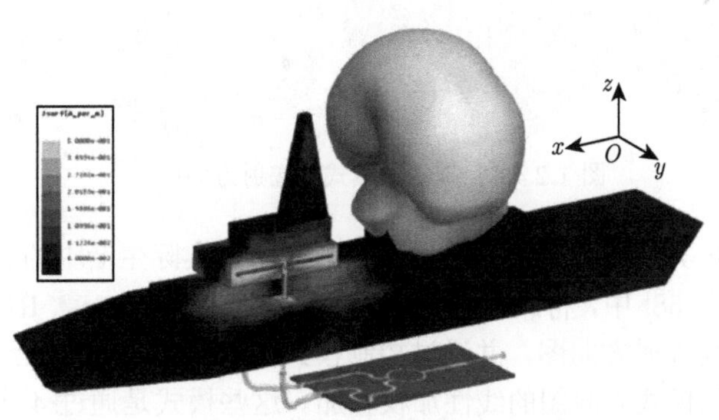

图 1.2.39 船用天线方向图及舰船表面电流分布 [56]

特征模理论还可以用于全向辐射天线的分析和设计。文献 [57] 设计了一款带有缺陷地的水平极化全向天线，如图 1.2.40 所示，该天线在水平面内具有全向辐射特性，但图 1.2.41 显示其全向辐射波纹系数随频率提升而增大，这意味着全向辐射性能变差。图 1.2.42 和

图 1.2.43 分别展示了前 4 个模式的电流分布和辐射方向图，可以看出，模式 1、模式 2 和模式 4 的是全向辐射的，但模式 3 不是全向辐射的，模式 3 被认为是天线全向辐射波纹系数不严格等于 0dB 的原因。

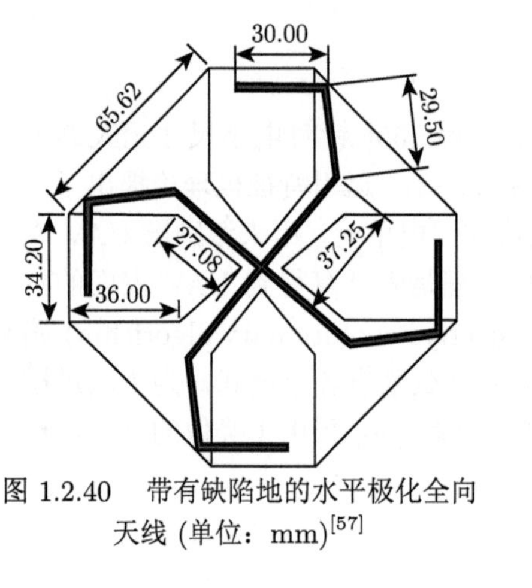

图 1.2.40　带有缺陷地的水平极化全向天线 (单位：mm)[57]

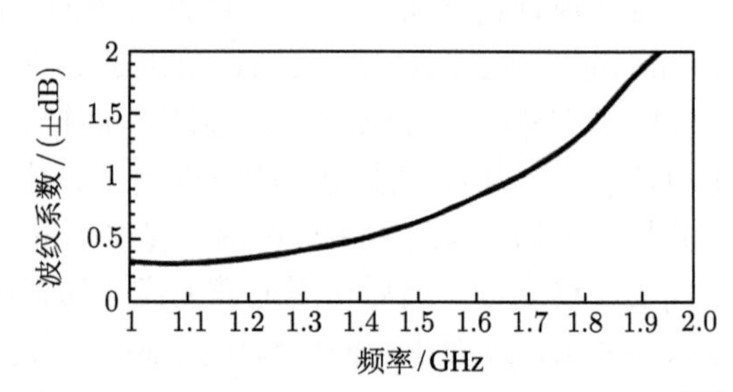

图 1.2.41　全向辐射波纹系数随频率变化曲线 [57]

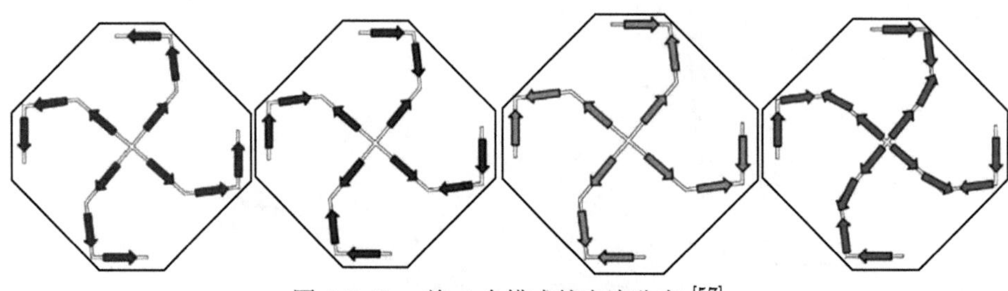

图 1.2.42　前 4 个模式的电流分布 [57]

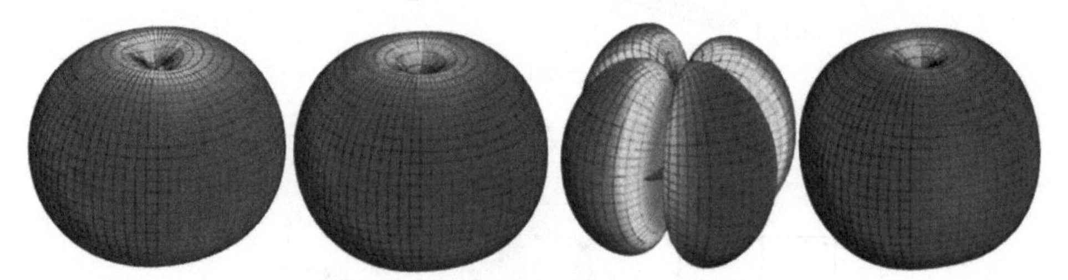

图 1.2.43　前 4 个模式的辐射方向图 [57]

除了常见的天线类型，特征模理论也可以用来分析实际生活中的金属部件，找到其辐射潜能。比如在文献 [58] 中，将汽车车牌 (导电铝材料) 设计成一款 RFID 标签天线，分析车牌的电流模式及其辐射方向图，并通过控制模式激励系数来实现天线方向图的综合，天线总方向图就是这些模式方向图的线性加权叠加。这些模式是通过 4 个缝隙进行耦合馈电激励出来的。

1.2.7　特征模式与天线 Q 值

Q 值 (品质因数) 是天线最重要的参数之一，因为它的倒数与天线带宽成正比。文献 [59] 对天线 Q 值和带宽进行了清晰的定义，并严格推导出了两者之间的关系。通常我们需

要天线 (特别是电小天线) 的带宽大于一给定值，所以有必要对天线 Q 值的下限进行研究。关于这方面，最早的研究出自朱兰成教授，在文献 [31] 中，他提出了 Chu 球 (能够完全包裹住天线的最小球体) 的概念，并指出天线的 Q 值与 Chu 球半径的三次方成反比。之后又有文献 [1] 和 [2] 在进一步假设天线辐射 TM 或 TE 模式的情况下，对 Q 值与 Chu 球半径的关系进行了更加深入的研究。文献 [60] 提出天线的 Q 值还与其极化率存在密切联系，并严格推导出了 Q 值与天线增益、辐射效率以及 Chu 球半径的关系式。

文献 [61] 将遗传算法与传统矩量法结合起来，利用天线带宽与 Q 值成反比的关系，提出通过使天线 Q 值最小化，从而使其带宽最大化的方法。该方法的优点是只需在单频点对天线 Q 值进行优化，而不用像传统优化方法那样计算所考虑频段内所有频点的输入阻抗以验证带宽是否已满足条件，大大减少了优化时间。

为了进一步研究天线 Q 值及其物理意义，人们引入特征模理论帮助分析天线，这使我们可以直接研究天线的形状对 Q 值的影响而无须考虑馈电，非常方便。

文献 [27] 提出模式 Q 值可以利用模式特征值对频率的导数来计算：

$$Q_n = \frac{f}{2}\frac{\mathrm{d}\lambda_n}{\mathrm{d}f}\bigg|_{f=f_{\mathrm{res},n}} \tag{1.2.1}$$

但式 (1.2.1) 只能计算模式在其谐振频率 $f_{\mathrm{res},n}$ 处的 Q 值。

文献 [62] 指出对电小天线而言，它的总 Q 值可以由其特征模式 Q 值的线性组合计算得到：

$$Q_{\mathrm{t}} \cong Q_{\mathrm{t},N} = \frac{\sum\limits_{n=1}^{N} Q_n \left|\alpha_n\right|^2}{\sum\limits_{n=1}^{N} \left|\alpha_n\right|^2} \tag{1.2.2}$$

其中，Q_n 表示第 n 个模式的 Q 值，α_n 表示模式加权系数，N 表示所考虑的模式个数。但文献 [62] 没有讨论这种计算方法在较宽频带内的准确性。

文献 [63] 则推导出了可以在较宽频带内准确计算天线总 Q 值的公式：

$$Q_{\mathrm{t}} \cong Q_{\mathrm{t},N} = 2\omega \frac{\max\left\{\sum\limits_{u}^{N}\sum\limits_{v}^{N}\beta_{u,v}W_{\mathrm{e}}^{u,v}, \sum\limits_{u}^{N}\sum\limits_{v}^{N}\beta_{u,v}W_{\mathrm{m}}^{u,v}\right\}}{\sum\limits_{u}^{N}\sum\limits_{v}^{N}\beta_{u,v}P_{\mathrm{r}}^{u,v}} \tag{1.2.3a}$$

$$\beta_{u,v} = \frac{\left\langle \boldsymbol{J}_u, \boldsymbol{E}^{\mathrm{i}}\right\rangle \left\langle \boldsymbol{J}_v, \boldsymbol{E}^{\mathrm{i}}\right\rangle (1+\lambda_u\lambda_v)}{(1+\lambda_u^2)(1+\lambda_v^2)} \tag{1.2.3b}$$

其中，$W_{\mathrm{e}}^{u,v}$，$W_{\mathrm{m}}^{u,v}$ 和 $P_{\mathrm{r}}^{u,v}$ 分别表示第 u 个和第 v 个模式间的互耦电能、互耦磁能和互耦辐射功率。式 (1.2.3) 的核心是一个耦合矩阵 $[\beta_{u,v}]_{M\times M}$，从该耦合矩阵可以看出，天线 Q 值既与天线的内部固有属性——特征值 λ 和特征电流 $\boldsymbol{J}$ 有关，又与外部激励 $\boldsymbol{E}^{\mathrm{i}}$ 相联系。文献 [63] 特别指出，由于耦合矩阵的存在，天线总 Q 值无法写成各个模式 Q 值的线性叠加，从而增加了计算复杂度。

文献 [64] 介绍了另一种利用特征模式计算天线 Q 值的方法：

$$Q_{\mathrm{t}} \cong Q_{\mathrm{t},N} = \frac{3}{N^2}\sum_{n=1}^{N}\sqrt{\left|\mathrm{MS}_n^2 Q_{n,f_{\mathrm{res}}}^2 - M\sum_{m\neq n}^{M}\mathrm{MS}_m^2 Q_{m,f_{\mathrm{res}}}^2\right|} \tag{1.2.4}$$

其中，MS_n 表示第 n 个模式的模式重要性系数，N 表示所考虑的模式个数，M 表示只对天线电抗作出贡献的模式个数，对电小天线，一般有 $M=N-1$。式 (1.2.4) 只涉及模式重要性系数和其在谐振点处的 Q 值，与具体馈电方式 (外部激励) 无关，这使得 Q 值计算很方便，但该公式的物理意义不是太清晰，因为该公式并不像式 (1.2.3) 那样是经过严格理论推导得出的，而是运用了迭代方法对大量经典天线的 Q 值曲线进行拟合后得出的。对于包含有超材料 (metamaterial) 和磁性电介质材料 (magnetodielectric) 的任意形状贴片天线，文献 [64] 详细阐述了该方法在这类天线小型化方面的应用。

传统上用 Chu 球半径估计天线的 Q 值下界时，并不能区分不同形状的天线，如图 1.2.44 所示，图中的天线具有相同的 Chu 球半径，但显然它们的 Q 值是不同的，其中的立体天线具有最大的表面积，所以可以合理推断其具有最小的 Q 值。但根据文献 [31]，它们却具有相同的 Q 值下界。文献 [65] 指出特征模理论可以有效解决这个问题，并更准确地计算出任意形状天线的 Q 值下界。

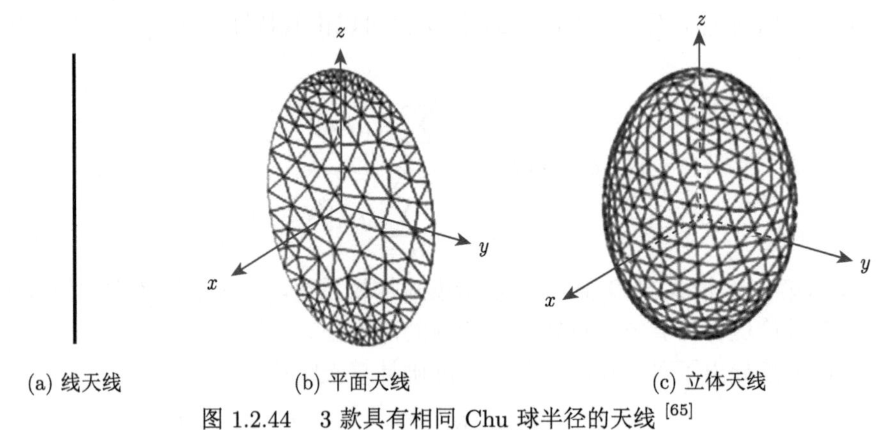

(a) 线天线　　(b) 平面天线　　(c) 立体天线

图 1.2.44　3 款具有相同 Chu 球半径的天线 [65]

当解决了天线 Q 值及其下界如何准确计算的问题后，人们开始关注对于给定天线如何对其 Q 值进行优化的问题。考虑将遗传算法和特征模理论结合起来，例如，在未给定馈电方案的情况下，为了使电小天线实现谐振，文献 [66] 和文献 [67] 提出了以子结构特征模式 (sub-structure characteristic mode) 概念为核心的天线形状综合方法。具体做法是：先对初始的电小天线划分网格，然后利用遗传算法去掉部分网格所覆盖的导体，并计算去掉部分导体后的天线 (子结构) 的特征模式，算法持续进行，直到天线在指定频率出现谐振的特征模式为止。一旦天线能够在指定频率发生谐振，需再启动遗传算法，算法持续进行直到谐振点处的 Q 值最小为止。这种天线形状综合方法可以在预定频点附近获得最大带宽，同时还可以得到在该频点谐振的特征模式的电流分布，并在电流最大处进行馈电以激励出该模式。图 1.2.45 给出了一款十字形理想导体天线的形状综合过程。文献 [67] 和文献 [68] 指出利用上述方法还可以设计出多频天线。

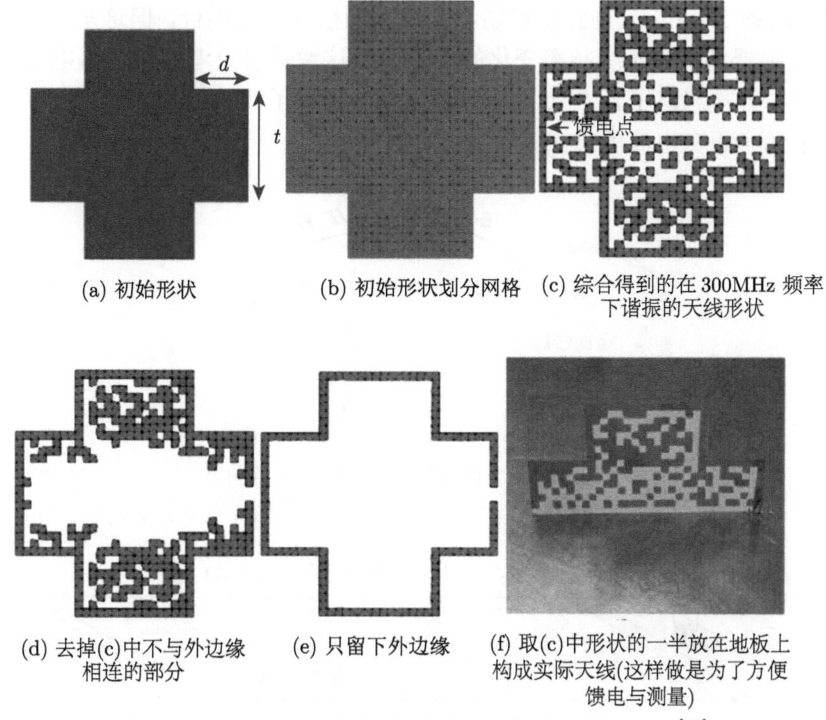

(a) 初始形状　(b) 初始形状划分网格　(c) 综合得到的在 300MHz 频率下谐振的天线形状

(d) 去掉(c)中不与外边缘相连的部分　(e) 只留下外边缘　(f) 取(c)中形状的一半放在地板上构成实际天线(这样做是为了方便馈电与测量)

图 1.2.45　一款十字形理想导体天线的形状综合过程 [66]

类似地，在无须事先给定任何馈电方案的情况下，文献 [69] 和文献 [70] 讨论了 MIMO 天线的系统优化方法。并指出，对任何天线来说，其子结构特征模式的 Q 值都大于初始天线相应特征模式的 Q 值。文献 [71] 利用矩阵论中的庞加莱分离定理 (Poincaré separation theorem) 对上述结论给出了严格证明。

1.2.8　特征模式耦合

使用模式耦合理论设计微波滤波器已经有很长时间了 [72-77]，该领域也有了一定的理论基础，两个谐振器之间的耦合系数可以通过式 (1.2.5) 计算：

$$k=\frac{\iiint \varepsilon \boldsymbol{E}_1\cdot\boldsymbol{E}_2\mathrm{d}v}{\sqrt{\iiint \varepsilon\left|\boldsymbol{E}_1\right|^2\mathrm{d}v\times\iiint \varepsilon\left|\boldsymbol{E}_2\right|^2\mathrm{d}v}}+\frac{\iiint \mu \boldsymbol{H}_1\cdot\boldsymbol{H}_2\mathrm{d}v}{\sqrt{\iiint \mu\left|\boldsymbol{H}_1\right|^2\mathrm{d}v\times\iiint \mu\left|\boldsymbol{H}_2\right|^2\mathrm{d}v}}\tag{1.2.5}$$

其中，$\boldsymbol{E}_1$、$\boldsymbol{E}_2$ 和 $\boldsymbol{H}_1$、$\boldsymbol{H}_2$ 分别表示两个谐振器的电场和磁场，如图 1.2.46 所示。

最近，人们也尝试使用耦合理论来设计天线 (图 1.2.47)。但是在文献 [78]—[82] 里面，耦合理论仅被用来指导馈电电路而非辐射单元的设计。我们推测这可能是因为传统耦合理论没有考虑天线辐射，因此无法直接应用在天线辐射单元的设计中。文献 [83]—[85] 提出使用一些等效电路，如变压器 (图 1.2.48) 或互耦电感来刻画不同天线辐射模式的耦合，然而，这些等效电路高度依赖天线的具体结构，因此缺乏普遍性，而且这些等效电路中器件的数值是通过曲线拟合确定或直接指定为 1，并非严格的理论推导。文献 [86] 和文献 [87]

使用 J 变换器 (图 1.2.49) 来刻画微带贴片天线不同模式间的耦合，但这是不准确的，因为其所用的 J 变换器都具有不随频率变化的实数值，这意味着只考虑了互耦电容，而表示辐射耦合的互耦电导被忽略了。文献 [88] 利用矩量法计算了两块相邻贴片的互耦，但无法计算同一贴片上两个正交电流模式在引入微扰后的耦合。

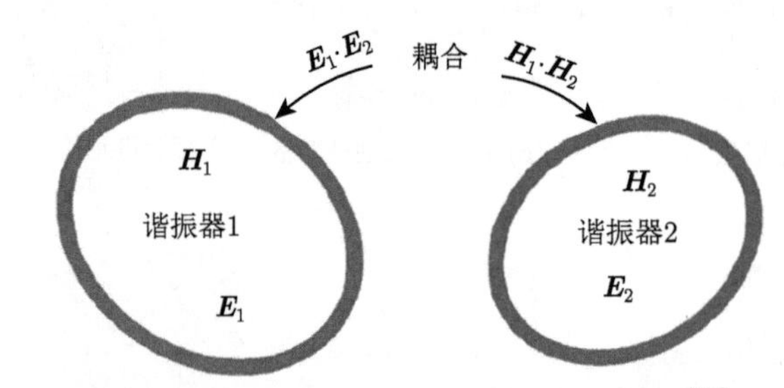

图 1.2.46　两个谐振器之间的耦合示意图 [74]

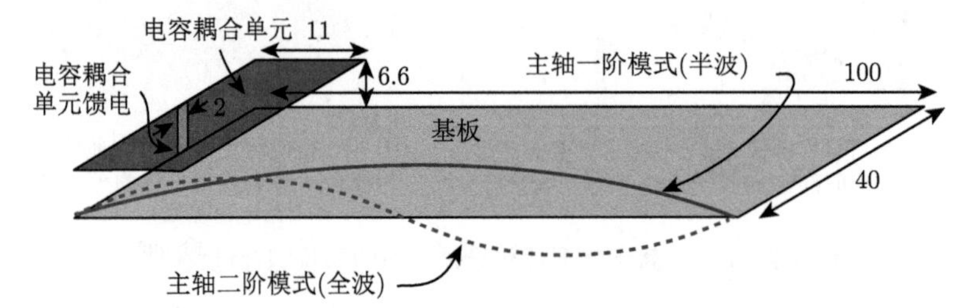

图 1.2.47　采用电容耦合单元 (CCE) 对移动终端天线进行激励 [83](单位：mm)

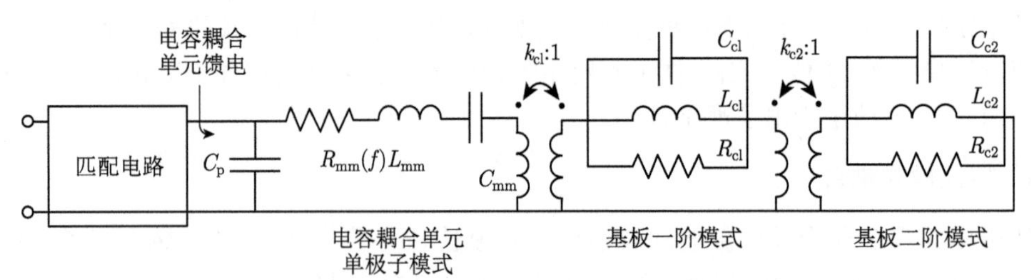

图 1.2.48　电容耦合单元 (CCE) 激励移动终端天线的等效电路 [83]

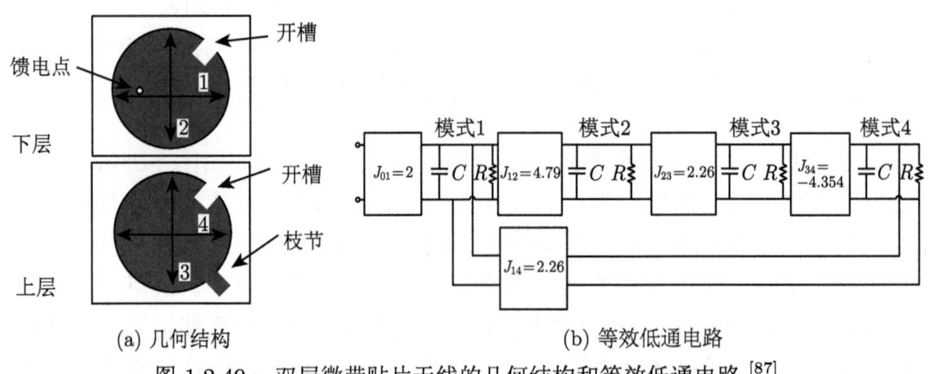

(a) 几何结构　　(b) 等效低通电路

图 1.2.49　双层微带贴片天线的几何结构和等效低通电路 [87]

通过类比的方法，很自然会想到特征模式作为天线的固有模式应该也会存在耦合。文献 [89] 最早对特征模式的耦合及其解耦进行了研究，文章指出，两个特征模式如果存在耦合，则它们的特征值随频率变化曲线会避免相交。图 1.2.50(a) 是对称振子前 3 个模式的特征值曲线，可以看出，CM2 与 CM1 和 CM3 均无耦合，但 CM1 与 CM3 之间存在耦合。图 1.2.51(a) 给出了在耦合频点附近，CM1 与 CM3 电流分布的变化，可以看出，它们的电流分布出现了互换。图 1.2.50(b) 和图 1.2.51(b) 分别给出了两个模式解耦之后的特征值曲线和电流分布，可以看出，解耦之后，特征值曲线出现相交，而电流分布交换的现象则不再出现。

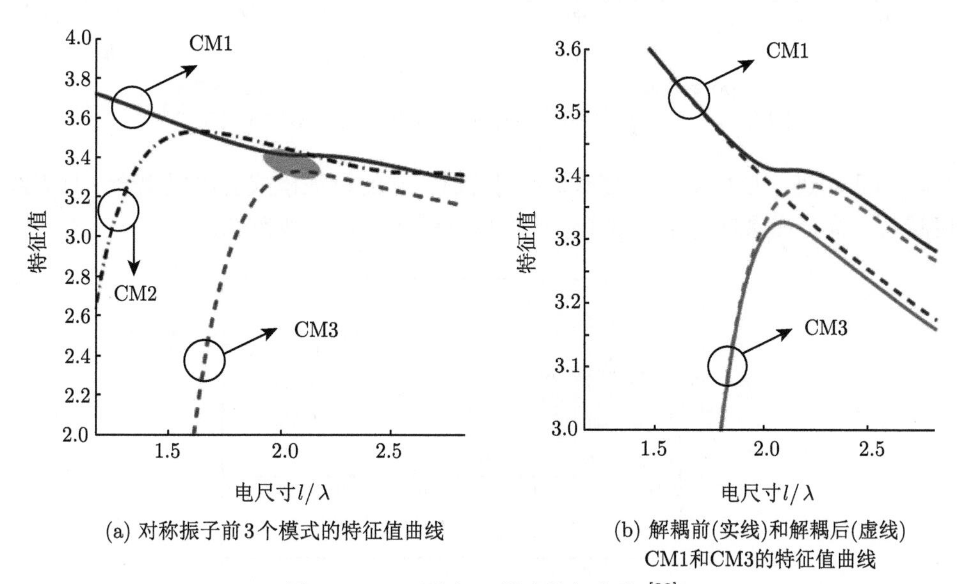

(a) 对称振子前3个模式的特征值曲线

(b) 解耦前(实线)和解耦后(虚线)CM1和CM3的特征值曲线

图 1.2.50 对称振子模式特征曲线 [89]

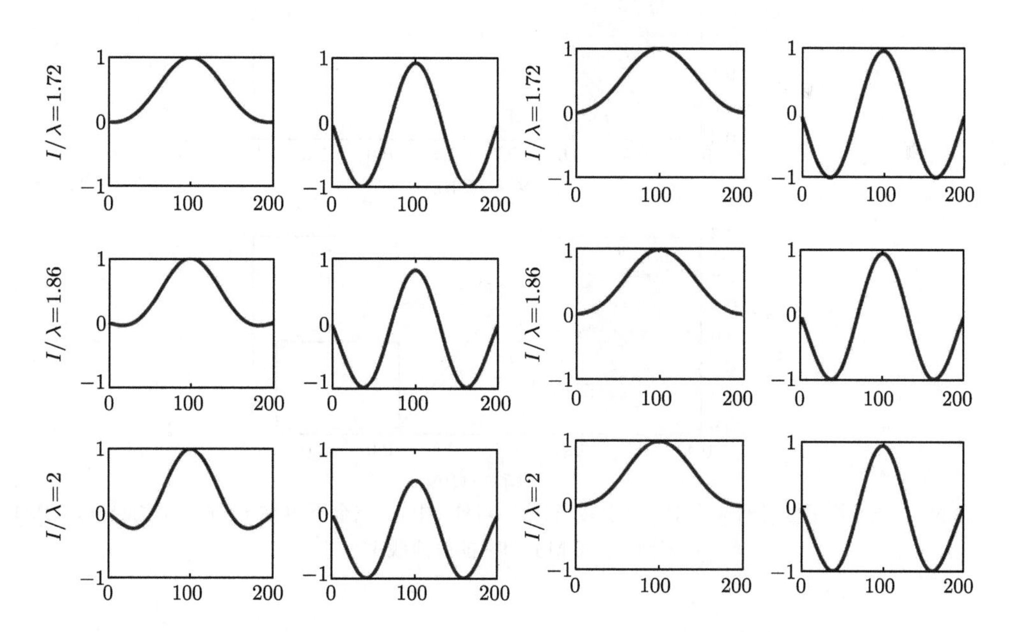

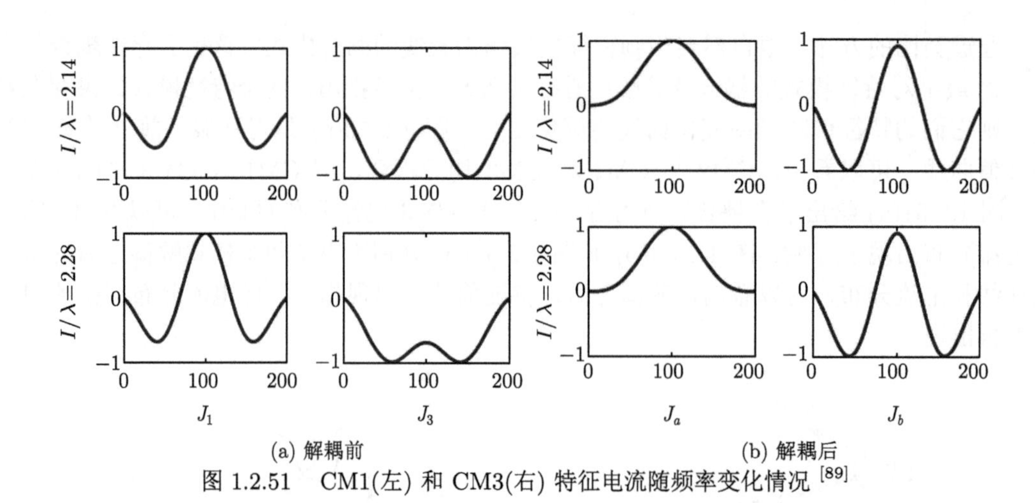

(a) 解耦前　　　　(b) 解耦后

图 1.2.51　CM1(左) 和 CM3(右) 特征电流随频率变化情况 [89]

文献 [90] 则进一步指出当天线形状不对称时，它的特征模式会出现耦合，且天线不对称程度越大，耦合现象越明显，这个结论可以从图 1.2.52 中观察得到。

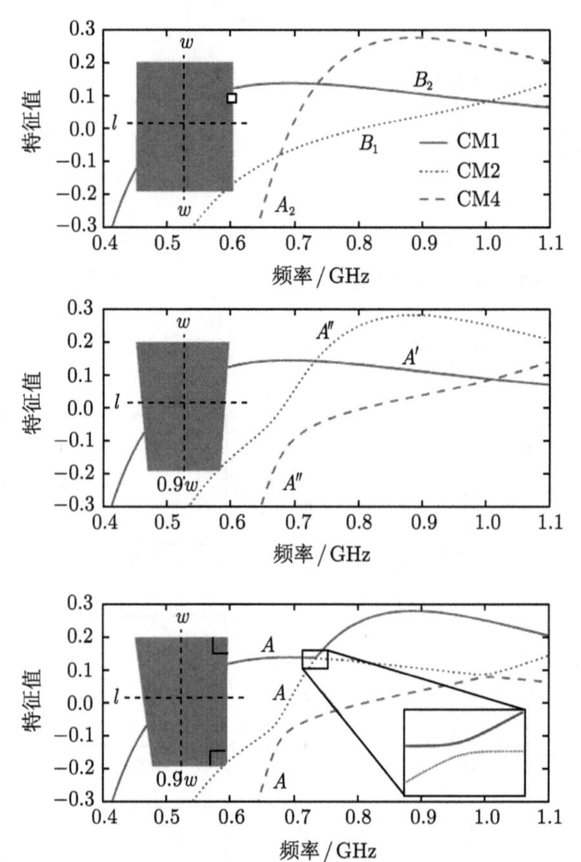

图 1.2.52　当一块平板拥有完全对称 (上)、部分不对称 (中)、完全不对称 (下) 形状的时候，CM1，CM2 和 CM4 的特征值曲线 [90]

1.2.9 对包含一般材料的天线进行模式分析

不少文献在对天线进行分析时，只考虑了天线的理想导体部分，而不考虑天线包含介质材料或有耗导体的情况，例如，对微带天线，只计算金属贴片的特征模，不考虑下方介质的影响，也不考虑导体的损耗。这样做的目的主要是计算方便，但不够准确。

一般来说，计算包含电介质和磁材料的天线的特征模式有两种主流方法，一种是基于体积分方程 [14,91]，另一种是基于面积分方程 [15,92-95]。文献 [96] 和文献 [97] 比较了这两种方法，发现前者需要耗费大量的计算时间，后者耗时较少，但是前者的计算结果准确，后者的计算结果会出现非物理模式。文献 [96] 和文献 [97] 在假定无耗的情况下，将能够辐射单位功率的模式称为物理模式，否则称为非物理模式。对于有耗的情况，区分物理模式和非物理模式非常困难，因为此时物理模式的辐射功率小于一个单位，辐射功率加上损耗功率才等于一个单位。文献 [97] 提出了一种基于模式辐射效率和 Q 值的方法，成功解决了这个问题。除了体积分和面积分方法以外，文献 [98] 又提出了一种有限元边界积分方法来计算特征模式，这是因为对于包含复合非均匀各向异性材料 (composite inhomogeneous anisotropic material) 的一般物体而言，有限元方法可以灵活地将物体内部的电磁场用公式表示出来，而且定义在物体边界上的边界积分方程可以非常精确地描述物体外部的电磁场。

目前，这些方法已经被很多研究者应用到天线设计过程中。比如，文献 [99] 用 LTCC 技术设计了一款紧凑的金属带天线，金属带位于两层介质中间，如图 1.2.53 所示。该研究的亮点在于计算这款天线的特征模时考虑了介质的影响。研究指出，商业软件 FEKO [100] 无法计算同时包含金属导体面网格和介质体网格的天线的特征模，所以先在 FEKO 中采用多层介质格林函数方法对天线进行仿真得到其阻抗矩阵，再利用该阻抗矩阵和自己编写的 MATLAB 程序进一步计算得到特征值和特征向量。

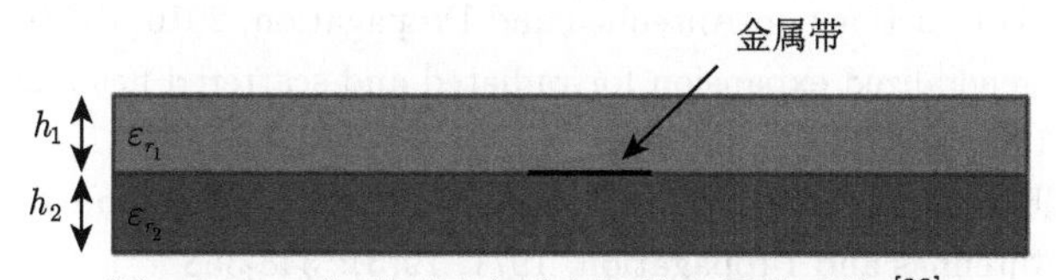

图 1.2.53 位于两层介质中间的金属带天线 [99]

文献 [101] 首次利用特征模设计了一款工作在 60GHz 基于 LTCC 技术的宽带介质谐振天线，该天线由一条微带线通过矩形缝隙耦合馈电，如图 1.2.54 所示。根据体积分方程法计算了介质天线的特征模，发现：①相对于其他模式，TE_{111} 模的谐振频率最低；②TE_{111} 模的辐射带宽较大，因为它的特征值和重要性系数曲线变化平缓。

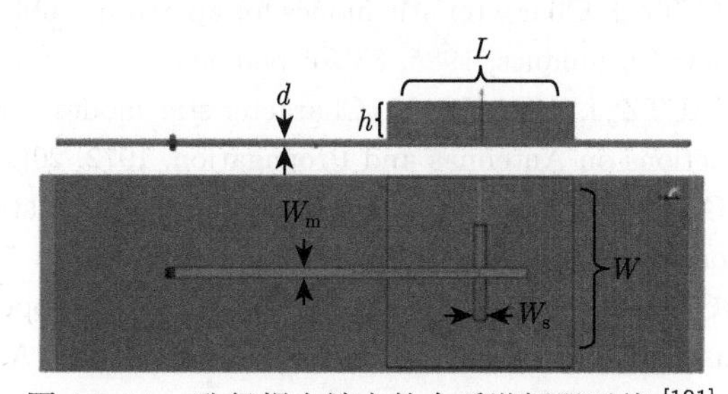

图 1.2.54 孔径耦合馈电的介质谐振器天线 [101]

文献 [49] 引入阻抗边界条件 [102] 来计算有耗导体的特征模式，与理想无耗导体的情况不同，这时计算出来的特征值不再是实数而变成复数，但特征电流和特征远场的正交性都依然保持。由于有耗导体可以看成是理想无耗导体加载电阻和电抗，所以复数特征值的实数部分可以看成是模式电抗能量与辐射能量之比，虚数部分可以看成是模式耗散能量与辐射能量之比。文献 [103] 和文献 [104] 都利用特征模理论计算了包含有耗导体的天线的辐射效率，但后者没有考虑趋肤效应。

参考文献

[1] MCLEAN J S. A re-examination of the fundamental limits on the radiation Q of electrically small antennas[J]. IEEE Transactions on Antennas and Propagation, 1996, 44(5): 672.

[2] THAL H L. New radiation Q limits for spherical wire antennas[J]. IEEE Transactions on Antennas and Propagation, 2006, 54(10): 2757-2763.

[3] LIU N W, ZHU L, CHOI W W. A differential-fed microstrip patch antenna with bandwidth enhancement under operation of TM_{10} and TM_{30} modes[J]. IEEE Transactions on Antennas and Propagation, 2017, 65(4): 1607-1614.

[4] LIU N W, ZHU L, CHOI W W. A low-profile wide-bandwidth planar inverted-F antenna under dual resonances: principle and design approach[J]. IEEE Transactions on Antennas and Propagation, 2017, 65(10): 5019-5025.

[5] LIU N W, ZHU L, CHOI W W, et al. A novel differential-fed patch antenna on stepped-impedance resonator with enhanced bandwidth under dual-resonance[J]. IEEE Transactions on Antennas and Propagation, 2016, 64(11): 4618-4625.

[6] ZHANG X, ZHU L. Gain-enhanced patch antennas with loading of shorting pins[J]. IEEE Transactions on Antennas and Propagation, 2016, 64(8): 3310-3318.

[7] ZHANG X, ZHU L. High-gain circularly polarized microstrip patch antenna with loading of shorting pins[J]. IEEE Transactions on Antennas and Propagation, 2016, 64(6): 2172-2178.

[8] GARBACZ R. A generalized expansion for radiated and scattered fields[D]. Columbus: The ohio state University, 1968.

[9] GARBACZ R, TURPIN R. A generalized expansion for radiated and scattered fields[J]. IEEE Transactions on Antennas and Propagation, 1971, 19(3): 348-358.

[10] HARRINGTON R, MAUTZ J. Theory of characteristic modes for conducting bodies[J]. IEEE Transactions on Antennas and Propagation, 1971, 19(5): 622-628.

[11] HARRINGTON R, MAUTZ J. Computation of characteristic modes for conducting bodies[J]. IEEE Transactions on Antennas and Propagation, 1971, 19(5): 629-639.

[12] MAUTZ J, HARRINGTON R. Modal analysis of loaded N-port scatterers[J]. IEEE Transactions on Antennas and Propagation, 1973, 21(2): 188-199.

[13] HARRINGTON R, MAUTZ J. Characteristic modes for aperture problems[J]. IEEE Transactions on Microwave Theory and Techniques, 1985, 33(6): 500-505.

[14] HARRINGTON R, MAUTZ J, CHANG Y. Characteristic modes for dielectric and magnetic bodies[J]. IEEE Transactions on Antennas and Propagation, 1972, 20(2): 194-198.

[15] CHANG Y, HARRINGTON R. A surface formulation for characteristic modes of material bodies[J]. IEEE Transactions on Antennas and Propagation, 1977, 25(6): 789-795.

[16] INAGAKI N, GARBACZ R. Eigenfunctions of composite Hermitian operators with application to discrete and continuous radiating systems[J]. IEEE Transactions on Antennas and Propagation, 1982, 30(4): 571-575.

[17] LIU D, GARBACZ R, POZAR D. Antenna synthesis and optimization using generalized characteristic modes[J]. IEEE Transactions on Antennas and Propagation, 1990, 38(6): 862-868.

[18] WEI C, YAN X H, ZHU X J. A new modal formalism in analysis of radiation and scattering problems[C]//Digest on Antennas and Propagation Society International Symposium. IEEE, 1989: 734-737.

[19] CHEN Y K, WANG C F.Characteristic Modes: Theory and Applications in Antenna Engineering[M]. New York: Joha Wiley & Sons, Inc., 2015.

[20] CABEDO-FABRÉS M, ANTONINO-DAVIU E, VALERO-NOGUEIRA A, et al. The theory of characteristic modes revisited: a contribution to the design of antennas for modern applications[J]. IEEE Antennas and Propagation Magazine, 2007, 49(5): 52-68.

[21] VOGEL M, GAMPALA G, LUDICK D, et al. Characteristic mode analysis: putting physics back into simulation[J]. IEEE Antennas and Propagation Magazine, 2015, 57(2): 307-317.

[22] 吴炜霞. 特征模理论及其在方向图可重构天线研究中的应用 [D]. 成都: 电子科技大学, 2005.

[23] 张云峰. 模式理论及其在电磁辐射与散射问题中的应用 [D]. 南京: 南京邮电大学, 2006.

[24] 张莹. 特征模理论及其在天线中的应用 [D]. 成都: 电子科技大学, 2012.

[25] OBEIDAT K A, RAINES B D, ROJAS R G. Discussion of series and parallel resonance phenomena in the input impedance of antennas[J]. Radio Science, 2010, 45(6): 1-9.

[26] YANG B B, ADAMS J J. Computing and visualizing the input parameters of arbitrary planar antennas via eigenfunctions[J]. IEEE Transactions on Antennas and Propagation, 2016, 64(7): 2707-2718.

[27] CABEDO-FABRÉS M. Systematic design of antennas using the theory of characteristic modes[C]//IEEE. IEEE, 2014.

[28] ADAMS J J, BERNHARD J T. Broadband equivalent circuit models for antenna impedances and fields using characteristic modes[J]. IEEE Transactions on Antennas and Propagation, 2013, 61(8): 3985-3994.

[29] RAHOLA J, LUDICK D, FUTTER P. Characteristic modes and antenna bandwidth[C]//2014 IEEE Antennas and Propagation Society International Symposium (APSURSI). IEEE, 2014: 1415-1416.

[30] RAHOLA J. Bandwidth potential and electromagnetic isolation: tools for analysing the impedance behaviour of antenna systems[C]//2009 3rd European Conference on Antennas and Propagation. IEEE, 2009: 944-948.

[31] CHU L J. Physical limitations of omni-directional antennas[J]. Journal of Applied Physics, 1948, 19(12): 1163-1175.

[32] ADAMS J J, BERNHARD J T. A modal approach to tuning and bandwidth enhancement of an electrically small antenna[J]. IEEE Transactions on Antennas and Propagation, 2011, 59(4): 1085-1092.

[33] ADAMS J J. Characteristic modes for impedance matching and broadbanding of electrically small antennas[J]. Dissertation and Theses-Gradworks, 2011.

[34] BOHANNON N L, BERNHARD J T. Design guidelines using characteristic mode theory for improving the bandwidth of PIFAs[J]. IEEE Transactions on Antennas and Propagation, 2015, 63(2): 459-465.

[35] KHAN M, CHATTERJEE D. Characteristic mode analysis of a class of empirical design techniques for probe-fed, U-slot microstrip patch antennas[J]. IEEE Transactions on Antennas and Propagation, 2016, 64(7): 2758-2770.

[36] LIN F H, CHEN Z N. Low-profile wideband metasurface antennas using characteristic mode analysis[J]. IEEE Transactions on Antennas and Propagation, 2017, 65(4): 1706-1713.

[37] LIN F H, CHEN Z N. A method of suppressing higher order modes for improving radiation performance of metasurface multiport antennas using characteristic mode analysis[J]. IEEE Transactions on Antennas and Propagation, 2018, 66(4): 1894-1902.

[38] ANTONINO-DAVIU E, FABRES M, FERRANDO-BATALLER M, et al. Modal analysis and design of band-notched UWB planar monopole antennas[J]. IEEE Transactions on Antennas and Propagation, 2010, 58(5): 1457-1467.

[39] SAFIN E, MANTEUFFEL D. Manipulation of characteristic wave modes by impedance loading[J]. IEEE Transactions on Antennas and Propagation, 2015, 63(4): 1756-1764.

[40] OBEIDAT K A, RAINES B D, ROJAS R G. Application of characteristic modes and non-foster multiport loading to the design of broadband antennas[J]. IEEE Transactions on Antennas and Propagation, 2010, 58(1): 203-207.

[41] OBEIDAT K A, RAINES B D, ROJAS R G, et al. Design of frequency reconfigurable antennas using the theory of network characteristic modes[J]. IEEE Transactions on Antennas and Propagation, 2010, 58(10): 3106-3113.

[42] CHEN Y K, WANG C F. Characteristic-mode-based improvement of circularly polarized U-slot and E-shaped patch antennas[J]. IEEE Antennas and Wireless Propagation Letters, 2012, 11: 1474-1477.

[43] OUYANG J, ZHANG Y, LUO X, et al. A broadband and wide beam circular polarization LTCC microstrip antenna analysis and design with characteristic modes theory[J]. Journal of Electromagnetic Waves and Applications, 2013, 27(6): 671-681.

[44] MARTENS R, SAFIN E, MANTEUFFEL D. Inductive and capacitive excitation of the characteristic modes of small terminals[C]//2011 Loughborough Antennas and Propagation Conference. IEEE, 2011: 1-4.

[45] MIERS Z, LI H, LAU B K. Design of bandwidth-enhanced and multiband MIMO antennas using characteristic modes[J]. IEEE Antennas and Wireless Propagation Letters, 2013, 12: 1696-1699.

[46] LI H, MIERS Z, LAU B K. Design of orthogonal MIMO handset antennas based on characteristic mode manipulation at frequency bands below 1 GHz[J]. IEEE Transactions on Antennas and Propagation, 2014, 62(5): 2756-2766.

[47] DENG C J, FENG Z H, HUM S V. MIMO mobile handset antenna merging characteristic modes for increased bandwidth[J]. IEEE Transactions on Antennas and Propagation, 2016, 64(7): 2660-2667.

[48] MARTENS R, HOLOPAINEN J, SAFIN E, et al. Optimal dual-antenna design in a small terminal multiantenna system[J]. IEEE Antennas and Wireless Propagation Letters, 2013, 12: 1700-1703.

[49] ETHIER J, LANOUE E, MCNAMARA D. MIMO handheld antenna design approach using characteristic mode concepts[J]. Microwave and Optical Technology Letters, 2008, 50(7): 1724-1727.

[50] ETHIER J. MIMO antenna design using characteristic mode concepts[D]. Ottawa: University of Ottawa, 2008.

[51] KISHOR K, HUM S V. A two-port chassis-mode MIMO antenna[J]. IEEE Antennas and Wireless Propagation Letters, 2013, 12: 690-693.

[52] KISHOR K, HUM S V. A pattern reconfigurable chassis-mode MIMO antenna[J]. IEEE Transactions on Antennas and Propagation, 2014, 62(6): 3290-3298.

[53] ANTONINO-DAVIU E, CABEDO-FABRÉS M, GALLO M, et al. Design of a multimode MIMO

antenna using characteristic modes[C]//2009 3rd European Conference on Antennas and Propagation. IEEE, 2009: 1840-1844.

[54] CABEDO-FABRÉS M, GALLO M, ANTONINO-DAVIU E, et al. Modal analysis of a MIMO antenna for sensor networks[C]//2008 IEEE Antennas and Propagation Society International Symposium. IEEE, 2008: 1-4.

[55] CHEN Y K, WANG C F. Electrically small UAV antenna design using characteristic modes[J]. IEEE Transactions on Antennas and Propagation, 2014, 62(2): 535-545.

[56] CHEN Y K, WANG C F. HF band shipboard antenna design using characteristic modes[J]. IEEE Transactions on Antennas and Propagation, 2015, 63(3): 1004-1013.

[57] WANG S, ARAI H. Analysis of an optimized notch array antenna by using the theory of characteristic modes[J]. IEEE Antennas and Wireless Propagation Letters, 2014, 13: 253-256.

[58] LIANG Z P, OUYANG J, YANG F, et al. Design of license plate RFID tag antenna using characteristic mode pattern synthesis[J]. IEEE Transactions on Antennas and Propagation, 2017, 65(10): 4964-4970.

[59] YAGHJIAN A D, BEST S R. Impedance, bandwidth, and Q of antennas[J]. IEEE Transactions on Antennas & Propagation, 2005, 53(4): 1298-1324.

[60] GUSTAFSSON M, SOHL C, KRISTENSSON G. Physical limitations on antennas of arbitrary shape[J]. Proceedings of the Royal Society A: Mathematical, Physical and Engineering Sciences, 2007, 463(2086): 2589-2607.

[61] CISMASU M, GUSTAFSSON M. Antenna bandwidth optimization with single frequency simulation[J]. IEEE Transactions on Antennas and Propagation, 2014, 62(3): 1304-1311.

[62] STROJNY B T. Excitation and analysis of characteristic modes on complex antenna structures[D]. Columbus: The Ohio State University, 2011.

[63] CAPEK M, HAZDRA P, EICHLER J. A method for the evaluation of radiation Q based on modal approach[J]. IEEE Transactions on Antennas and Propagation, 2012, 60(10): 4556-4567.

[64] RABAH M H, SEETHARAMDOO D, BERBINEAU M. Analysis of miniature metamaterial and magnetodielectric arbitrary-shaped patch antennas using characteristic modes: evaluation of the Q factor[J]. IEEE Transactions on Antennas and Propagation, 2016, 64(7): 2719-2731.

[65] CHALAS J, SERTEL K, VOLAKIS J L. Computation of the Q limits for arbitrary-shaped antennas using characteristic modes[J]. IEEE Transactions on Antennas and Propagation, 2016, 64(7): 2637-2647.

[66] ETHIER J, MCNAMARA D. Antenna shape synthesis without prior specification of the feedpoint locations[J]. IEEE Transactions on Antennas and Propagation, 2014, 62(10): 4919-4934.

[67] ETHIER J, MCNAMARA D. Sub-structure characteristic mode concept for antenna shape synthesis[J]. Electronics Letters, 2012, 48(9): 471.

[68] ETHIER J, MCNAMARA D. Multiband antenna synthesis using characteristic mode indicators as an objective function for optimization[C]//2010 IEEE International Conference on Wireless Information Technology and Systems. IEEE, 2010: 1-4.

[69] YANG B B, ADAMS J J. Modal Q as a bounding metric for MIMO antenna optimization[C]//Applied Computational Electromagnetics, IEEE, 2015.

[70] YANG B B, ADAMS J J. Systematic shape optimization of symmetric MIMO antennas using characteristic modes[J]. IEEE Transactions on Antennas and Propagation, 2016, 64(7): 2668-2678.

[71] SCHAB K R, YANG B B, HUGHES B, et al. Lower bounds on substructure antenna Q-factor[J]. IEEE Transactions on Antennas and Propagation, 2018, 66(7): 3278-3285.

[72] MATTHAEI G L, YOUNG L, JONES E M. Design of microwave filters, impedance-matching networks, and coupling structures. volume 1[R]. Defense Technical Information Center, 1963.

[73] CAMERON R J, KUDSIA C M, MANSOUR R R. Microwave Filters for Communication Systems[M]. New York: John Wiley & Sons, Inc., 2018.

[74] JIA S H. Wiley series in microwave and optical engineering[C]//Microstrip Filters for RF/Microwave Applications. New York: John Wiley & Sons, Inc., 2011: 636-639.

[75] ZHENG B L, WONG S W, FENG S F, et al. Multi-mode bandpass cavity filters and duplexer with slot mixed-coupling structure[J]. IEEE Access, 2018, 6: 16353-16362.

[76] GUO X, ZHU L, WU W. Design method for multiband filters with compact configuration in substrate integrated waveguide[J]. IEEE Transactions on Microwave Theory and Techniques, 2018, 66(6): 3011-3018.

[77] GUO X, ZHU L, WU W. Optimized design of differential moderate-band BPF on coupled slotline resonators[J]. IEEE Microwave and Wireless Components Letters, 2017, 27(3): 263-265.

[78] CHUANG C T, CHUNG S J. Synthesis and design of a new printed filtering antenna[J]. IEEE Transactions on Antennas and Propagation, 2011, 59(3): 1036-1042.

[79] MAO C X, GAO S S, WANG Y, et al. Multimode resonator-fed dual-polarized antenna array with enhanced bandwidth and selectivity[J]. IEEE Transactions on Antennas and Propagation, 2015, 63(12): 5492-5499.

[80] MAO C X, GAO S S, WANG Y, et al. Dual-band patch antenna with filtering performance and harmonic suppression[J]. IEEE Transactions on Antennas and Propagation, 2016, 64(9): 4074-4077.

[81] KUFA M, RAIDA Z, MATEU J. Three-element filtering antenna array designed by the equivalent circuit approach[J]. IEEE Transactions on Antennas and Propagation, 2016, 64(9): 3831-3839.

[82] ZHANG Y, ZHANG X Y, PAN Y M. Compact single- and dual-band filtering patch antenna arrays using novel feeding scheme[J]. IEEE Transactions on Antennas and Propagation, 2017, 65(8): 4057-4066.

[83] HOLOPAINEN J, VALKONEN R, KIVEKAS O, et al. Broadband equivalent circuit model for capacitive coupling element–based mobile terminal antenna[J]. IEEE Antennas and Wireless Propagation Letters, 2010, 9: 716-719.

[84] VAINIKAINEN P, OLLIKAINEN J, KIVEKAS O, et al. Resonator-based analysis of the combination of mobile handset antenna and chassis[J]. IEEE Transactions on Antennas and Propagation, 2002, 50(10): 1433-1444.

[85] LI H, ZHU J J, YU Y F. Compact single-layer RFID tag antenna tolerant to background materials[J]. IEEE Access, 2017, 5: 21070-21079.

[86] ABUNJAILEH A I, HUNTER I C, KEMP A H. Application of dual-mode filter techniques to the broadband matching of microstrip patch antennas[J]. IET Microwaves, Antennas & Propagation, 2007, 1(2): 273.

[87] ABUNJAILEH A I, HUNTER I C, KEMP A H. A circuit-theoretic approach to the design of quadruple-mode broadband microstrip patch antennas[J]. IEEE Transactions on Microwave Theory and Techniques, 2008, 56(4): 896-900.

[88] POZAR D. Input impedance and mutual coupling of rectangular microstrip antennas[J]. IEEE Transactions on Antennas and Propagation, 1982, 30(6): 1191-1196.

[89] SCHAB K R, OUTWATER J M, YOUNG M W, et al. Eigenvalue crossing avoidance in characteristic modes[J]. IEEE Transactions on Antennas and Propagation, 2016, 64(7): 2617-2627.

[90] SCHAB K R, BERNHARD J T. A group theory rule for predicting eigenvalue crossings in characteristic mode analyses[J]. IEEE Antennas and Wireless Propagation Letters, 2017, 16: 944-947.
[91] WU Q. Computation of characteristic modes for dielectric bodies using volume integral equation and interpolation[J]. IEEE Antennas and Wireless Propagation Letters, 2017, 16: 2963-2966.
[92] MAXIMIDIS R T, ZEKIOS C L, KAIFAS T N, et al. Characteristic mode analysis of composite metal-dielectric structure, based on surface integral equation/moment method[C]//The 8th European Conference on Antennas and Propagation (EuCAP). IEEE, 2014: 2822-2826.
[93] LIAN R Z, PAN J, HUANG S D. Alternative surface integral equation formulations for characteristic modes of dielectric and magnetic bodies[J]. IEEE Transactions on Antennas and Propagation, 2017, 65(9): 4706-4716.
[94] CHEN Y K. Alternative surface integral equation-based characteristic mode analysis of dielectric resonator antennas[J]. IET Microwaves, Antennas & Propagation, 2016, 10(2): 193-201.
[95] HU F G, WANG C F. Integral equation formulations for characteristic modes of dielectric and magnetic bodies[J]. IEEE Transactions on Antennas and Propagation, 2016, 64(11): 4770-4776.
[96] ALROUGHANI H, ETHIER J, MCNAMARA D. Observations on computational outcomes for the characteristic modes of dielectric objects[C]//2014 IEEE Antennas and Propagation Society International Symposium (APSURSI). IEEE, 2014: 844-845.
[97] MIERS Z, LAU B K. Computational analysis and verifications of characteristic modes in real materials[J]. IEEE Transactions on Antennas and Propagation, 2016, 64(7): 2595-2607.
[98] HU F G, WANG C F. FE-BI formulations for characteristic modes[J]. IEEE Transactions on Microwave Theory and Techniques, 2016, 64(5): 1396-1401.
[99] GALLÉE F, BERNABEU-JIMÉNEE T, CABEDO-FABRÉS M, et al. Application of the theory of characteristic modes to the design of compact metallic strip antenna with multilayer technology (LTCC)[C]//2013 7th European Conference on Antennas and Propagation (EuCAP), IEEE, 2013: 1891-1895.
[100] CADFEKO Suite 7.0 [OL]. Available: http://www.feko.info/product-detail/overview-of-feko.
[101] BERNABEU-JIMÉNEZ T, VALERO-NOGUEIRA A, VICO-BONDIA F, et al. A 60-GHz LTCC rectangular dielectric resonator antenna design with characteristic modes theory[C]//2014 IEEE Antennas and Propagation Society International Symposium (APSURSI). IEEE, 2014: 1928-1929.
[102] SENIOR T B A. Impedance boundary conditions for imperfectly conducting surfaces[J]. Applied Scientific Research, Section B, 1960, 8(1): 418.
[103] CAPEK M, EICHLER J, HAZDRA P. Evaluating radiation efficiency from characteristic currents[J]. IET Microwaves, Antennas & Propagation, 2015, 9(1): 10-15.
[104] HAMOUZ P, HAZDRA P, POLIVKA M, et al. Radiation efficiency and Q factor study of franklin antenna using the Theory of Characteristic Modes[C]//Proceedings of the 5th European Conference on Antennas and Propagation (EuCAP). IEEE, 2011: 1974-1977.

2 特征模的基本理论

2.1 特征模理论的数学基础

电磁一词指的是电场和磁场相互联系并相互依赖的现象，这两种场之间的关系可由麦克斯韦方程来定义。对于辐射和散射问题，这些方程及其相关的边界条件都可以用矩量法求解，获得物体的辐射能量和无功能量。基于对辐射能量以及无功能量的理解，可以对特征模进行全面的定义和理解。此外，一旦发现特征电流，就可以推导出不同的关联特征属性。本节将概述特征模理论的基本电磁概念。

2.1.1 麦克斯韦方程组

电磁理论可用 4 个方程来描述，通常称为麦克斯韦方程组。它们由不同的理论定律组成: 电的高斯定理、磁的高斯定理、法拉第电磁感应定律以及广义安培定律。这些方程的旋转对称形式通常用式 (2.1.1)—式 (2.1.4) 描述，称为麦克斯韦方程的旋转对称积分形式 [1]。

$$\oiint_S \mathcal{D}\cdot \mathrm{d}S = \iiint_V \rho_{\mathrm{e}}\mathrm{d}V \tag{2.1.1}$$

$$\oiint_S \mathcal{B}\cdot \mathrm{d}S = \iiint_V \rho_{\mathrm{m}}\mathrm{d}V \tag{2.1.2}$$

$$\oint_S \mathcal{E}\cdot \mathrm{d}l = -\frac{\mathrm{d}}{\mathrm{d}t}\iint_S \mathcal{B}\cdot \mathrm{d}S - \iint_S \mathcal{M}_f\cdot \mathrm{d}S \tag{2.1.3}$$

$$\oint_C \mathcal{H}\cdot \mathrm{d}l = \frac{\mathrm{d}}{\mathrm{d}t}\iint_S \mathcal{D}\cdot \mathrm{d}S + \iint_S \mathcal{J}\cdot \mathrm{d}S \tag{2.1.4}$$

利用斯托克斯定理和散度定理，可获得麦克斯韦方程组的微分形式：

$$\boldsymbol{\nabla}\cdot\mathcal{D} = \rho_{\mathrm{e}} \tag{2.1.5}$$

$$\boldsymbol{\nabla}\cdot\mathcal{B} = \rho_{\mathrm{m}} \tag{2.1.6}$$

$$\boldsymbol{\nabla}\times\mathcal{E} = -\frac{\partial \boldsymbol{B}}{\partial t} - \mathcal{M} \tag{2.1.7}$$

$$\boldsymbol{\nabla}\times\mathcal{H} = +\frac{\partial \boldsymbol{D}}{\partial t} + \mathcal{J} \tag{2.1.8}$$

这些方程描述了 6 个矢量场量及其相关电荷密度之间的关系。6 个向量场量定义如下:

$\mathcal{E}$：电场强度 (V/m)；

$\mathcal{H}$：磁场强度 (A/m)；

$\mathcal{D}$：电通量密度 (C/m^2)；

$\mathcal{B}$：磁通量密度 (Wb/m^2)；

$\mathcal{J}$：电流密度 (A/m^2)；

$\mathcal{M}$：磁电流密度 (V/m^2)。

这些量适用于所有介质，并通过一组本构关系彼此关联。当物体由简单媒质构成时，这些关系可以简化成如式 (2.1.9) 定义的基本关系：

$$\begin{cases} \mathcal{D} = \varepsilon\mathcal{E} \\ \mathcal{B} = \mu\mathcal{H} \\ \mathcal{J} = \sigma\mathcal{E} \end{cases} \tag{2.1.9}$$

式 (2.1.9) 中，ε 是介电常数，μ 是磁导率，σ 是电导率。

有了这些本构关系，麦克斯韦方程组的积分形式和微分形式都可以用自由电荷和电流来描述。在麦克斯韦方程组的时谐形式中，$\mathcal{E}$, $\mathcal{H}$, $\mathcal{D}$, $\mathcal{B}$, $\mathcal{J}$ 和 $\mathcal{M}$ 分别定义为 $\boldsymbol{E}$, $\boldsymbol{H}$, $\boldsymbol{D}$, $\boldsymbol{B}$, $\boldsymbol{J}$ 和 $\boldsymbol{M}$。

通过这些基本关系、麦克斯韦方程组的时谐形式、连续方程组以及不同的边界条件，可利用麦克斯韦方程组来解决电磁场问题，包括入射波激励产生的电流及散射场，以及电流源产生的辐射。

1. 辐射和散射——亥姆霍兹方程

一个无损物体遇到入射电磁波，其表面会产生一组电流。相应地，如果物体表面产生一组时变电流，电流将会向自由空间中辐射电磁能。若将两种情况结合起来，整个表面的能量流动必须等于零。对于理想导体，有

$$\left(\boldsymbol{E}^{\mathrm{i}} + \boldsymbol{E}^{\mathrm{S}}\right)_{\tan} = 0 \tag{2.1.10}$$

通过式 (2.1.10) 可知，用入射电场 ($\boldsymbol{E}^{\mathrm{i}}$) 就可以表征物体的散射电场 ($\boldsymbol{E}^{\mathrm{S}}$)。利用麦克斯韦方程组和边界条件，将电磁场与电流、磁流联系起来，即可求解场。通过将麦克斯韦方程组和本构关系相结合，可得

$$\boldsymbol{\nabla} \times \boldsymbol{E} = -\mathrm{j}\omega\mu\boldsymbol{H} - \boldsymbol{M} \tag{2.1.11}$$

$$\boldsymbol{\nabla} \times \boldsymbol{H} = \mathrm{j}\omega\varepsilon\boldsymbol{E} + \sigma\boldsymbol{E} \tag{2.1.12}$$

为分析所描述的系统，$\boldsymbol{J}$ 定义为通过入射波作用于 (感应在) 物体上的电流。当物体由 PEC 材料构成时，$\boldsymbol{M} = 0$。因此，

$$\boldsymbol{E} = -\mathcal{L}(\boldsymbol{J}) = -\mathrm{j}\omega\mu\boldsymbol{A}(\boldsymbol{J}) - \boldsymbol{\nabla}\varPhi(\boldsymbol{J}) = -\mathrm{j}\omega\mu\boldsymbol{A} + \frac{1}{\mathrm{j}\omega\mu}\boldsymbol{\nabla}(\boldsymbol{\nabla}\cdot\boldsymbol{A}) \tag{2.1.13}$$

其中，$\boldsymbol{A}$ 为矢量磁位，$\boldsymbol{H} = \boldsymbol{\nabla} \times \boldsymbol{A}$。

线性算子 $\mathcal{L}$ 提供了物体上的一组电流 $\boldsymbol{J}$ 和物体上的散射场 $\boldsymbol{E}^{\mathrm{S}}$ 之间的联系。由理想导体上的边界条件可知，在导体表面有

$$\left(\mathcal{L}(\boldsymbol{J})-\boldsymbol{E}^{\mathrm{i}}\right)_{\tan}=0 \tag{2.1.14}$$

由式 (2.1.10)，有

$$(\mathcal{L}(\boldsymbol{J}))_{\tan}=-\boldsymbol{E}_{\tan}^{\mathrm{S}} \tag{2.1.15}$$

式 (2.1.15) 将电流与散射电场结合起来，对特征模的发展至关重要。为了完全理解特征模的理论基础，有必要进一步了解电磁系统能量的不同类型。

2. 复功率——坡印亭定理

特征模的所有理论基础都是由物体的远场辐射功率定义的。这是因为每个特征电流都有一个相应的远场方向图，不同特征电流的远场方向图相互正交。此外，每个特征模式的特征值都是由辐射能量和储存能量的关系决定的。辐射 (远场) 能量和储存能量均可以通过麦克斯韦方程组及坡印亭定理得到 [2]。

坡印亭定理的积分形式可以表示为

$$-\frac{1}{2}\iiint_V(\boldsymbol{E}\cdot\boldsymbol{J}^*+\boldsymbol{H}^*\cdot\boldsymbol{M})\mathrm{d}V=\frac{1}{2}\oiint_S(\boldsymbol{E}\times\boldsymbol{H}^*)\,\mathrm{d}\boldsymbol{S}+\frac{1}{2}\iiint_V\sigma|\boldsymbol{E}|^2\,\mathrm{d}V \\ +2\mathrm{j}\omega\left(\frac{1}{4}\iiint_V\varepsilon|\boldsymbol{E}|^2\,\mathrm{d}V-\frac{1}{4}\iiint_V\mu|\boldsymbol{H}|^2\,\mathrm{d}V\right) \tag{2.1.16}$$

式 (2.1.16) 表示的坡印亭定理可分解为 5 个独立的量，分别与不同的物理意义相关联：

$$P_{\mathrm{S}}=-\frac{1}{2}\iiint_V(\boldsymbol{E}\cdot\boldsymbol{J}^*+\boldsymbol{H}^*\cdot\boldsymbol{M})\,\mathrm{d}V \tag{2.1.17}$$

$$P_{\mathrm{e}}=\frac{1}{2}\oiint_S(\boldsymbol{E}\times\boldsymbol{H}^*)\,\mathrm{d}\boldsymbol{S} \tag{2.1.18}$$

$$P_{\mathrm{d}}=\frac{1}{2}\iiint_V\sigma|\boldsymbol{E}|^2\,\mathrm{d}V \tag{2.1.19}$$

$$\bar{W}_{\mathrm{m}}=\frac{1}{4}\iiint_V\varepsilon|\boldsymbol{E}|^2\,\mathrm{d}V \tag{2.1.20}$$

$$\bar{W}_{\mathrm{e}}=\frac{1}{4}\iiint_V\mu|\boldsymbol{H}|^2\,\mathrm{d}V \tag{2.1.21}$$

若要物体能够辐射或储存任何功率或能量，首先必须向该物体提供能量，这个能量定义为输入功率，用 P_{S} 表示。当向一个物体提供能量时，该物体可将功率 P_{e} 辐射到自由空间，以热能 P_{d} 形式耗散，或储存为磁场能 $\bar{W}_{\mathrm{m}}$ 或电场能 $\bar{W}_{\mathrm{e}}$。在式 (2.1.16) 中的最后一项，通过对存储的电场能或磁场能在时间域求导得到无功功率。无功功率定义为两种储能之差的时间变化率。

输入功率、辐射功率以及散射功率具有直观的物理含义。然而，存储能量的物理解释并不是很直观。以麦克斯韦方程组为基础可知，电场和磁场有一个恒定的相位差，且相互转化。当电 (磁) 能在给定的频率周期内最大化时，磁 (电) 能必须达到最小值，才能使无功功率有效转化为辐射功率。这种能量转移与理想的 LC 谐振电路所存储的能量直接相关。然而，如果总无功功率不为零，即 $\bar{W}_{\mathrm{m}} - \bar{W}_{\mathrm{e}} \neq 0$，则代表无功功率的存储随着时间推移在不同类型的能源之间转换。如果一个物体存储了无功功率，则认为它未处于完全谐振状态，因为它必须为下一个辐射周期保留一些能量。特征值正是坡印亭矢量虚部和实部的比值，即无功功率与辐射和损耗功率之间的比值。

麦克斯韦方程组、亥姆霍兹方程以及坡印亭定理是推导和理解特征模理论所需的电磁学理论概念。而对其求具体的解，需要一种数值计算方法，特征模分析普遍采用矩量法求解积分形式的麦克斯韦方程组。

2.1.2 使用矩量法解麦克斯韦方程组

矩量法或加权残差法是一种用于求解积分方程 (IEs) 的方法，如式 (2.1.1)—式 (2.1.4) 所描述的麦克斯韦方程组就属于这类积分方程。将此类积分方程简化为一组线性方程来求解，如式 (2.1.15) 所示的电场积分方程 (EFIE)。矩量法一般应用于电磁问题中的电场积分方程或磁场积分方程 (MFIE)，必要时可以将电场积分方程和磁场积分方程结合起来生成一个混合场积分方程 (CFIE)。

理想导体的矩量法可以总结为四步：第一步，定义电磁场问题的微积分方程 (非齐次方程)。第二步，划分网格。对于平面结构来说，三角形单元将是主要的网格单元；对于立体结构，通常使用四面体网格。第三步，每个网格单元被扩展成一组基函数以实现局部电流。符合要求的基函数有很多种，在特征模问题的求解中，通常采用 Rao-Wilton-Glisson (RWG) 基函数 [3]。第四步，为每个基定义一组线性无关的权重函数，通常也称为测试函数。通过测试函数可以计算出整个结构的电压分布，对所有的网格单元重复上述过程。测试函数的选择应确保其满足边界条件。最终对整体结构的感应电流进行归一化处理。

积分方程的求解如下：

所有的矩量法问题都是从求解一个非齐次方程开始的。该方程在电磁场问题中的形式为 [4]

$$\mathcal{L}(f) = g \tag{2.1.22}$$

在这个微积分方程中，$\mathcal{L}$ 是线性算子，通常由积分算子定义，g 是已知函数，可由电磁问题中的入射电场来定义，f 是需要求解的未知函数，在电磁场问题中是电流分布。其形式与式 (2.1.15) 中所表述的非齐次方程是一致的。对于一个理想导体，已知其入射电场，利用格林函数，其电场积分方程可以表述为

$$\hat{n} \times \boldsymbol{E}^{\mathrm{i}}(r) = \hat{n} \times \iint_S \left[\mathrm{j}\omega\mu \boldsymbol{J}_S G(r,r') + \frac{1}{\mathrm{j}\omega\mu} (\nabla'_S \cdot \boldsymbol{J}_S) \nabla' G(r,r') \right] \mathrm{d}\boldsymbol{S} \tag{2.1.23}$$

利用矩量法求解积分方程的第一步是将电流 $\boldsymbol{J}$ 展开为有限个基函数的和。对于面积分方程来说，最常用的基函数就是前面提到的 RWG 基函数：

$$f_n(\boldsymbol{r})=\begin{cases}\dfrac{l_n}{2A_n^{\pm}}\boldsymbol{\rho}_n^{\pm}, & \boldsymbol{r}\in T_n^{\pm}\\ 0, & \boldsymbol{r}\notin T_n^{\pm}\end{cases} \tag{2.1.24}$$

RWG 单元描述了电流与相邻三角形之间的关系，如图 2.1.1 所示，其中 T_n^+ 和 T_n^- 是由公共边 n 连接的相邻三角形，公共边的长度为 l_n，两个三角形的面积为 $A_n^{\pm}$，位置向量 $\boldsymbol{\rho}_n^{\pm}$ 连接两个独立的三角形各自的质心到对应的非公共顶点。

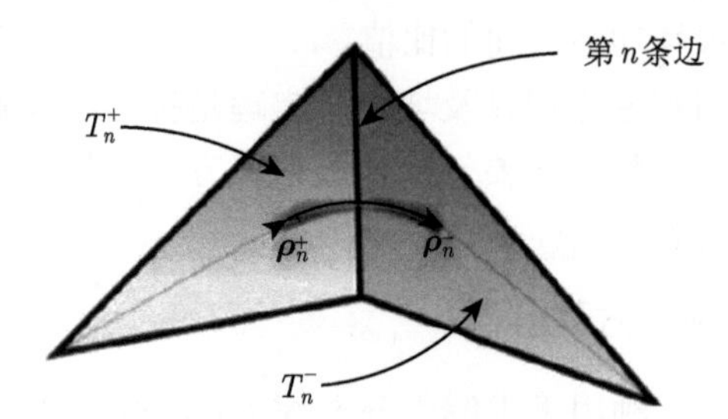

图 2.1.1　定义在两个相邻三角形上的 RWG 基函数

将式 (2.1.24) 确定为基函数后，则电流可以扩展为 N 个基函数的加权和：

$$f(\boldsymbol{r})=\sum_{n=1}^{N}a_n f_n(\boldsymbol{r}) \tag{2.1.25}$$

其中，$f_n(\boldsymbol{r})$ 为基函数，a_n 为未知系数。

由于微积分方程算子 ($\mathcal{L}$) 是线性算子，将式 (2.1.25) 代入式 (2.1.22) 得到

$$g\approx\sum_{n=1}^{N}a_n\mathcal{L}(f_n) \tag{2.1.26}$$

g 的近似值与 g 的实际值之差称为加权残差。

通过边界条件可求解上述方程的未知数。定义一个测试函数 ω，其与基函数的内积可以表示为

$$\langle\omega_m,f_n\rangle=\iint_S\omega_m(\boldsymbol{r})\cdot f_n(\boldsymbol{r}')\,\mathrm{d}\boldsymbol{S} \tag{2.1.27}$$

将式 (2.1.26) 代入，得到

$$\sum_{n=1}^{N}a_n\langle\omega_m,\mathcal{L}(f_n)\rangle=\langle\omega_m,g\rangle \tag{2.1.28}$$

将该方法直接应用于式 (2.1.23) 中的 EFIE，得到如下线性矩阵方程：

$$[Z][\boldsymbol{J}]=\left[\boldsymbol{E}^{\mathrm{S}}\right] \tag{2.1.29}$$

当使用 EFIE 和边界条件求解 PEC 物体的表面电流时，阻抗矩阵 $[Z]$ 由下式计算：

$$[Z]_{m,n}=\left(\frac{\mathrm{j}\omega\mu}{4\pi}\right)\iint_S\left(f_m(\boldsymbol{r})\cdot f_n(\boldsymbol{r}')G(\boldsymbol{r},\boldsymbol{r}')\right)\mathrm{d}\boldsymbol{S}\mathrm{d}\boldsymbol{S}'$$

$$-\left(\frac{\mathrm{j}}{4\pi\omega\varepsilon}\right)\iint_S\left(\left(\nabla\cdot f_m\left(\boldsymbol{r}\right)\right)\left(\nabla'\cdot f_n\left(\boldsymbol{r}'\right)\right)G\left(\boldsymbol{r},\boldsymbol{r}'\right)\right)\mathrm{d}\boldsymbol{S}\mathrm{d}\boldsymbol{S}' \tag{2.1.30}$$

其中，λ 是自由空间波长，$G\left(\boldsymbol{r},\boldsymbol{r}'\right)$ 是自由空间格林函数：

$$G\left(\boldsymbol{r},\boldsymbol{r}'\right)=\frac{\exp\left(-\mathrm{j}\dfrac{2\pi}{\lambda}\left|\boldsymbol{r}-\boldsymbol{r}'\right|\right)}{\left|\boldsymbol{r}-\boldsymbol{r}'\right|} \tag{2.1.31}$$

每个基函数上的电压 $\left[\boldsymbol{E}^{\mathrm{S}}\right]$ 由式 (2.1.32) 计算：

$$\left[\boldsymbol{E}^{\mathrm{S}}\right]_m=\left\langle f_m\left(\boldsymbol{r}\right),\boldsymbol{E}^{\mathrm{i}}\left(\boldsymbol{r}\right)\right\rangle=\iint_S f_m\left(\boldsymbol{r}\right)\cdot\boldsymbol{E}^{\mathrm{i}}\left(\boldsymbol{r}\right)\mathrm{d}\boldsymbol{S} \tag{2.1.32}$$

该方法利用矩量法可以为任意离散化的 PEC 对象找到阻抗矩阵 $[Z]$。通过使用不同的积分方程组集合，可以找到任何物体的阻抗矩阵，而不仅限于理想导体。获得阻抗矩阵是求解任何物体的特征模的关键一步。

2.1.3　特征模理论

特征模理论推导方法是建立在 2.1.1 节和 2.1.2 节中提出的概念之上的，先通过矩量法将电场积分方程 (2.1.15) 转化成矩阵形式 (2.1.29)，再利用阻抗矩阵构造一个加权 (广义) 特征值方程，从而将特征电流与阻抗矩阵联系起来。Harrington 等描述了如何使用坡印亭定理来定义特征电流与一组正交远场模式的相关关系，以及特征值与无功功率的相关关系。

这里先介绍理想电导体的特征模式 [5]，然后根据二重性原理，直接引出理想磁导体的特征模式 [6]，最后以理想电导体为例，讨论其上加载阻抗后特征模式的定义 [7]。

1. 理想电导体的特征模式

对于一个任意形状的理想电导体，其表面为 S，若存在一个入射电场 $\boldsymbol{E}^{\mathrm{i}}$，那么由理想导体边界条件，应该有

$$\left[\mathcal{L}(\boldsymbol{J})-\boldsymbol{E}^{\mathrm{i}}\right]_{\tan}=0 \tag{2.1.33}$$

在上面的算子方程中，$\mathcal{L}(\boldsymbol{J})$ 表示 S 上的电流 $\boldsymbol{J}$ 辐射的电场 $\boldsymbol{E}^{\mathrm{S}}$，“tan” 代表电场的切向分量，则

$$Z(\boldsymbol{J})=\left[\mathcal{L}(\boldsymbol{J})\right]_{\tan} \tag{2.1.34}$$

将式 (2.1.34) 代入式 (2.1.33)，得

$$Z(\boldsymbol{J})=\left[\boldsymbol{E}^{\mathrm{i}}\right]_{\tan} \tag{2.1.35}$$

这里 Z 称为阻抗算子，它是对称算子，不是厄米 (Hermitian) 算子，但其实部 R 与虚部 X 都是厄米算子，同时也是实对称算子：

$$\begin{cases}R=\dfrac{1}{2}\left(Z+Z^*\right)\\[2mm] X=\dfrac{1}{2}\left(Z-Z^*\right)\end{cases} \tag{2.1.36}$$

其中，Z^* 表示算子 Z 的共轭。

对于导体上的电流 $\boldsymbol{J}$，由于其辐射功率满足 $\langle \boldsymbol{J}^*, R\boldsymbol{J} \rangle \geqslant 0$，其中 $\boldsymbol{J}^*$ 是 $\boldsymbol{J}$ 的共轭复数 (conjugate complex number)，而且在不存在内谐振的情况下，$\langle \boldsymbol{J}^*, R\boldsymbol{J} \rangle > 0$，因此可以肯定 R 是正定算子。

现在考虑瑞利比 (Rayleigh ratio)：

$$F(\boldsymbol{J}) = \frac{\langle \boldsymbol{J}, X\boldsymbol{J} \rangle}{\langle \boldsymbol{J}, R\boldsymbol{J} \rangle} = \frac{\text{net energy stored} \times 2\omega}{\text{power radiated}} \tag{2.1.37}$$

存在 $\boldsymbol{J}$ 使得 $F(\boldsymbol{J})$ 最小，为了得到 $F(\boldsymbol{J})$ 的最小值，我们求解如下广义特征值方程：

$$X\boldsymbol{J}_n = \lambda_n R\boldsymbol{J}_n \tag{2.1.38}$$

考虑到 R、X 都是实对称算子，从数学上不难证明特征值 λ_n 和特征电流 $\boldsymbol{J}_n$ 都具有实数值。进一步发现，不同模式的特征电流关于算子 R、X 和 Z 满足正交关系：

$$\langle \boldsymbol{J}_m, R\boldsymbol{J}_n \rangle = \delta_{mn} \tag{2.1.39a}$$

$$\langle \boldsymbol{J}_m, X\boldsymbol{J}_n \rangle = \lambda_n \delta_{mn} \tag{2.1.39b}$$

$$\langle \boldsymbol{J}_m, Z\boldsymbol{J}_n \rangle = (1 + \mathrm{j}\lambda_n)\delta_{mn} \tag{2.1.39c}$$

其中，δ_{mn} 是克罗内克函数 (当 $m = n$ 时 $\delta_{mn} = 1$，否则 $\delta_{mn} = 0$)。注意这里用 R 算子归一化了特征电流，即 $\langle \boldsymbol{J}_n, R\boldsymbol{J}_n \rangle = 1$，表示 $\boldsymbol{J}_n$ 的辐射功率为 1。

由于 $\boldsymbol{J}_n$ 的复数功率 $P_{nn} = \langle \boldsymbol{J}_n, Z\boldsymbol{J}_n \rangle = 1 + \mathrm{j}\lambda_n$，因此模式储存的净能量 (磁能与电能之差) 由 λ_n 表征，$\lambda_n = 0$ 意味着相应模式处于谐振状态，没有储存净能量，或者说储存的电能和磁能相等。$\lambda_n < 0$ 意味着模式储存净电能，相反地，$\lambda_n > 0$ 意味着模式储存净磁能。$|\lambda_n|$ 越大，表明 $\boldsymbol{J}_n$ 辐射能力越弱，储存净能量的能力越强。

如果两个不同模式的特征值完全相等，我们就称这两个模式构成一对简并模。

此外，还可以证明不同模式特征场之间也相互正交。

根据复功率守恒，有

$$\begin{aligned} P &= \langle \boldsymbol{J}^*, Z\boldsymbol{J} \rangle \\ &= \langle \boldsymbol{J}^*, R\boldsymbol{J} \rangle + \mathrm{j} \langle \boldsymbol{J}^*, X\boldsymbol{J} \rangle \\ &= \iint_{S'} (\boldsymbol{E} \times \boldsymbol{H}^*) \cdot \boldsymbol{n} \mathrm{d}s + \mathrm{j}\omega \iiint_{S'} (\mu \boldsymbol{H} \cdot \boldsymbol{H}^* - \varepsilon \boldsymbol{E} \cdot \boldsymbol{E}^*) \mathrm{d}\tau' \end{aligned} \tag{2.1.40}$$

其中，τ' 表示 S 包围的区域，$\boldsymbol{E}^*$，$\boldsymbol{H}^*$ 表示 $\boldsymbol{E}$，$\boldsymbol{H}$ 的共轭复数。将式 (2.1.39c) 代入式 (2.1.40) 可以得到

$$\iint_{S'} (\boldsymbol{E} \times \boldsymbol{H}^*) \cdot \boldsymbol{n} \mathrm{d}s + \mathrm{j}\omega \iiint_{S'} (\mu \boldsymbol{H} \cdot \boldsymbol{H}^* - \varepsilon \boldsymbol{E} \cdot \boldsymbol{E}^*) \mathrm{d}\tau = (1 + \mathrm{j}\lambda_n)\delta_{mn} \tag{2.1.41}$$

考虑在无穷远处的球面 S_∞ 上，即当 $S'=S_\infty$ 时，特征电场 $\boldsymbol{E}_m$ 与特征磁场 $\boldsymbol{H}_m$ 满足以下关系：

$$\boldsymbol{E}_m=\eta\boldsymbol{H}_m\times\boldsymbol{n}=\frac{\mathrm{j}\omega\mu}{4\pi r}\exp(-\mathrm{j}k\boldsymbol{r})\boldsymbol{F}_n(\theta,\varphi) \tag{2.1.42}$$

其中，$\eta=\mu_0c=\sqrt{\mu/\varepsilon}$ 表示自由空间波阻抗，$\boldsymbol{n}$ 表示 S_∞ 的单位外法向矢量，$\boldsymbol{F}_n(\theta,\varphi)$ 表示第 m 个模式的电场方向图。将式 (2.1.41) 取共轭，然后将符号 m 和 n 进行交换，有

$$\iint_{S'}(\boldsymbol{E}\times\boldsymbol{H}^*)\cdot\boldsymbol{n}\mathrm{d}s-\mathrm{j}\omega\iiint_{S'}(\mu\boldsymbol{H}\cdot\boldsymbol{H}^*-\varepsilon\boldsymbol{E}\cdot\boldsymbol{E}^*)\mathrm{d}\tau=(1-\mathrm{j}\lambda_m)\,\delta_{nm} \tag{2.1.43}$$

式 (2.1.41) 和式 (2.1.43) 左右两边相加，并将式 (2.1.42) 代入得

$$\eta\iint_{S'}[\boldsymbol{H}_m\cdot\boldsymbol{H}_n^*-(\boldsymbol{H}_m\cdot\boldsymbol{n})\cdot(\boldsymbol{H}_n^*\cdot\boldsymbol{n})]\mathrm{d}s=\delta_{mn} \tag{2.1.44}$$

考虑到无穷远处场的径向分量为零，不难得出

$$\iint_{S'}(\boldsymbol{H}_m\cdot\boldsymbol{n})\cdot(\boldsymbol{H}_n^*\cdot\boldsymbol{n})\mathrm{d}s=0 \tag{2.1.45}$$

所以有

$$\eta\iint_{S'}\boldsymbol{H}_m\cdot\boldsymbol{H}_n^*\mathrm{d}s=\delta_{mn} \tag{2.1.46}$$

这里我们已经证明了不同模式特征磁场在无穷远处的球面上相互正交，进一步可以证明特征电场的正交性。因此，总场也可以写成模式特征场的线性组合：

$$\boldsymbol{E}=\sum_n\frac{V_n^{\mathrm{i}}\boldsymbol{E}_n}{1+\mathrm{j}\lambda_n}=\sum_n\alpha_n\boldsymbol{E}_n \tag{2.1.47a}$$

$$\boldsymbol{H}=\sum_n\frac{V_n^{\mathrm{i}}\boldsymbol{H}_n}{1+\mathrm{j}\lambda_n}=\sum_n\alpha_n\boldsymbol{H}_n \tag{2.1.47b}$$

其中，$\boldsymbol{E}$ 和 $\boldsymbol{H}$ 是由 $\boldsymbol{J}$ 产生的空间中任意位置的场，$\alpha_n\boldsymbol{E}_n$ 称为模式加权电场 (modal weighting electric field)，$\alpha_n\boldsymbol{H}_n$ 称为模式加权磁场 (modal weighting magnetic field)。

注意上面只是证明了特征模式远场的正交性，其近场并不一定是正交的 [5]。

2. 理想磁导体的特征模式

根据二重性原理，只要将电流换成磁流，入射电场换成入射磁场，我们可以定义理想磁导体的特征模式如下：

$$B\boldsymbol{M}_n=\lambda_nG\boldsymbol{M}_n \tag{2.1.48}$$

其中，λ_n 和 $\boldsymbol{M}_n$ 分别表示第 n 个模式的特征值和特征磁流。

$Y=G+\mathrm{j}B$ 称为导纳算子。

理想磁导体和理想电导体的特征模式性质类似，这里不再赘述。

3. 理想电导体加载阻抗后的特征模式

假设理想电导体的阻抗算子为 $Z=R+\mathrm{j}X$，所加载阻抗的算子为 $Z_L=R_L+\mathrm{j}X_L$，则特征模式 $\boldsymbol{J}_n$ 可以定义为

$$(Z+Z_L)\,\boldsymbol{J}_n=v_nH\boldsymbol{J}_n \tag{2.1.49}$$

若所加载阻抗是有耗的，即 $R_L\neq 0$，此时我们有两个选择：

①令 $H=R+R_L$，则 $\boldsymbol{J}_n$ 为实数，但由于不满足 $\langle\boldsymbol{J}_m,R\boldsymbol{J}_n\rangle=\delta_{mn}$，而是满足 $\langle\boldsymbol{J}_m,(R+R_L)\boldsymbol{J}_n\rangle=\delta_{mn}$，模式远场不再相互正交；

②令 $H=R$，由于满足 $\langle\boldsymbol{J}_m,R\boldsymbol{J}_n\rangle=\delta_{mn}$，模式远场仍然相互正交，但此时 $\boldsymbol{J}_n$ 为复数。

若所加载阻抗是纯电抗无耗的，即 $Z_L=\mathrm{j}X_L$，令 $H=R$，$v_n=1+\mathrm{j}\lambda_n$，代入式 (2.1.49) 有

$$(X+X_L)\,\boldsymbol{J}_n=\lambda_nR\boldsymbol{J}_n \tag{2.1.50}$$

此时，$\boldsymbol{J}_n$ 和 λ_n 均为实数，模式远场仍然相互正交。所不同的是，式 (2.1.39) 应改为

$$\langle\boldsymbol{J}_m,R\boldsymbol{J}_n\rangle=\delta_{mn} \tag{2.1.51a}$$

$$\langle\boldsymbol{J}_m,(X+X_L)\,\boldsymbol{J}_n\rangle=\lambda_n\delta_{mn} \tag{2.1.51b}$$

$$\langle\boldsymbol{J}_m,(Z+\mathrm{j}X_L)\,\boldsymbol{J}_n\rangle=(1+\mathrm{j}\lambda_n)\delta_{mn} \tag{2.1.51c}$$

2.2 特征模式的性能参数

由特征值方程 (2.1.38) 可以解出两个不同的物理量, 特征值 λ_n 和特征电流 $\boldsymbol{J}_n$，将这两个量应用于不同的公式，可以获得对物体电磁辐射或散射机理的了解，我们将其统称为物体的特征属性 (characteristic attributes)。了解这些特征属性对充分利用特征模分析和设计天线十分重要。这些特征属性主要包括特征值、模式重要性系数、特征电流、特征角、模式散射角、模式品质因数 (Q 值)、特征近场、特征远场、模式导纳和模式阻抗。本节以宽度为 $\lambda/50$ 的条带状理想导体为例，对这些特征属性进行阐述。

2.2.1 特征值

如 2.1.3 节所述，将模式特征值 λ_n 与坡印亭定理 [式 (2.1.16)] 联系起来，可以看出，特征值等于坡印亭矢量的虚部，即无功功率。

特征值是特征模理论中最重要的物理量之一，它与存储能量 $\bar{W}_{\mathrm{m}}$ 和 $\bar{W}_{\mathrm{e}}$ 密不可分。电场储能和磁场储能的差值决定了一个物体处于谐振、容性或感性状态。这些能量状态类似于一个简单的 RLC 谐振电路，电容和电感分别存储电场能和磁场能，电阻则是消耗功率的有损器件。在使用特征模理论分析无损物体时，电阻表示天线通过远场辐射损耗的功率。

电磁理论表明，辐射场的电场能量和磁场能量是相等的，只存在时间上和空间上的相互转化。因此，如果一个特征模式的磁场能大于电场能，则其提供的总功率就不能全部转化为辐射功率，必须存储一些能量。只有当 $\lambda_n=0$ 时，存储的电场能和磁场能相等，表明在一个完整的周期内，物体没有存储能量，物体处于谐振模式。当 $\lambda_n<0$ 时，在任何给定

的频率周期内，电能的存储量都大于磁能，该模式呈容性。当 $\lambda_n > 0$ 时，储存的磁场能大于电场能，该模式呈感性，如以下三式所示：

$$\underset{\lambda_n=0}{\iiint_V} \varepsilon \left|\boldsymbol{E}_n\right|^2 \mathrm{d}V = \iiint_V \mu \left|\boldsymbol{H}_n\right|^2 \mathrm{d}V \tag{2.2.1}$$

$$\underset{\lambda_n<0}{\iiint_V} \varepsilon \left|\boldsymbol{E}_n\right|^2 \mathrm{d}V > \iiint_V \mu \left|\boldsymbol{H}_n\right|^2 \mathrm{d}V \tag{2.2.2}$$

$$\underset{\lambda_n>0}{\iiint_V} \varepsilon \left|\boldsymbol{E}_n\right|^2 \mathrm{d}V < \iiint_V \mu \left|\boldsymbol{H}_n\right|^2 \mathrm{d}V \tag{2.2.3}$$

一般来讲，在绘制特征值曲线时，特征值的排序是按照每个特征值曲线的谐振频率进行的，谐振频率最低的命名为模式一，以此类推。然而，由于某些特征值永远不会谐振，非谐振特征值的排序取决于它们对所解决问题的重要程度。此外，当阻抗矩阵随频率变化时，特征值的顺序也并非永远保持不变。为了清晰展示一种结构在一定频率范围内的特征模式，可以用模式追踪算法对特征模进行跟踪，具体算法我们将在 2.3 节中详细介绍。

对于宽度为 $\lambda/50$ 的条带状理想导体，其特征值曲线如图 2.2.1 所示。可以看出，对于该结构，在谐振频率以下的模式是呈容性的，即特征模式储存更多的电场能，而非磁场能。在谐振点，特征模式储存的电场能和磁场能相等，该结构是一个完美的辐射体。在谐振频率以上，特征模式存储的磁场能大于电场能，呈现感性模式。这些模式的特性使我们可以在不向物体施加激励的情况下获得明显的信息。这样的特性与我们熟悉的偶极子的谐振特性是极其相似的。前两个模式也分别对应了偶极子的半波长模式和全波长模式。在不分析物体的形状、电流或磁场的情况下，通过对特征值的分析，我们就能够对物体的电磁特性有一个基本的了解。

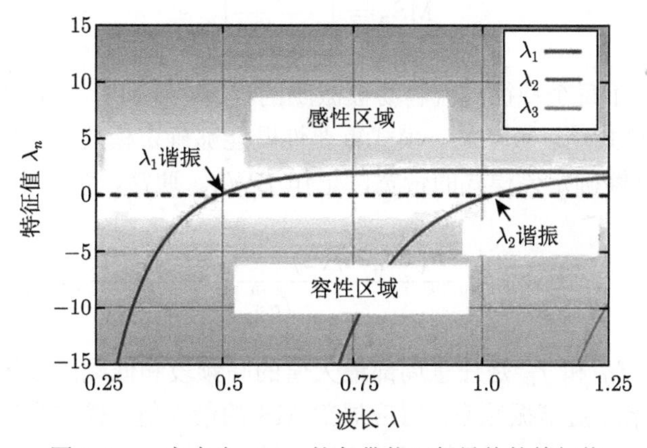

图 2.2.1 宽度为 $\lambda/50$ 的条带状理想导体的特征值

2.2.2 模式重要性

由 2.1.3 节中的描述可知，不同模式的特征远场之间以及加权的特征电流之间是正交的。因而，任意的感应电流 $\boldsymbol{J}$ 都可以表示成特征电流的叠加，其中 α_n 为权重系数或加权系数：

$$\boldsymbol{J}=\sum_{n=1}^{N}\alpha_n\boldsymbol{J}_n \tag{2.2.4}$$

将式 (2.2.4) 带入式 (2.1.14) 的线性算符 $\mathcal{L}$ 中，有

$$\left[\sum_{n=1}^{N}\alpha_n\mathcal{L}\left(\boldsymbol{J}_n\right)-\boldsymbol{E}^{\mathrm{i}}\right]_{\tan}=0 \tag{2.2.5}$$

如第 2.1.3 节所述，$\mathcal{L}$ 可等同于阻抗算符 $\boldsymbol{Z}$。对式 (2.2.5) 的各项取与特征电流 $\boldsymbol{J}_n$ 内积，则可将特征远场与特征值联系起来：

$$\alpha_n\left(1+\mathrm{j}\lambda_n\right)=V_n^{\mathrm{i}} \tag{2.2.6}$$

$$V_n^{\mathrm{i}}=\left\langle\boldsymbol{J}_n,\boldsymbol{E}^{\mathrm{i}}\right\rangle=\iint_S\boldsymbol{J}_n\cdot\boldsymbol{E}^{\mathrm{i}}\mathrm{d}\boldsymbol{S} \tag{2.2.7}$$

其中，V_n^{i} 为模式激励系数，定义了特征电流与外加激励的位置、大小、相位和极化的关系。将式 (2.2.6) 带入式 (2.2.4) 可得

$$\boldsymbol{J}=\sum_{n=1}^{N}\frac{V_n^{\mathrm{i}}\boldsymbol{J}_n}{1+\mathrm{j}\lambda_n} \tag{2.2.8}$$

式 (2.2.8) 给出了决定辐射场的各个因素。模式激励系数 V_n^{i} 代表了激励源对电流或者电场的影响，模式权重系数与特征值成反比。这种逆相关被定义为模式重要性 (modal significance，MS)：

$$\mathrm{MS}_n=\left|\frac{1}{1+\mathrm{j}\lambda_n}\right| \tag{2.2.9}$$

模式重要性表示了每个特征电流容易被激励的程度。当 $\mathrm{MS}_n=1$ 时，模式易被激励；而当 $\mathrm{MS}_n=0$ 时，该模式难以被激励。模式重要性既能够确定模式的谐振频率，即当 MS=1 时对应的频率，还能够确定该模式的带宽，记作 BW_n。通常，半功率辐射带宽定义为

$$\mathrm{BW}_n\approx\frac{f_{H\left(\mathrm{MS}_n=1/\sqrt{2}\right)}-f_{L\left(\mathrm{MS}_n=1/\sqrt{2}\right)}}{f_{\mathrm{res}}} \tag{2.2.10}$$

式 (2.2.10) 中，f_H 和 f_L 是任意局部最大值的高频段和低频段边缘，该频率处 MS 的值大于等于 $1/\sqrt{2}$。f_{res} 是谐振频率，对应局部 MS 的最大值。模式带宽是衡量天线辐射能力的重要因素，它有助于确定特定特征模的辐射性能。例如，当模式 Q 值 (品质因数) 远远大于 1 时，模式在谐振频率处的 Q 值近似等于模式带宽的倒数。需要指出的是，对于单模激励而言，模式带宽对应于辐射模式的半功率带宽，而不是被激励天线的阻抗带宽。

通常来讲，在用特征模方法设计天线时，通过 MS 和模式带宽来决定该模式是否适宜被激励，因为 MS 比特征值更直观。特征值的取值范围是 $(-\infty,+\infty)$，而 MS 的范围是

[0,1]。然而，MS 也有一个缺点，即表示绝对值时，它不能呈现模式是容性还是感性，也不能提供特征电流相位的信息。

对于 2.2.1 节中的条带状理想导体，其模式重要性曲线和前两个模式带宽如图 2.2.2 所示。谐振频率由 MS=1 决定，MS 值越大，模式越重要。因此，我们发现对于二维细条带在 0.25λ 到 1.25λ 范围内的两个重要模式对应的长度分别为 0.5λ 和 λ。此外，这些 MS 曲线可证明，在每个显著特征模式的模式带宽内，没有其他特征模式对辐射或散射场有实质性贡献。

如前所述，模式重要性能够定义特征模式的辐射带宽，这有助于在设计激励结构时确定馈源位置。从图 2.2.2 可以看出，两种模式的辐射带宽没有重叠。因此，任何设计的激励源都不能在连续带宽上同时激发两种辐射模式。

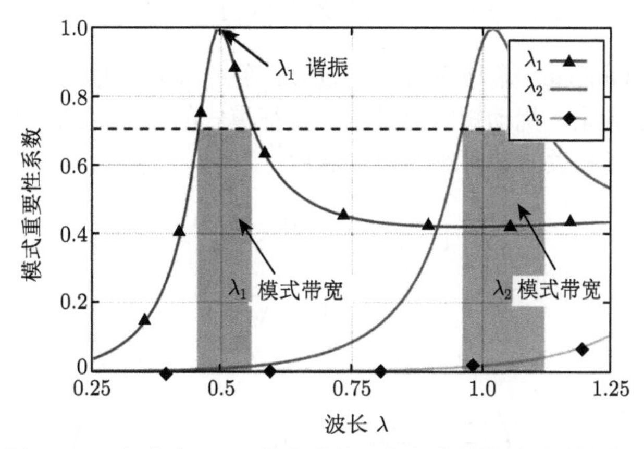

图 2.2.2 宽度为 $\lambda/50$ 的条带状理想导体的模式重要性曲线

2.2.3 特征电流

2.1.3 节中描述了在求解特征值方程的过程中如何获得特征电流 $\boldsymbol{J}_n$。然而，为了确保特征远场的正交性，特征电流本身并不正交，而其加权的内积是自共轭的，这保证了特征电流在式 (2.1.39) 中所描述的正交性性质。通过对特征电流进行分析，并在特征电流最大的位置加适当的激励源，可成功激励天线。

图 2.2.3 描绘了条带状理想导体前两个模式对应的特征电流。首先，在电流值最大的位置，可以放置激励源激励该结构，通常是通过在结构中引入一个不连续性，例如开槽的方式来添加激励源。其次，将激励源放置在金属条带的中间位置，将激励图 2.2.3 中的模式 1 的特征电流，即为半波长偶极天线。如果对结构本身进行调整，与在特征电流较小区域进行调整相比，在特征电流比较大的位置进行调整对模式谐振影响更大。通过分析不同特征模式对应的电流，也可以确定一种模式的馈电是否会激发其他的模式。

2.2.4 特征相位

特征值与给定特征模式中存储能量的大小和类型直接相关，而其中过剩储存的能量将在入射场和散射场、激发场和辐射场之间产生一个时间差。

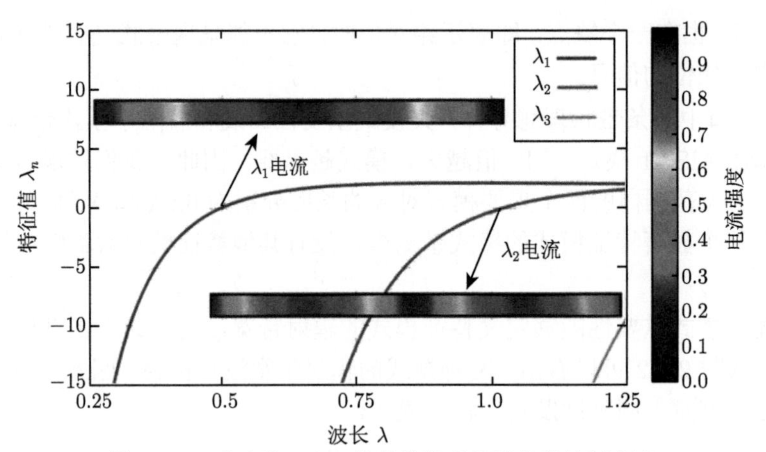

图 2.2.3　宽度为 $\lambda/50$ 的条带状理想导体的特征电流

利用这些信息，Garbacz 等 [8] 和 Harrington 等 [5] 将特征值与扰动矩阵 (2.2.11) 和散射矩阵 (2.2.12) 联系起来。扰动矩阵提供单个特征模式的相位信息，而散射矩阵描述了与每个特征模式的入射场相关的散射场的相位滞后。

$$[P]=\begin{pmatrix}\dfrac{-1}{1+\mathrm{j}\lambda_1} & 0 & 0 & \cdots\\ 0 & \dfrac{-1}{1+\mathrm{j}\lambda_2} & 0 & \cdots\\ \cdots & \cdots & \cdots & \cdots\end{pmatrix} \tag{2.2.11}$$

$$[S]=\begin{pmatrix}\dfrac{-1+\mathrm{j}\lambda_1}{1+\mathrm{j}\lambda_1} & 0 & 0 & \cdots\\ 0 & \dfrac{-1+\mathrm{j}\lambda_2}{1+\mathrm{j}\lambda_2} & 0 & \cdots\\ \cdots & \cdots & \cdots & \cdots\end{pmatrix} \tag{2.2.12}$$

根据扰动矩阵每个元素的相位特征，我们定义了特征角 α_n：

$$\alpha_n=180^\circ-\mathrm{angle}\left(P_n\right)=180^\circ-\arctan\left(\lambda_n\right) \tag{2.2.13}$$

从物理角度看，特征角代表模式电流 $\boldsymbol{J}_n$ 和模式电场在天线表面的正切分量 $[\boldsymbol{E}_n]_{\tan}$ 之间的相位差。证明如下：

$$\begin{aligned}[\boldsymbol{E}_n]_{\tan}&=[-\mathcal{L}\boldsymbol{J}_n]_{\tan}=-Z\boldsymbol{J}_n=-\left(1+\mathrm{j}\lambda_n\right)R\boldsymbol{J}_n\\&=R\boldsymbol{J}_n\sqrt{1+\lambda_n^2}\exp\left[\mathrm{j}\left(\arctan\lambda_n-\pi\right)\right]\end{aligned} \tag{2.2.14}$$

由于 $R\boldsymbol{J}_n\sqrt{1+\lambda_n^2}$ 是实数，所以 $[\boldsymbol{E}_n]_{\tan}$ 是复数，相位为 $\arctan\lambda_n-\pi$。进一步考虑到 $\boldsymbol{J}_n$ 是实数，相位为零，所以 $[\boldsymbol{E}_n]_{\tan}$ 和 $\boldsymbol{J}_n$ 的相位差为 α_n。

散射矩阵元的角度定义了入射波与特征模式产生的散射波之间的相位关系。此关系由散射矩阵 (2.2.12) 中每个对角元素的角度确定，称为模式散射角：

$$\phi_n=\mathrm{angle}\left(S_n\right)=\arctan\left(\frac{\mathrm{Im}\left(S_n\right)}{\mathrm{Re}\left(S_n\right)}\right) \tag{2.2.15}$$

特征角的值在 90°—270° 范围内。特征角和模式散射角可以有效地解决许多天线问题。对宽度 $\lambda/50$ 的条带状理想导体的分析，如图 2.2.4 所示。在图 2.2.4 中，当特征角为 180° 时，模式 1 在 0.5λ 附近谐振。

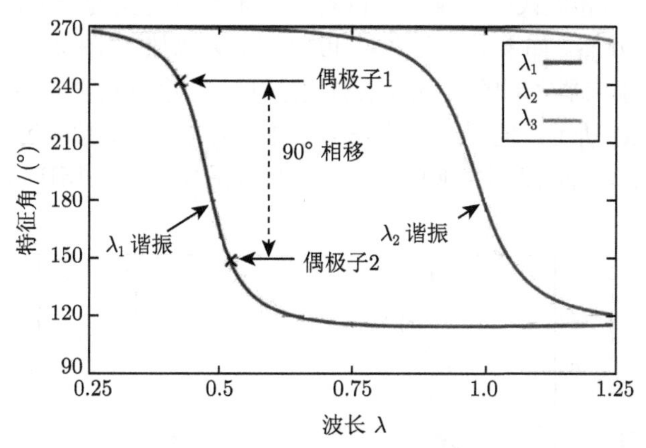

图 2.2.4 宽度为 $\lambda/50$ 的条带状理想导体的特征角

图 2.2.4 显示了各特征电流的相位与其他特征电流的相位有何不同，并描述了每个特征电流的相位随频率的变化。这些模式的相位特性可用于设计需要特定相位特性的天线，如圆极化天线。当使用垂直极化电流和水平极化电流设计圆极化天线时，两个电流之间需要 90° 的相位差。从图 2.2.4 可以看出，同一模式的相位变化归因于不同的导线长度。如果需要 90° 的相移，可以找到这些相移所对应的导线长度。通过分析不同导线长度的特征属性，可以设计出低轴比的单馈交叉偶极子圆极化天线。图 2.2.5(a) 描述了该天线的电流分布、馈电位置和长度。此外，该天线保持典型的交叉偶极子双向辐射模式，如图 2.2.5(b) 所示。其右旋圆极化和左手圆极化方向图的轴向比均优于 0.5dB。

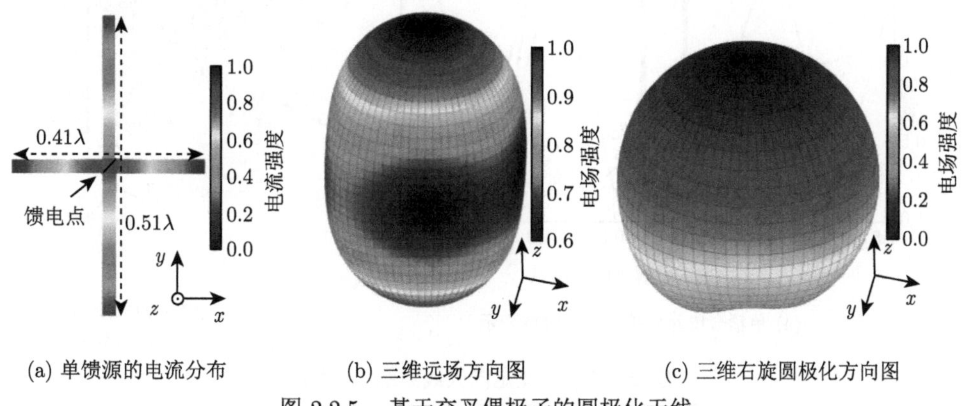

(a) 单馈源的电流分布 (b) 三维远场方向图 (c) 三维右旋圆极化方向图

图 2.2.5 基于交叉偶极子的圆极化天线

模式散射角目前还没有广泛应用于天线的设计中。然而，这种独特的属性提供了对散射物体相位特性的深入了解，从而确定每一个特征模式对于入射波的相应相位。这一属性可以有效地应用于雷达系统以及反射/引向天线设计等许多散射问题中。模式散射角范围为 $-180^\circ \sim +180^\circ$，对应于入射波和特征模式产生的散射波之间的相位滞后。

图 2.2.6 为条带状理想导体的特征模式散射角，它描述了每种模式相对于激发该模式的场的相位滞后。它对于引向器天线的设计来说至关重要。在设计这类耦合系统时，有许多未知问题必须解决，例如，耦合特性、共振、相位关系、引向器和激励元件之间的距离。利用前面描述的特征角和模式散射角，可以将这些未知数简化为一个，例如，确定了相位，就确定了长度，反之亦然。如果引向器需要 49° 的相移，则根据图 2.2.6，其长度为 0.4 倍波长，从而得到激励与引向器之间的距离为 0.31 倍波长。这会导致正向的相长干涉和反向的相消干涉，如图 2.2.7(a) 所示。值得注意的是，这种相位关系只能预测远场相位差，而在本节中，近场耦合也对相位和耦合产生影响，因而最终的前后比仅为 4.1dB，如图 2.2.7(b) 所示。

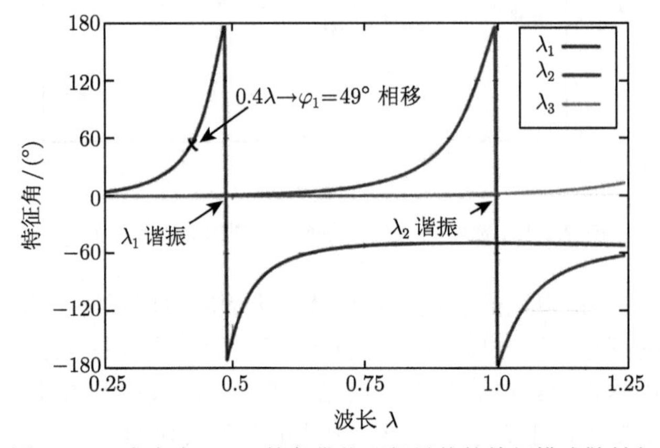

图 2.2.6　宽度为 $\lambda/50$ 的条带状理想导体的特征模式散射角

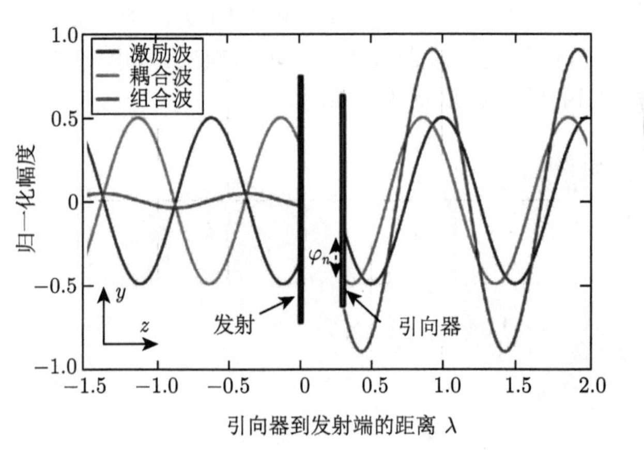

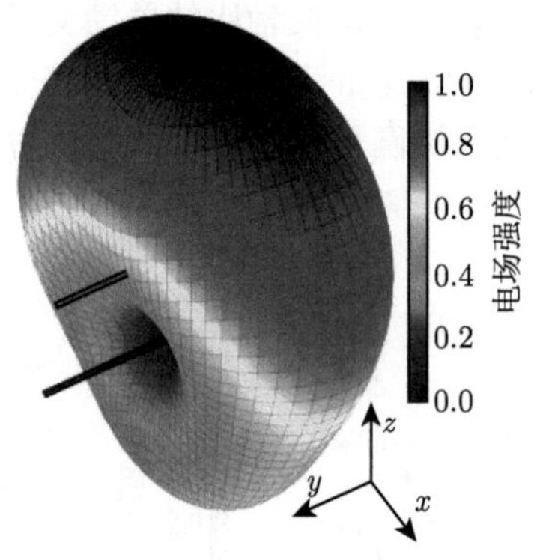

(a) 单耦合单元系统的二维时域表示

(b) 利用单激励和MOM求解器对设计天线系统的三维辐射方向图进行评估

图 2.2.7　二元定向天线系统 (八木)

2.2.5　模式品质因数

在大多数电磁问题中，品质因数 (Q 值) 是一个非常重要的概念，它将损失能量 (即辐射和耗散的能量) 与物体内存储的能量联系起来。因此，品质因数越大，损失的能量越少。品质因数常用于衡量天线的带宽，与天线的带宽成反比。品质因数低的天线要么带宽大，要

么损耗高 [9-10]。一个物体的品质因数定义为该物体存储的最大能量与该物体辐射加损耗能量的比值：

$$Q=\frac{2\omega\max\left\{\bar{W}_{\mathrm{e}},\bar{W}_{\mathrm{m}}\right\}}{P_{\mathrm{e}}+\bar{P}_{\mathrm{d}}} \tag{2.2.16}$$

在特征模问题中，对于一给定特征模式来说，由于 $\bar{W}_{\mathrm{e}}$ 和 $\bar{W}_{\mathrm{m}}$ 均未知，很难用式 (2.2.16) 对其品质因数进行计算。对于特征模分析，最常用的确定模式品质因数的方法是利用特征值曲线。由于特征值正比于 2ω 与特征模式储能差的乘积，因而品质因数可以近似为 [7]

$$Q_n\approx\omega\frac{\partial\lambda_n}{\partial\omega} \tag{2.2.17}$$

值得注意的是，式 (2.2.17) 仅在谐振频率附近有效，因此无法在任意频率处应用其计算品质因数。也有其他确定特征模式的品质因数的方法，见文献 [12]。

对于非谐振模式，可以通过分析物体的阻抗矩阵，找到合适的电路元件，迫使模式谐振，从而确定品质因数的有效近似值：

$$Q_n=\frac{\omega\left[J_n\right]^*\left(\partial\left[Z\right]/\partial\omega\right)\left[J_n\right]+\left|\left[J_n\right]^*X\left[J_n\right]\right|}{2\left[J_n\right]^*\left[R\right]\left[J_n\right]} \tag{2.2.18}$$

式 (2.2.18) 可用于计算任意特征模式在任何频率下的品质因数。单个特征模式的品质因数在特征模理论分析中很重要，因为这个量提供的信息可以表明每个特征模式可获得的最大带宽，从而为了解物体的辐射性能提供信息。

条带状理想导体的模式品质因数如图 2.2.8 所示，其中实线和虚线分别为式 (2.2.18) 和式 (2.2.17) 计算的结果。两条曲线有着明显的不同，正如前面所讨论的，式 (2.2.18) 应该比式 (2.2.17) 提供更准确的结果。然而，式 (2.2.18) 的计算要比式 (2.2.17) 复杂得多。

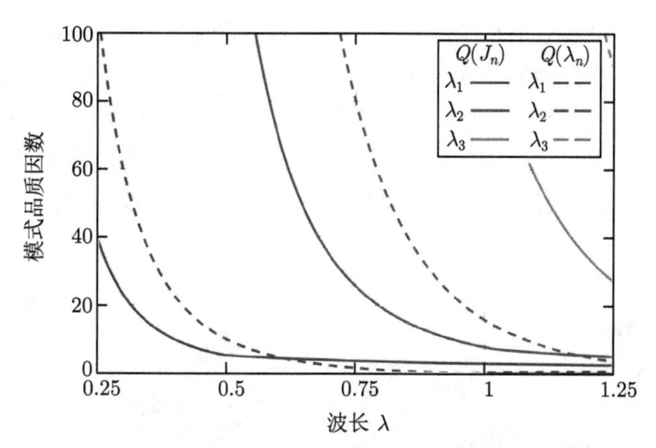

图 2.2.8 宽度为 $\lambda/50$ 的条带状理想导体的模式品质因数

由于模式带宽的上限可以由模式品质因数确定，因此可以得到每个特征模式的带宽上限，如图 2.2.9 所示。可以看出，半波长金属条带的谐振带宽约为 20%，也可看出，由式 (2.2.17) 的倒数所预测的带宽与其他两种方式，即通过式 (2.2.10) 和式 (2.2.18) 得到的带宽并不完全一致。

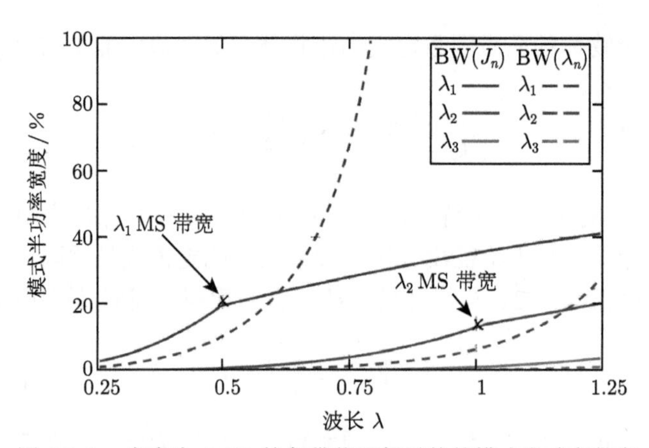

图 2.2.9　宽度为 $\lambda/50$ 的条带状理想导体的模式半功率带宽

2.2.6 特征场

特征模理论可以提供一组正交远场。特征远场的正交性可以用来解决诸多天线问题，例如模式追踪、多输入多输出 (MIMO) 天线设计和散射问题等。与特征远场不同，特征近场不一定是正交的，但特征近场对于描述物体的电磁特性也非常重要。此外，近场可用于耦合应用，例如设计射频识别天线或设计馈源。

获得远场最传统的方法是直接使用电流来确定辐射场，通常称之为直接法 [13]。另一种采用得较多的方法是使用电小偶极子计算物体上一组电流的近场或远场 [14-15]，该方法易于实现，并在许多商用电磁矩量求解器中得到应用。将赫兹偶极子与相应的电流放在网格中，一旦计算出每个电流单元的场，通过对所有单个偶极子 (每个网格单元的一个偶极子) 的贡献求和，就可以计算出任意位置的总场。该方法在文献 [16] 的第 3 节中得到了完整的论述。

特征场的计算和可视化在许多应用中都很重要。图 2.2.10 为谐振时二维金属条带的前三个模式的近场电场。对于特征模式 1，中心处电场最小，两边电场最大，呈现半波近场分布，与半波长偶极子的分布几乎相同。特征模式 2 产生的近场与全波偶极子的近场分布几乎相同。在强电场区域，电容耦合元件 (CCE) 可以有效地将能量耦合到天线中，实现激励。类似地，在强磁场区域，电感耦合元件 (ICE) 是更好的激励源。

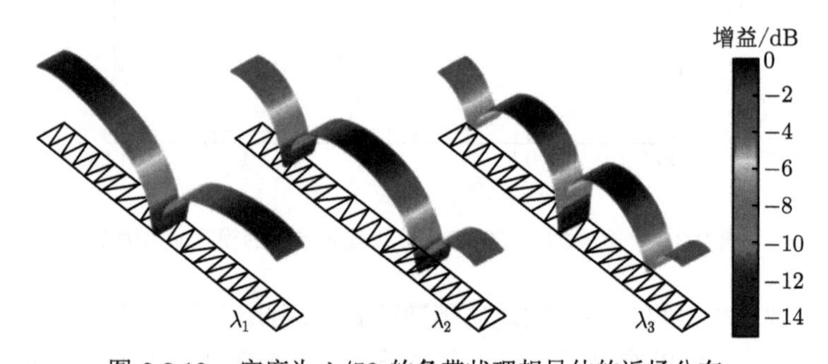

图 2.2.10　宽度为 $\lambda/50$ 的条带状理想导体的近场分布

图 2.2.11 为金属条带的前三个特征模式在各自谐振频率下的归一化远场，这些远场彼

此正交。通过比较已知天线的远场 (如偶极子) 和模式的特征远场，可以获得各个模式对总的特征远场的贡献 [17]。此外，远场分析也可用于远场耦合计算和模式追踪。

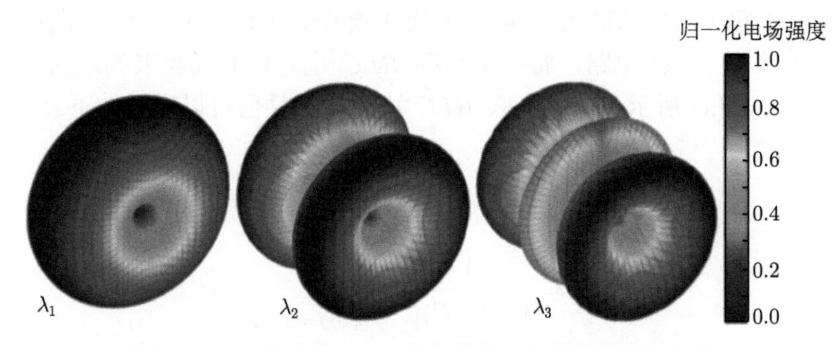

图 2.2.11 宽度为 $\lambda/50$ 的条带状理想导体的远场分布

2.2.7 模式输入导纳和模式输入阻抗

如图 2.2.12(a) 所示，假设平面偶极子天线由电压源 δ_V 激励，则馈电端口处总导纳 Y_t 为 [16,18-21]

$$Y_\mathrm{t}=\frac{I_\mathrm{t}(P)}{\delta_V}=\frac{J_\mathrm{t}(P)l_p}{\delta_V} \tag{2.2.19}$$

其中，l_p 是馈电端口的长度，$J_\mathrm{t}(P)$ 和 $I_\mathrm{t}(P)$ 分别是馈电端口处的总电流密度和总电流。

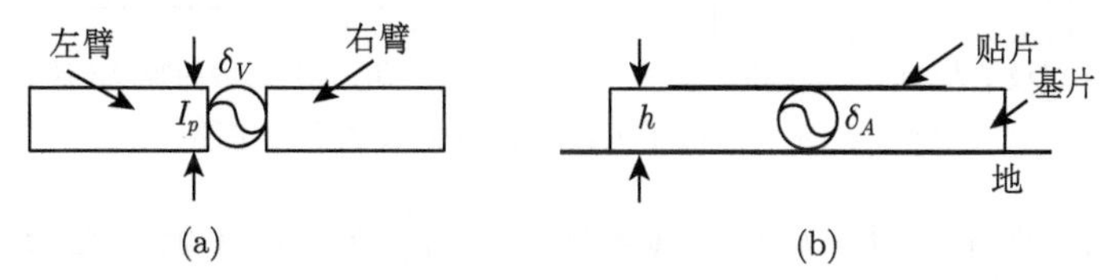

图 2.2.12 (a) 为偶极子天线的电压源馈电模型；(b) 为贴片天线的电流源馈电模型

总电流密度 $J_\mathrm{t}(P)$ 可以写成模式电流密度 $J_n(P)$ 的线性叠加：

$$J_\mathrm{t}(P)=\sum_n\frac{V_n^\mathrm{i}}{1+\mathrm{j}\lambda_n}J_n(P) \tag{2.2.20}$$

其中，模式激励系数可以写成

$$V_n^\mathrm{i}=\left\langle\boldsymbol{E}^\mathrm{i},\boldsymbol{J}_n\right\rangle=\delta_v l_p J_n(P)=\delta_v I_n(P) \tag{2.2.21}$$

其中，$J_n(P)$ 和 $I_n(P)$ 分别表示馈电端口处的模式电流密度和模式电流。

将式 (2.2.20) 和式 (2.2.21) 代入式 (2.2.19) 可以发现，天线总输入导纳 Y_t 可以写成

$$Y_\mathrm{t}=\sum_n\frac{[J_n(P)l_p]^2}{1+\mathrm{j}\lambda_n}=\sum_n\frac{[I_n(P)]^2}{1+\mathrm{j}\lambda_n} \tag{2.2.22}$$

将偶极子天线的模式输入导纳和模式输入阻抗定义为

$$Y_n=\frac{[I_n(P)]^2}{1+\mathrm{j}\lambda_n}=\frac{[I_n(P)]^2}{1+\lambda_n^2}-\mathrm{j}\frac{[I_n(P)]^2\lambda_n}{1+\lambda_n^2} \tag{2.2.23a}$$

$$Z_n = \frac{1}{Y_n} = \frac{1+\mathrm{j}\lambda_n}{[I_n(P)]^2} \tag{2.2.23b}$$

可以发现，此时偶极子天线总输入导纳 Y_t 就等于模式输入导纳 Y_n 的和。所以可以将每个模式等效成一个串联 RLC 电路，将每个串联 RLC 电路再并联起来就是偶极子天线的等效电路，如图 2.2.13(a) 所示。每个串联 RLC 电路的元件值可以通过如下公式计算：

$$R_n = \frac{1}{[I_n(P)]^2} \tag{2.2.24a}$$

$$L_n = \frac{1}{4\pi[I_n(P)]^2} \left.\frac{\mathrm{d}\lambda_n}{\mathrm{d}f}\right|_{f=f_{\mathrm{res},n}} \tag{2.2.24b}$$

$$C_n = \left.\frac{1}{4\pi^2 f^2 L_n}\right|_{f=f_{\mathrm{res},n}} \tag{2.2.24c}$$

其中 $f_{\mathrm{res},n}$ 表示模式谐振频率。

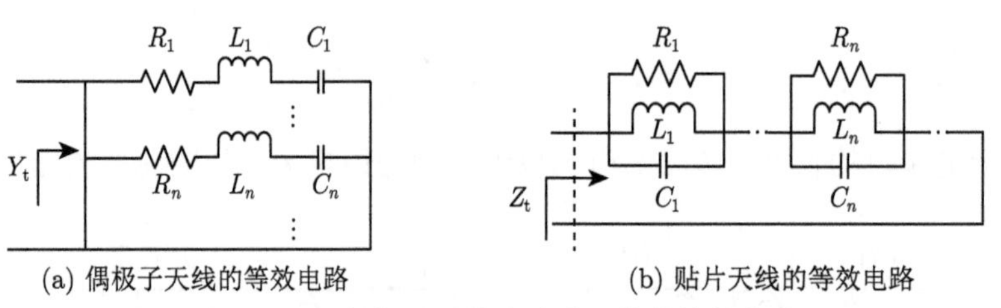

图 2.2.13　偶极子天线和贴片天线的等效电路

如图 2.2.12(b) 所示，对于贴片天线的情况，假设其由位于贴片和地板中间的电流源 δ_A 激励，则馈电端口处总输入阻抗 Z_t 为 [22-23]

$$Z_\mathrm{t} = \frac{V_\mathrm{t}(P)}{\delta_A} = \frac{E_\mathrm{t}(P)h}{\delta_A} \tag{2.2.25}$$

其中，h 是介质基板的厚度，$E_\mathrm{t}(P)$ 和 $V_\mathrm{t}(P)$ 分别是馈电端口处的总电场和总电压。

总电场 $E_\mathrm{t}(P)$ 可以写成模式电场 $E_n(P)$ 的线性叠加：

$$E_\mathrm{t}(P) = \sum_n \frac{V_n^\mathrm{i}}{1+\mathrm{j}\lambda_n} E_n(P) \tag{2.2.26}$$

其中，模式激励系数可以写成

$$V_n^\mathrm{i} = \left\langle \boldsymbol{J}^\mathrm{i}, \boldsymbol{E}_n \right\rangle = \delta_A h E_n(P) = \delta_A V_n(P) \tag{2.2.27}$$

其中，$E_n(P)$ 和 $V_n(P)$ 表示馈电端口处的模式电场和模式电压。

将式 (2.2.26) 和式 (2.2.27) 代入式 (2.2.25) 可以发现，天线总输入阻抗 Z_t 可以写成

$$Z_\mathrm{t} = \sum_n \frac{[E_n(P)h]^2}{1+\mathrm{j}\lambda_n} = \sum_n \frac{[V_n(P)]^2}{1+\mathrm{j}\lambda_n} \tag{2.2.28}$$

将贴片天线的模式输入阻抗和模式输入导纳定义为

$$Z_n = \frac{[V_n(P)]^2}{1+\mathrm{j}\lambda_n} = \frac{[V_n(P)]^2}{1+\lambda_n^2} - \mathrm{j}\frac{[V_n(P)]^2\lambda_n}{1+\lambda_n^2} \tag{2.2.29a}$$

$$Y_n = \frac{1}{Z_n} = \frac{1+\mathrm{j}\lambda_n}{[V_n(P)]^2} \tag{2.2.29b}$$

可以发现，此时贴片天线总输入阻抗 Z_{t} 就等于模式输入阻抗 Z_n 的和。所以可以将每个模式等效成一个并联 RLC 电路，将每个并联 RLC 电路再串联起来，就是贴片天线的等效电路，如图 2.2.13(b) 所示。每个并联 RLC 电路的元件值可以通过如下公式计算：

$$G_n = \frac{1}{[V_n(P)]^2} \tag{2.2.30a}$$

$$C_n = \frac{1}{4\pi[V_n(P)]^2}\left.\frac{\mathrm{d}\lambda_n}{\mathrm{d}f}\right|_{f=f_{\mathrm{res},n}} \tag{2.2.30b}$$

$$L_n = \left.\frac{1}{4\pi^2 f^2 C_n}\right|_{f=f_{\mathrm{res},n}} \tag{2.2.30c}$$

2.3 特征模的模式追踪

特征值是特征模式的一个重要参数，对于理想导体，它可以直观地解释其辐射机理。然而，由于特征值的求解是基于频域的，对于不同的频率而言，阻抗矩阵是不同的，计算得到的特征值的个数也是不同的，单纯按照特征值从小到大的顺序对其进行编号，并不能保证不同频率定义的编号相同的模式在物理上是同一模式。因而，需要采用算法，在一定频率范围内将不同频率处的同一模式关联起来，这就是特征模式的追踪。由此得到的连续的特征值曲线对于特征模分析具有重要意义。

特征模式的追踪方法有很多种，可以基于表面电流、远场和特征向量相关等 [24-30]。然而，当某一模式的特征值变化较大时，基于相关关系的算法可能会失败。例如，当结构的几何形状很复杂或者使用了电抗元件时，在某一频点附近，某些模式的表面电流分布发生了剧烈的变化，呈现出非对称性，这时基于相关的算法就遇到了问题。另外，当某个频点上有相等的特征值时，即我们通常所说的简并模，也会影响特征模式的追踪。本节将详细论述特征模追踪的方法及其优缺点。

2.3.1 追踪问题的定义

较宽频率范围内的特征模追踪问题起源于 20 世纪 90 年代末和 21 世纪初。随着计算能力的提高，人们研究了更复杂的几何结构，如矩形板和分形天线等。特征值曲线可以用来得到一个结构的谐振频率，并得到对应的等效电路 [31]，而只有连续的特征值曲线才能推导出等效电路元件的值，即电感和电容的值。

由于特征值范围定义在 $-\infty < \lambda_n < +\infty$，对模式的追踪不是非常便利，特别是当特征值接近于零或趋于无穷时。因而，一般用式 (2.2.13) 中定义的特征角进行模式追踪，特征角的范围为 $90^\circ < \alpha_n < 270^\circ$，当特征值为零时，特征角为 180°。

例如，对于尺寸为 120 mm×20 mm 的矩形金属片，模式追踪前后的特征值曲线如图 2.3.1(a) 和 (b) 所示。

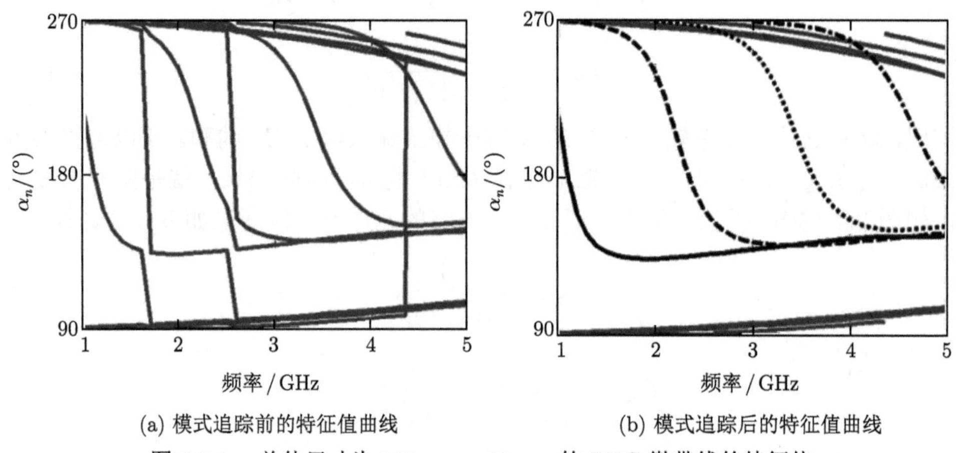

图 2.3.1　总体尺寸为 120mm × 20mm 的 PEC 微带线的特征值

2.3.2　基于相关性的特征值追踪

基于相关性的模式追踪方法是最为广泛应用的方法。该方法的前提是有一个随频率变化缓慢的物理量，可以将不同频率处的模式关联起来。这个量可以是特征向量 $\boldsymbol{J}_n$、特征远场 $\boldsymbol{E}_n$ 或模式的表面电流相关性。在接下来的内容中，我们将解释如何使用这 3 个不同的量来实现自动追踪。

基于相关性的模式追踪方法的总体流程可以概括如图 2.3.2 所示。首先计算初始频率

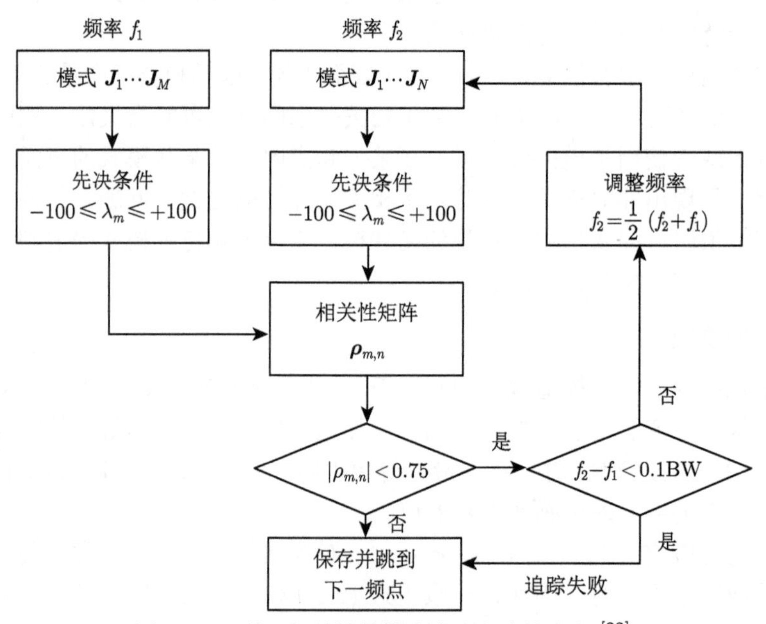

图 2.3.2　基于相关性的模式追踪方法的流程 [32]

f_1 处的所有模式的特征电流 $\boldsymbol{J}_{\mathrm{m}}$，对其进行预处理以备后续计算。一般来讲，预处理可以保证特征值在一定区间内，以排除重要性低的特征模式，例如，取 $-100 \leqslant \lambda_m \leqslant +100$。类似地，在频率 f_2 模式处得到所有模式的特征电流 $\boldsymbol{J}_n$。计算两个频率处各个模式之间的相关矩阵 $\boldsymbol{\rho}_{m,n}$，如果值足够大，例如 $|\rho_{m,n}| \geqslant 0.75$，可以认为两个频率下的模式 m 和模式 n 是同一模式。另一种情况，即最大值 $|\rho_{m,n}| < 0.75$，则模式 m 和模式 n 不是同一个模式。在这种情况下，检验两频率之间的频率差，如果两频率已经非常接近，如 $f_2 - f_1 < 0.1\mathrm{BW}$，则认为模式追踪失败。若两频率相差较大，则调整频率 f_2 更接近于 f_1，并重复该过程，直到频带内的频率上限。

基于相关性的模式追踪方法的追踪可能会由于某些原因而失败。如果在某一个频率步长内，两个模式的相关有从高到低或者从低到高的突变，则可能是两个模式进行了交换。电流的快速变化与简并模式有一定的关系，并解释了模式在某一个频率的出现和消失。通常情况下，减小频率的步进可以提高追踪性能。对于高阶模式，由于其复杂的表面电流分布，模式追踪可能需要更高的网格密度。

1. 特征向量相关法

特征向量相关法是指用特征向量 $\boldsymbol{J}_n$ 计算相关系数 $\boldsymbol{\rho}_{m,n}$，它是模式追踪的基本方法 [24-26]：

$$\boldsymbol{\rho}_{m,n} = \frac{(\boldsymbol{J}_m)^{\mathrm{T}} \boldsymbol{J}_n}{|\boldsymbol{J}_m| \cdot |\boldsymbol{J}_n|} \tag{2.3.1}$$

特征向量相关法对表面电流模式 $\boldsymbol{J}_m$ 和 $\boldsymbol{J}_n$ 各自的变化非常敏感。此外，由于特征向量在同一频率下并不严格满足正交，特征向量相关法较容易产生模式追踪的错误。对图 2.3.3(a) 所示的加载金属边框的基板进行特征模式的追踪，基于特征向量相关法追踪的结果如图 2.3.3(b) 所示，在某些频点处出现模式的跳变。可见，直接利用式 (2.3.1) 进行模式追踪并不是最优的方法，若要改善追踪的效果，可用更高级的特征向量相关法 [30]。

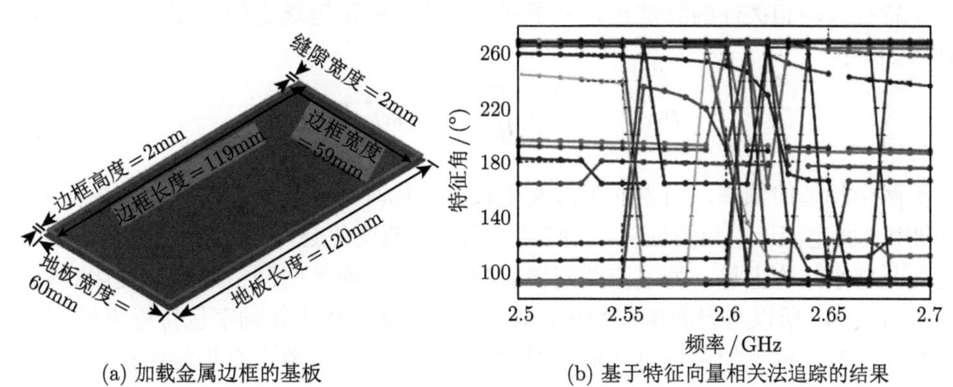

(a) 加载金属边框的基板 (b) 基于特征向量相关法追踪的结果

图 2.3.3 基于特征向量相关性的基板的特征角的模式追踪曲线

2. 表面电流相关性

基于表面电流相关性的算法是一种较可靠的模式追踪方法，根据式 (2.1.39)，在任一频点处加权的特征电流是完美正交的。因此，可以认为在邻近的频率处，不同模式的加权电流也是近似正交的。基于表面电流相关性的相关系数表示为 [28-30]

$$\boldsymbol{\rho}_{m,n} = \frac{1}{2}\left\langle \boldsymbol{J}_m, R\boldsymbol{J}_n \right\rangle \tag{2.3.2}$$

式 (2.3.2) 中的特征向量以及阻抗矩阵的实部均可以从特征值求解中得出，因而其计算复杂度与式 (2.3.1) 类似。当频率跨度略大时，加权电流在两个频率处将不满足正交关系，因而，此种方法要求频率步长较小且网格密度足够。同样对图 2.3.3(a) 中所示的加载金属边框的基板进行模式追踪，其结果如图 2.3.4 所示。与基于特征向量的方法相比，其模式追踪效果有了很大的改善。一般来讲，这种方法对于电小结构或者表面电流随着频率缓慢变化的结构的模式追踪是很稳定的。当结构的某些区域呈现高电流密度，或者存在反谐振、简并模、高 Q 值等情况时，基于表面电流的模式追踪也会失败。

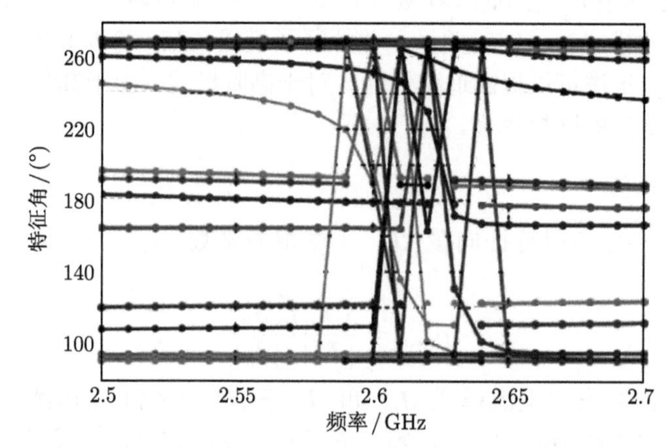

图 2.3.4　基于表面电流相关性的基板的特征角的模式追踪曲线

3. 远场相关法

基于特征远场相关性的算法也是基于同一频率处特征远场之间的相关性进行的，其相关性计算如下：

$$\boldsymbol{\rho}_{m,n} = \frac{1}{2Z_{F_0}} \oiint_{S\to\infty} (\boldsymbol{E}_m)^* \boldsymbol{E}_n \mathrm{d}S \tag{2.3.3}$$

对于两个相邻的频率，当表面电流发生较大变化时，这些变化往往只发生在某些网格处，在利用表面电流计算相关性时，这些网格上的电流变化会对相关性产生严重的影响。而辐射远场是整个结构上每一处电流共同辐射产生的，因而某些网格的电流变化对辐射远场的影响是有限的。所以与表面电流相比，辐射场的正交性在相邻频率保持得更好。因此，利用远场相关法时，频率的步长可以适当增大，对模式交叉现象也有很好的抑制效果。由于模式远场并非在特征模分析中得到的直接结果，因而，基于远场相关的计算复杂程度要高于基于表面电流相关的计算。此外，模式的远场 $\boldsymbol{E}_m$ 和 $\boldsymbol{E}_n$ 在 φ 和 θ 分量的分辨率也会影响相关系数的精度。通常，要求角度的分辨率远远小于远场方向图的 3dB 波束宽度。基于远场正交方法的模式追踪效果如图 2.3.5 所示。可以看出，相比于基于表面电流和特征向量的方法，其模式追踪效果有了更大的改善。然而，该方法仍无法解决高 Q 值、简并模和反谐振频率处的模式追踪问题。

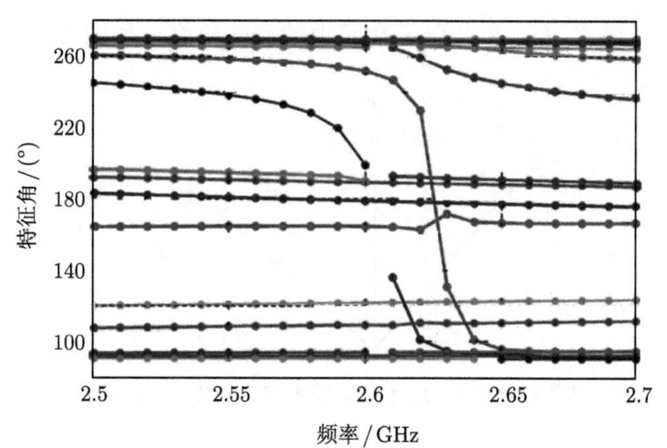

图 2.3.5 基于远场正交方法的模式追踪曲线

2.3.3 基于正交化的特征值追踪

1. 简并模

从本章前面两节可以看出，当两个模式具有几乎相等的特征值时，会产生模式的交叉，给模式追踪带来困难。假设两种模式 $\boldsymbol{J}_a, \boldsymbol{J}_b$ 具有相同的特征值 $\lambda_a=\lambda_b$。两个模式均满足特征值方程 $\boldsymbol{X}\boldsymbol{J}_n = \lambda_n \boldsymbol{R}\boldsymbol{J}_n$，则有以下性质：

$$\boldsymbol{X}(\boldsymbol{J}_a + \boldsymbol{J}_b) = \lambda_a \boldsymbol{R}(\boldsymbol{J}_a + \boldsymbol{J}_b) = \lambda_b \boldsymbol{R}(\boldsymbol{J}_a + \boldsymbol{J}_b) \tag{2.3.4}$$

因此，两种模式 $\boldsymbol{J}_{a,}\boldsymbol{J}_b$ 的任意组合均可以满足广义特征值方程：

$$\boldsymbol{X}(\kappa_a \boldsymbol{J}_a + \kappa_b \boldsymbol{J}_b) = \lambda_a \boldsymbol{R}(\kappa_a \boldsymbol{J}_a + \kappa_b \boldsymbol{J}_b) = \lambda_b \boldsymbol{R}(\kappa_a \boldsymbol{J}_a + \kappa_b \boldsymbol{J}_b) \tag{2.3.5}$$

其中 $\kappa_{a,b}$ 是权重系数。由式 (2.3.5) 可以看出，由 $\boldsymbol{J}_a$ 和 $\boldsymbol{J}_b$ 的加权和可以得到无穷多个可能的解。为了找到式 (2.3.5) 的唯一解，必须利用正交性。这样正交的两个新模式的特征向量定义为 $\boldsymbol{J}_{a',b'}$，将其分别表示成

$$\boldsymbol{J}_{a'} = \kappa_a \boldsymbol{J}_a + \kappa_b \boldsymbol{J}_b \tag{2.3.6}$$

$$\boldsymbol{J}_{b'} = \nu_a \boldsymbol{J}_a + \nu_b \boldsymbol{J}_b \tag{2.3.7}$$

在式 (2.3.7) 中，$\nu_{a,b}$ 是与式 (2.3.6) 中的 $\kappa_{a,b}$ 相似的实加权系数。新的模式必须是实的，并且相互之间以及相对于其他模式均满足正交性，可得其系数需满足条件

$$\kappa_a \nu_a + \kappa_b \nu_b = 0 \tag{2.3.8}$$

若仅用一个参量 γ 表示通解，则有

$$\boldsymbol{J}_{a'} = \underbrace{\cos(\gamma)}_{\kappa_a} \boldsymbol{J}_a + \underbrace{\sin(\gamma)}_{\kappa_b} \boldsymbol{J}_b \tag{2.3.9}$$

$$\boldsymbol{J}_{b'} = \underbrace{-\sin(\gamma)}_{\nu_a} \boldsymbol{J}_a + \underbrace{\cos(\gamma)}_{\nu_b} \boldsymbol{J}_b \tag{2.3.10}$$

角 γ 描述了初始模式 $\boldsymbol{J}_{a,b}$ 在各自子空间中的旋转角度，如图 2.3.6 所示。

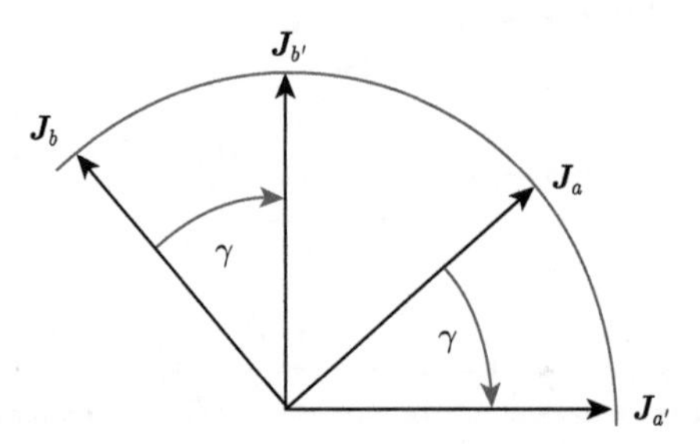

图 2.3.6　简并模示意图：初始特征向量 $\boldsymbol{J}_a$ 和 $\boldsymbol{J}_b$ 经过旋转角度 γ 后得到实际特征向量 $\boldsymbol{J}_{a'}$ 和 $\boldsymbol{J}_{b'}$[32]

简并模对特征值追踪的影响很大，简并模的另一种表现形式见图 2.3.7。图 2.3.7 上面的图为二维矩形金属结构模式追踪后的特征角曲线，图 2.3.7 下面的图为平面波激励时各个模式的模式系数，即对总散射场的贡献，用归一化的模式系数 $|b_n|^2$ 表示模式对总输入功率的贡献。可以观察到，归一化系数 $|b_n|^2$ 在等特征值点附近 (3.3GHz，3.9 GHz，4.7 GHz) 表现出明显的不平滑特性，与预期曲线产生明显偏离，这是因为表面电流的畸变导致权重系数计算错误。尤其是在 3.3GHz 处，尽管特征角的追踪结果是正确的，其模式的贡献的计算仍是错误的。

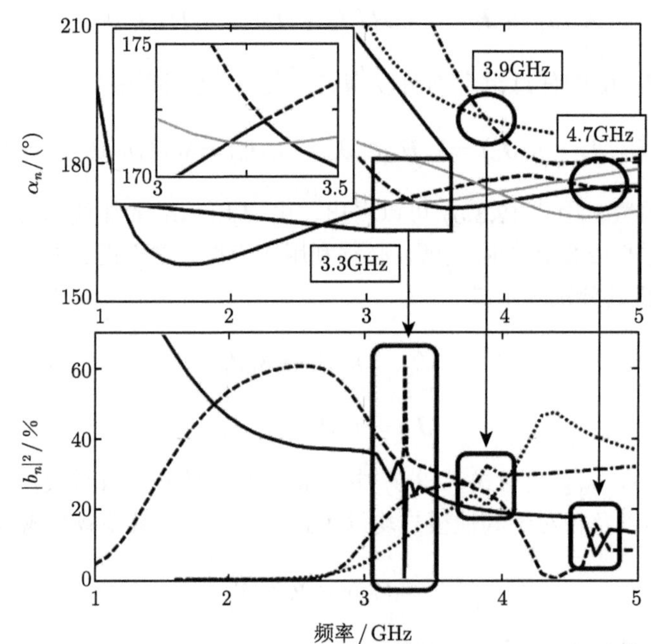

图 2.3.7　矩形板的特征角和平面波激励下的归一化系数 [32]

克服模式简并效应的一种可行方案是避免在两个模式特征值几乎相同的频率处进行模式的计算。实际中，对于模式数目较少的情况是可行的，若模式较多，等特征值频率随着跟踪模式的数目迅速增加，这种方法则是不可行的。克服模式简并效应的另一种解决方案是，在简并模未出现的频率处对模式进行计算，并计算出参数 γ 和相应的特征向量。下面将介绍这种基于正交化的特征值追踪方法。

2. 基于正交化的特征值追踪方法

基于正交化的特征值追踪方法是一种从一组给定的初始向量中寻找近似正交特征向量的迭代算法。首先，将起始频率 f_1 处的初始特征模 $\boldsymbol{J}_m$ 定义为新算法的起始矢量，假设这些特征向量没有简并关系，则这些向量为真正正交的特征向量。然后计算频率 f_2 处的模式 $\boldsymbol{J}_i$，并将其作为一组基来表示频率 f_1 处的特征向量 $\boldsymbol{J}_m$：

$$\boldsymbol{J}_m = \sum_{i=1}^{N} a_i \boldsymbol{J}_i = \underbrace{[\boldsymbol{J}_1 \cdots \boldsymbol{J}_N]}_{A} \cdot \begin{bmatrix} a_1 \\ \vdots \\ a_N \end{bmatrix} \tag{2.3.11}$$

式 (2.3.11) 中的实系数 a_i 可通过最小均方近似计算得出

$$\begin{bmatrix} a_1 \\ \vdots \\ a_N \end{bmatrix} = \left(\boldsymbol{A}^{\mathrm{T}}\boldsymbol{A}\right)^{-1}\left(\boldsymbol{A}^{\mathrm{T}}\boldsymbol{J}_m\right) \tag{2.3.12}$$

为了计算式 (2.3.12)，必须确定追踪模式的个数，我们仍选取特征值范围在 $-100 \leqslant \lambda_i \leqslant +100$，用于模式追踪。

通过计算 a_i，可以得到矩阵 $\boldsymbol{A}$ 中不包括的那些模式，通过扫描系数 a_i，可以改变追踪模式的数量。此步骤允许开始或结束某一模式的追踪。如果 f_1 处的某一模式与 f_2 处所有模式的映射系数的最大值 $|a_i| < 0.6$, 则不再对该模式进一步追踪。否则，可以在新的模式集 $\boldsymbol{J}_i$ 中识别初始模式 $\boldsymbol{J}_m$。初始模式的分解可用于定义修正 Arnoldi. 正交化迭代过程的起始向量：

$$\boldsymbol{J}_n = \boldsymbol{A} \cdot [a_1 \cdots a_N]^{\mathrm{T}} \tag{2.3.13}$$

在频率 f_2 处，将计算得到的阻抗矩阵 $\boldsymbol{Z}$ 用于正交化过程：

$$\boldsymbol{J}_n = \boldsymbol{J}_n - \sum_{\substack{w=1 \\ w\neq n}}^{N} \varPsi_{w,n} \mathrm{Re}\left\{\frac{\langle \boldsymbol{J}_w, \boldsymbol{Z}\boldsymbol{J}_n\rangle}{\langle \boldsymbol{J}_w, \boldsymbol{Z}\boldsymbol{J}_w\rangle}\right\}\boldsymbol{J}_w \tag{2.3.14}$$

其中，$\varPsi_{w,n}$ 控制特征向量 $\boldsymbol{J}_w$ 的长度。可通过复矩阵的虚部设置 $\varPsi_{w,n}$ 的步长：

$$\varPsi_{w,n} = \mathrm{e}^{-\left|\mathrm{Im}\left\{\frac{\langle \boldsymbol{J}_w, \boldsymbol{Z}\boldsymbol{J}_n\rangle}{\langle \boldsymbol{J}_w, \boldsymbol{Z}\boldsymbol{J}_w\rangle}\right\}\right|} \tag{2.3.15}$$

整个正交化模式追踪的过程如图 2.3.8 所示。我们用模式之间的相关系数的最大值来衡量正交化是否实现，当最大值 $|\rho_{m,n}| < 0.01$，则该过程已完成，并对下一个频率重复该步骤，直到达到频率上限。否则检查是否已达到迭代次数上限，若未达到，则重复正交化过程，再次进行正交化运算。若已达到迭代次数上限，则检查频率步进 $f_2 - f_1$ 是否足够小，若已足够小，则对这些模式停止追踪。否则，缩小步进，对新的频率 f_2' 重复上述过程。

程序完成后，对特征向量进行归一化，并重新计算特征值：

$$\lambda_n = \frac{\mathrm{Im}\left\{\langle \boldsymbol{J}_n, \boldsymbol{Z}\boldsymbol{J}_n\rangle\right\}}{\mathrm{Re}\left\{\langle \boldsymbol{J}_n, \boldsymbol{Z}\boldsymbol{J}_n\rangle\right\}} \tag{2.3.16}$$

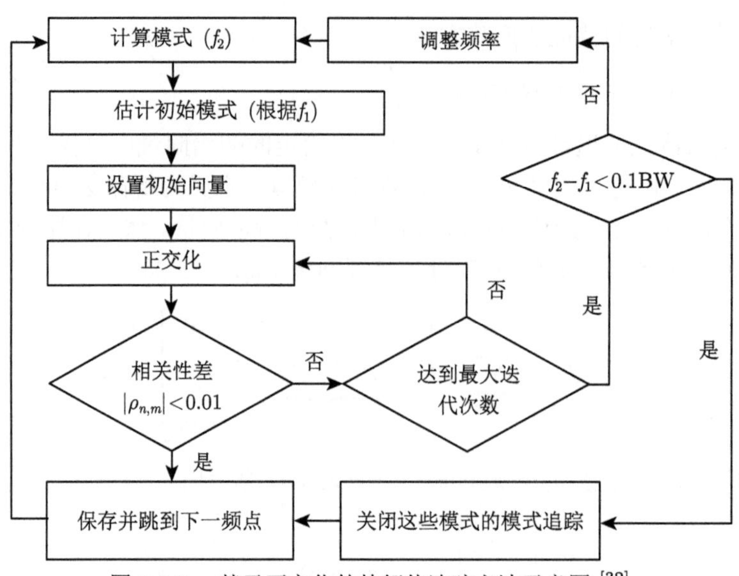

图 2.3.8　基于正交化的特征值追踪方法示意图 [32]

基于正交化的特征值追踪方法的主要优点是在模式表面电流分布变化最小的条件下计算出一组新的模式。对常用的模式计算方法和基于正交化的算法比较发现，它们产生的模式略有不同。然而，新的模式集合满足特征模的所有条件，且这些模式同样可以用于天线设计。基于正交化的特征值追踪方法的缺点是式 (2.3.14) 收敛速度慢，因而需要更多的时间来进行模式追踪。

仍以上一节中尺寸为 120mm × 60mm 的矩形板为例，采用新的基于正交化的特征值追踪方法进行特征值追踪的结果如图 2.3.9 所示。可以看出，特征角曲线和归一化权重系数均处于合理范围内，避免了模式简并的影响。在基于相关性的追踪算法中，失败的 $\boldsymbol{J}_1$ 和 $\boldsymbol{J}_4$ 模式之间的追踪 (图 2.3.7) 得到了修正。与常用的相关追踪算法相比，重新计算后的特征模式与表面电流分布的变化最小。因此，该算法不仅是一种特征值追踪算法，还是一种计算特征模式的方法。该方法也可以对更复杂的分形天线进行模式追踪。

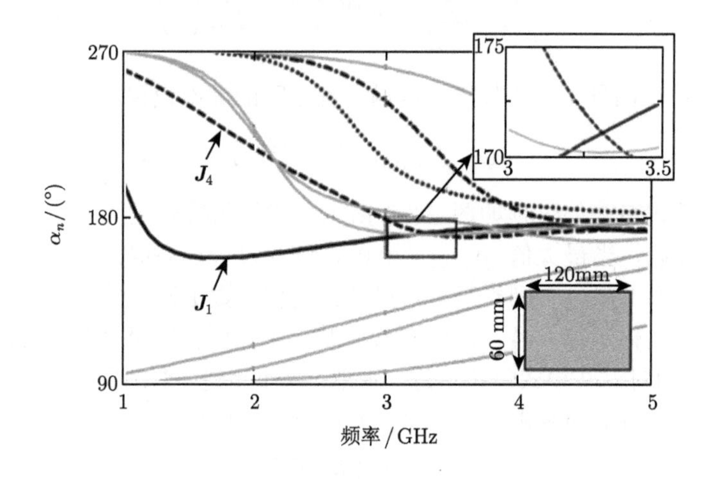

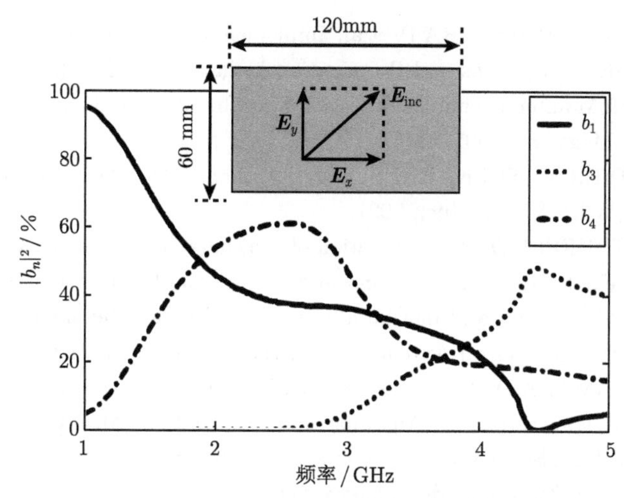

图 2.3.9 基于正交化的特征值追踪方法的矩形板的特征角和平面波激励下的归一化系数 [32]

参考文献

[1] HARRINGTON R. Time-harmonic Electromagnetic Fields[M]. New York: McGraw-Hill, 1961.

[2] JIN J M. Theory and Computation of Electromagnetic Fields[M]. New York: John Wiley & Sons, Inc., 2010.

[3] RAO S, WILTON D, GLISSON A. Electromagnetic scattering by surfaces of arbitrary shape[J]. IEEE Transactions on Antennas and Propagation, 1982, 30(3): 409-418.

[4] GIBSON W C. The method of moments in electromagnetics[M]. New York: Chapman & Hall/CRS, 2009.

[5] HARRINGTON R, MAUTZ J. Theory of characteristic modes for conducting bodies[J]. IEEE Transactions on Antennas and Propagation, 1971, 19(5): 622-628.

[6] HARRINGTON R, MAUTZ J. Characteristic modes for aperture problems[J]. IEEE Transactions on Microwave Theory and Techniques, 1985, 33(6): 500-505.

[7] HARRINGTON R, MAUTZ J. Control of radar scattering by reactive loading[J]. IEEE Transactions on Antennas and Propagation, 1972, 20(4): 446-454.

[8] GARBACZ R, TURPIN R. A generalized expansion for radiated and scattered fields[J]. IEEE Transactions on Antennas and Propagation, 1971, 19(3): 348-358.

[9] FANTE R. Quality factor of general ideal antennas[J]. IEEE Transactions on Antennas and Propagation, 1969, 17(2): 151-155.

[10] YAGHJIAN A D, BEST S R. Impedance, bandwidth, and Q of antennas[J]. IEEE Transactions on Antennas and Propagation, 2005, 53(4): 1298-1324.

[11] GUSTAFSSON M, NORDEBO S. Optimal antenna currents for Q, superdirectivity, and radiation patterns using convex optimization[J]. IEEE Transactions on Antennas and Propagation, 2013, 61(3): 1109-1118.

[12] CHALAS J, SERTEL K, VOLAKIS J L. Computation of the Q limits for arbitrary-shaped antennas using characteristic modes[J]. IEEE Transactions on Antennas and Propagation, 2016, 64(7): 2637-2647.

[13] DAVIDSON D B. Computational Electromagnetics for RF and Microwave Engineering[M]. Cambridge: Cambridge University Press, 2005.

[14] CAPEK M, HAMOUZ P, HAZDRA P, et al. Implementation of the theory of characteristic modes in MATLAB[J]. IEEE Antennas and Propagation Magazine, 2013, 55(2): 176-189.

[15] MAKAROV S. MoM antenna simulations, with Matlab: RWG basis functions[J]. IEEE Antennas and Propagation Magazine, 2001, 43(5): 100-107.

[16] MAKAROV S, IYER V, KULKARNI S, et al. Antenna and EM Modeling with MATLAB[M]. New York: John Wiley & Sons, Inc., 2021.

[17] SAFIN E, MANTEUFFEL D. Reconstruction of the characteristic modes on an antenna based on the radiated far field[J]. IEEE Transactions on Antennas and Propagation, 2013, 61(6): 2964-2971.

[18] YEE A, GARBACZ R. Self- and mutual-admittances of wire antennas in terms of characteristic modes[J]. IEEE Transactions on Antennas and Propagation, 1973, 21(6): 868-871.

[19] ETHIER J, MCNAMARA D. Antenna shape synthesis without prior specification of the feedpoint locations[J]. IEEE Transactions on Antennas and Propagation, 2014, 62(10): 4919-4934.

[20] CABEDO-FABRÉS M. Systematic design of antennas using the theory of characteristic modes[D]. Valencia: Universitat Politécnica de Valencia, 2007.

[21] ADAMS J J. Characteristic modes for impedance matching and broadbanding of electrically small antennas[J]. Dissertation and Theses-Gradworks, 2011.

[22] YANG B B, ADAMS J J. Computing and visualizing the input parameters of arbitrary planar antennas via eigenfunctions[J]. IEEE Transactions on Antennas and Propagation, 2016, 64(7): 2707-2718.

[23] YANG B B, ADAMS J J. Mode-based analytical models for arbitrary wire and planar antennas[C]//2016 10th European Conference on Antennas and Propagation (EuCAP). IEEE, 2016: 1-4.

[24] MAXIMOV R T, ZEKIOS C L, KYRIACOU G A. MIMO Antenna Design Exploiting the Characteristic Mode Eigenanalysis[C]//32nd ESA Antenna Workshop on Antennas for Space Applications, 2014.

[25] CAPEK M, HAZDRA P, HAMOUZ P, et al. A method for tracking characteristic numbers and vectors[J]. Progress in Electromagnetics Research B, 2011, 33: 115-134.

[26] KREWSKI A, SCHROEDER W L, SOLBACH K. MIMO LTE antenna design for laptops based on theory of characteristic modes[C]//2012 6th European Conference on Antennas and Propagation (EuCAP). IEEE, 2012: 1894-1898.

[27] MIERS Z, LAU B K. Wideband characteristic mode tracking utilizing far-field patterns[J]. IEEE Antennas and Wireless Propagation Letters, 2015, 14: 1658-1661.

[28] RAINES B D, ROJAS R G. Wideband tracking of characteristic modes[C]//Proceedings of the 5th European Conference on Antennas and Propagation (EuCAP). IEEE, 2011: 1978-1981.

[29] LUDICK D, TONDER J V, JAKOBUS U. A hybrid tracking algorithm for characteristic mode analysis[C]//2014 International Conference on Electromagnetics in Advanced Applications (ICEAA). IEEE, 2014: 455-458.

[30] CHEN Y K, WANG C F. Characteristic Modes[M]. New York: John Wiley & Sons, Inc, 2015.

[31] VAINIKAINEN P, OLLIKAINEN J, KIVEKAS O, et al. Resonator-based analysis of the combination of mobile handset antenna and chassis[J]. IEEE Transactions on Antennas and Propagation, 2002, 50(10): 1433-1444.

[32] SAFIN E, MANTEUFFEL D. Advanced eigenvalue tracking of characteristic modes[J]. IEEE Transactions on Antennas and Propagation, 2016, 64(7): 2628-2636.

3 特征模式耦合及其应用

在传统微波滤波器领域，腔体模式耦合的概念是广为人知的，利用腔体模式耦合可以实现滤波器的宽带特性[1-4]。天线也存在着 TE/TM 模式，特别是微带天线的腔体 TM 模式。从腔体模式存在耦合，不难推测天线模式也应该存在耦合，但两者始终是不同的。腔体模式是不辐射的，其能量全部存在于腔体内，但天线模式是会辐射能量的。而且滤波器是二端口网络，天线则是单端口网络，故不能直接将传统的基于模式耦合的滤波器综合理论应用于天线。本章的主题是研究天线模式的耦合理论及其应用，考虑到计算天线传统 TE/TM 模式比较困难，而计算其特征模式则简单得多，特别是当天线具有不规则形状时，因此我们将重点关注特征模式的耦合理论及其应用，并分别从能量[5-6]和电路[7]两个角度进行研究。

3.1 特征模式耦合理论——基于能量观点

在理论部分中，我们将根据天线储存的总电能和总磁能引出源模耦合和模际耦合的概念，并进一步定义模际耦合系数的计算公式。此外我们还阐明了当馈电方式保持不变时，源模耦合可以通过模际耦合调节，因此，只需调节模际耦合就可以减小中心频率处天线的 Q 值，从而拓展天线带宽。基于这个结论，在应用部分我们提出了一种新的省时的天线带宽优化方法，并通过两个实例说明了这种方法。

3.1.1 理论

天线总电流 $\boldsymbol{J}_\mathrm{t}$ 可以通过特征模式对应的特征电流 $\boldsymbol{J}_n$ 展开为

$$\boldsymbol{J}_\mathrm{t}=\sum_n \alpha_n \boldsymbol{J}_n=\sum_n \frac{V_n^\mathrm{i}}{1+j\lambda_n}\boldsymbol{J}_n \tag{3.1.1}$$

其中，α_n 表示第 n 个 CM 的模式加权系数 (modal weighting coefficient，MWC)，V_n^i 是其模式激励系数 (modal excitation coefficient，MEC)，这两个系数都反映了模式被激励程度，与天线的馈电方式和馈源密切相关。

天线储存的总电能为

$$\begin{aligned}W_\mathrm{e}&=\frac{1}{2\omega}\boldsymbol{J}_\mathrm{t}^\mathrm{H}\boldsymbol{X}_\mathrm{e}\boldsymbol{J}_\mathrm{t}=\frac{1}{2\omega}\left(\sum_i \alpha_i\boldsymbol{J}_i\right)^\mathrm{H}\boldsymbol{X}_\mathrm{e}\left(\sum_j \alpha_j\boldsymbol{J}_j\right)\\&=\frac{1}{2\omega}\left[\sum_i |\alpha_i|^2\boldsymbol{J}_i^\mathrm{H}\boldsymbol{X}_\mathrm{e}\boldsymbol{J}_i+\sum_{j\neq i}\sum_i \mathrm{Re}\left\{\alpha_i^*\alpha_j\right\}\boldsymbol{J}_i^\mathrm{H}\boldsymbol{X}_\mathrm{e}\boldsymbol{J}_j\right]\end{aligned}$$

$$= \frac{1}{2\omega}\left[\sum_{i}|\alpha_i|^2 K_{ii}^{\mathrm{e}} + \sum_{j\neq i}\sum_{i}\mathrm{Re}\left\{\alpha_i^*\alpha_j\right\}K_{ij}^{\mathrm{e}}\right] \tag{3.1.2}$$

类似地，天线储存的总磁能为

$$\begin{aligned} W_{\mathrm{m}} &= \frac{1}{2\omega}\boldsymbol{J}_{\mathrm{t}}^{\mathrm{H}}\boldsymbol{X}_{\mathrm{m}}\boldsymbol{J}_{\mathrm{t}} \\ &= \frac{1}{2\omega}\left[\sum_{i}|\alpha_i|^2 K_{ii}^{\mathrm{m}} + \sum_{j\neq i}\sum_{i}\mathrm{Re}\left\{\alpha_i^*\alpha_j\right\}K_{ij}^{\mathrm{m}}\right] \end{aligned} \tag{3.1.3}$$

天线储存的总能量为总电能加上总磁能：

$$\begin{aligned} W = W_{\mathrm{e}} + W_{\mathrm{m}} &= \frac{1}{2\omega}\boldsymbol{J}_{\mathrm{t}}^{\mathrm{H}}\left(\boldsymbol{X}_{\mathrm{e}} + \boldsymbol{X}_{\mathrm{m}}\right)\boldsymbol{J}_{\mathrm{t}} \\ &= \frac{1}{2\omega}\left[\sum_{i}|\alpha_i|^2\left(K_{ii}^{\mathrm{e}} + K_{ii}^{\mathrm{m}}\right) + \sum_{j\neq i}\sum_{i}\mathrm{Re}\left\{\alpha_i^*\alpha_j\right\}\left(K_{ij}^{\mathrm{e}} + K_{ij}^{\mathrm{m}}\right)\right] \end{aligned} \tag{3.1.4}$$

在式 (3.1.2)—式 (3.1.4) 中，$\boldsymbol{J}_i$，$\boldsymbol{J}_j$ 分别表示第 i 和第 j 个模式电流，上标 H 表示共轭转置，$\boldsymbol{X}_{\mathrm{e}}$，$\boldsymbol{X}_{\mathrm{m}}$ 分别表示电能和磁能储存算子 [8-9] 的矩阵形式，它与阻抗矩阵 $\boldsymbol{Z}$ 的关系是

$$\boldsymbol{X}_{\mathrm{m}} - \boldsymbol{X}_{\mathrm{e}} = \boldsymbol{X} \tag{3.1.5a}$$

$$\boldsymbol{X}_{\mathrm{m}} + \boldsymbol{X}_{\mathrm{e}} = \omega\frac{\mathrm{d}\boldsymbol{X}}{\mathrm{d}\omega} \tag{3.1.5b}$$

K_{ij}^{e} 和 K_{ij}^{m} 是文献 [10] 中提出来的，它们的物理意义易从式 (3.1.2)—式 (3.1.4) 中看出：当 $i=j$ 时，$K_{ij}^{\mathrm{e}}/2\omega$ 和 $K_{ij}^{\mathrm{m}}/2\omega$ 分别表示模式 i 储存的电能 $W_{\mathrm{e},i}$ 和磁能 $W_{\mathrm{m},i}$；当 $i\neq j$ 时，$\left|K_{ij}^{\mathrm{e}}\right|/2\omega$ 和 $\left|K_{ij}^{\mathrm{m}}\right|/2\omega$ 分别表示模式 i 和 j 之间耦合的电能和磁能。也就是说，当 $K_{ij}^{\mathrm{e}}=0$ 且 $K_{ij}^{\mathrm{m}}=0$ 时，模式 i 和 j 之间不存在互耦；当 $K_{ij}^{\mathrm{e}}\neq 0$ 或 $K_{ij}^{\mathrm{m}}\neq 0$ 时，这两个模式间存在互耦。

由于 $\boldsymbol{R},\boldsymbol{X},\boldsymbol{X}_{\mathrm{e}}$ 和 $\boldsymbol{X}_{\mathrm{m}}$ 都是实对称矩阵，不难推知 [10]

$$K_{ij}^{\mathrm{e/m}} = K_{ji}^{\mathrm{e/m}} \tag{3.1.6a}$$

$$K_{ij}^{\mathrm{m}} = \begin{cases} K_{ij}^{\mathrm{e}}, & i\neq j \\ K_{ij}^{\mathrm{e}} + \lambda_i, & i=j \end{cases} \tag{3.1.6b}$$

式 (3.1.6b) 告诉我们，不同模式间的耦合电能和耦合磁能是相等的，注意 $\lambda_i/2\omega$ 表示第 i 个模式储存的净电抗能量。

从式 (3.1.2)—式 (3.1.4) 还可以看出，模式耦合对天线储存总能量的影响 (增大或减小) 与模式激励情况 (由 α_i 表征) 和模式耦合情况 (由 K_{ij}^{e} 和 K_{ij}^{m} 表征) 都相关。当 $\mathrm{Re}\left\{\alpha_i^*\alpha_j\right\}\left(K_{ij}^{\mathrm{e}}+K_{ij}^{\mathrm{m}}\right) > 0$ 时，表示模式 i 和 j 的耦合提升了天线储存的总能量；当 $\mathrm{Re}\left\{\alpha_i^*\alpha_j\right\}\left(K_{ij}^{\mathrm{e}}+K_{ij}^{\mathrm{m}}\right) < 0$ 时，表示模式 i 和 j 的耦合降低了天线储存的总能量。如果模式

i 和 j 耦合的电能和磁能为零，即 $K_{ij}^{\mathrm{e}} = K_{ij}^{\mathrm{m}} = 0$，表示这两个模式耦合为零。当模式 i 或 j 没有被激励出来时，即当 $\alpha_i = \alpha_j = 0$ 时，它们是否耦合对天线存储的总能量没有影响。

为了进一步量化模式的耦合程度，我们引入模际耦合系数 (intermodal coupling coefficient，IMCC) 的概念，其定义如下：

$$
\begin{aligned}
M_{ij} &= \frac{K_{ij}^{\mathrm{e}} + K_{ij}^{\mathrm{m}}}{\sqrt{(K_{ii}^{\mathrm{e}} + K_{ii}^{\mathrm{m}}) \cdot (K_{jj}^{\mathrm{e}} + K_{jj}^{\mathrm{m}})}} \\
&= \frac{\boldsymbol{J}_i^{\mathrm{T}}(\boldsymbol{X}_{\mathrm{e}} + \boldsymbol{X}_{\mathrm{m}})\boldsymbol{J}_j}{\sqrt{[\boldsymbol{J}_i^{\mathrm{T}}(\boldsymbol{X}_{\mathrm{e}} + \boldsymbol{X}_{\mathrm{m}})\boldsymbol{J}_i] \cdot [\boldsymbol{J}_j^{\mathrm{T}}(\boldsymbol{X}_{\mathrm{e}} + \boldsymbol{X}_{\mathrm{m}})\boldsymbol{J}_j]}}
\end{aligned} \tag{3.1.7}
$$

从式 (3.1.7) 可以看出，耦合系数反映了两个模式耦合的总能量归一化于各自总能量后的值。显然，当 $i = j$ 时，$M_{ij} = 1$；当 $M_{ij} = 0$ 时，两个模式间不存在互耦。

将式 (3.1.5b) 代入式 (3.1.7) 得到

$$
M_{ij} = \frac{\boldsymbol{J}_i^{\mathrm{T}} \dfrac{\mathrm{d}\boldsymbol{X}}{\mathrm{d}\omega} \boldsymbol{J}_j}{\sqrt{\left(\boldsymbol{J}_i^{\mathrm{T}} \dfrac{\mathrm{d}\boldsymbol{X}}{\mathrm{d}\omega} \boldsymbol{J}_i\right) \cdot \left(\boldsymbol{J}_j^{\mathrm{T}} \dfrac{\mathrm{d}\boldsymbol{X}}{\mathrm{d}\omega} \boldsymbol{J}_j\right)}} \tag{3.1.8}
$$

式 (3.1.8) 的好处在于只需知道阻抗矩阵的虚部 $\boldsymbol{X}$ 即可计算耦合系数，无须事先计算出 $\boldsymbol{X}_{\mathrm{e}}$ 和 $\boldsymbol{X}_{\mathrm{m}}$，进而避免了对于电尺寸大于 1/2 波长的天线，$\boldsymbol{X}_{\mathrm{e}}$ 和 $\boldsymbol{X}_{\mathrm{m}}$ 可能非正定的问题 [4-5]。此外，式 (3.1.8) 还可以应用于包含损耗材料的天线，这是因为材料的损耗效应可以在计算阻抗矩阵时考虑进去。所以，我们将采用式 (3.1.8) 计算模际耦合系数。

下面我们从耦合的角度论述天线的工作原理。天线的耦合可以分成两种类型，一种是源模耦合 (source-mode coupling, SMC)，它由模式加权系数 α_i 表征，通过这种耦合将能量传送到各个模式之中，$|\alpha_i|$ 越大，表示该模式被激励得越强烈，辐射的功率越多；当 $|\alpha_i| = 0$ 时，表示该模式没有被激励出来，辐射功率为零。若有多个模式被有效激励，在与源阻抗匹配的条件下，天线可工作于多个不同的频段，每个频段以各个被激励模式的谐振点为中心。可见，源模耦合与馈电方式有关。

另外一种耦合是模际耦合 (intermode coupling, IMC)，它可以由式 (3.1.8) 计算出来。从式 (3.1.7) 和式 (3.1.8) 可以看出，它只与天线本身的特征模式有关，即只与天线的形状和材料有关，而与其馈电方式无关。注意我们将采用 $\left|M_{ij}\right|$ 而非 M_{ij} 刻画耦合强度，因为前者始终保持大于等于 0，而后者可正可负。

通常来说，源模耦合在源与模式之间建立起了一座桥梁，而模际耦合则刻画了不同模式之间的关系。由于两种耦合均与模式有关，它们之间并非相互独立。实际上，源模耦合很容易被模际耦合影响，当两个模式之间的耦合强度发生改变时，源与这两个模式之间的耦合也会相应发生改变。如果馈电方式保持不变，那么源模耦合就可以仅仅通过模际耦合来控制。

读者可能对于模式之间存在耦合表示惊讶，因为特征模式的一条重要特性就是正交性。然而，特征模式的正交性是由以下式子表示的：

$$
\boldsymbol{J}_i^{\mathrm{T}} \boldsymbol{X} \boldsymbol{J}_j = \lambda_i \boldsymbol{J}_i^{\mathrm{T}} \boldsymbol{R} \boldsymbol{J}_j = \lambda_i \delta_{ij} \tag{3.1.9}
$$

其中，δ_{ij} 表示克罗内克函数 (当 $i=j$ 时 $\delta_{ij}=1$，否则 $\delta_{ij}=0$)。可以看出正交性与矩阵 $\boldsymbol{X}$ 和 $\boldsymbol{R}$ 有关。

然而，这里我们所谈论的耦合与电能以及磁能储存矩阵有关：

$$
\begin{aligned}
K_{ij}^{\mathrm{e}} &= \boldsymbol{J}_i^{\mathrm{T}} \boldsymbol{X}_{\mathrm{e}} \boldsymbol{J}_j \\
K_{ij}^{\mathrm{m}} &= \boldsymbol{J}_i^{\mathrm{T}} \boldsymbol{X}_{\mathrm{m}} \boldsymbol{J}_j
\end{aligned} \tag{3.1.10}
$$

因此，耦合与正交性没有冲突，实际上，两者关系如下：

$$
K_{ij}^{\mathrm{m}} - K_{ij}^{\mathrm{e}} = \boldsymbol{J}_i^{\mathrm{T}} (\boldsymbol{X}_{\mathrm{m}} - \boldsymbol{X}_{\mathrm{e}}) \boldsymbol{J}_j = \boldsymbol{J}_i^{\mathrm{T}} \boldsymbol{X} \boldsymbol{J}_j \tag{3.1.11}
$$

众所周知，特征模式远场满足正交特性：

$$
\frac{1}{\eta} \iint_{S_\infty} \boldsymbol{E}_i \cdot \boldsymbol{E}_j^* \mathrm{d}s = \eta \iint_{S_\infty} \boldsymbol{H}_i \cdot \boldsymbol{H}_j^* \mathrm{d}s = \delta_{ij} \tag{3.1.12}
$$

但其近场却不是这样的 [11]，考虑到天线电能和磁能主要储存在 Chu 球内 [12]，我们可以推断模际耦合与近场有关。

考虑一个长为 l，宽为 $l/120$ 的窄振子天线，计算其前 3 个模式的耦合系数，结果如图 3.1.1 所示。观察可知，CM1 与 CM3 的耦合随着振子天线变长而增强，而 CM1 与 CM2，CM2 与 CM3 之间则没有耦合。

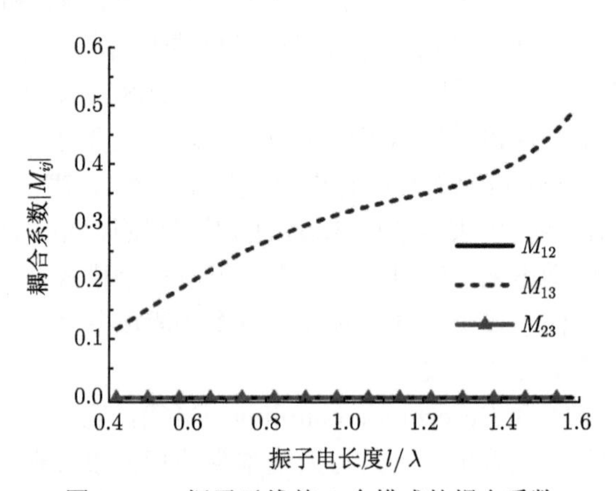

图 3.1.1　振子天线前 3 个模式的耦合系数

图 3.1.2 给出了前 3 个模式的归一化近电场，CM1 和 CM3 的电场强度和方向类似，因此它们之间存在耦合。CM2 的近电场与 CM1 和 CM3 很不一样，因此 CM2 与 CM1 和 CM3 之间均无耦合。

图 3.1.3 是中心馈电振子天线的源模耦合和模际耦合示意图，实线表示源模耦合，虚线表示模际耦合。因为 CM2 的特征电流在振子天线中心处为零，所以 $|\alpha_2|$ 等于，没有被激励出来。

为了调查源模耦合是否能够被模际耦合所控制，我们在振子天线的对称位置上加载两个集总电抗元件 $\mathrm{j}X_L$，如图 3.1.4 所示。我们发现，当 X_L 从 -250Ω 增加到 250Ω 时，$|M_{13}|$

也在增大。因此，$|M_{13}|$ 可以通过 X_L 控制。同时可以清楚地看到，随着 $|M_{13}|$ 增大，$|\alpha_3|/|\alpha_1|$ 也一直在增大，这说明源模耦合确实可以仅通过模际耦合调节。

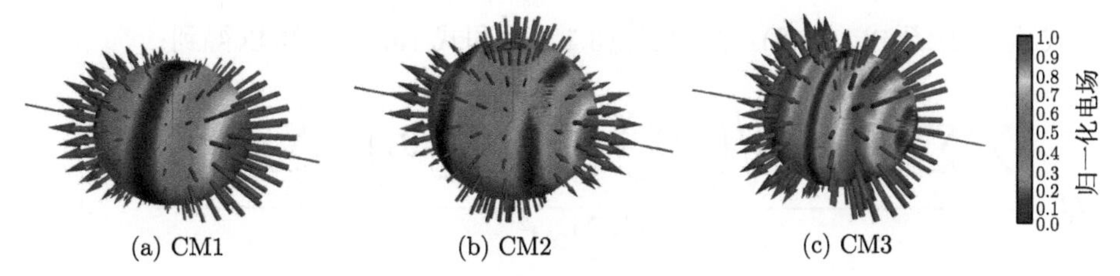

图 3.1.2 振子天线 ($l/\lambda=0.5$) 前 3 个模式的归一化近电场，所观察球面半径为 0.125λ

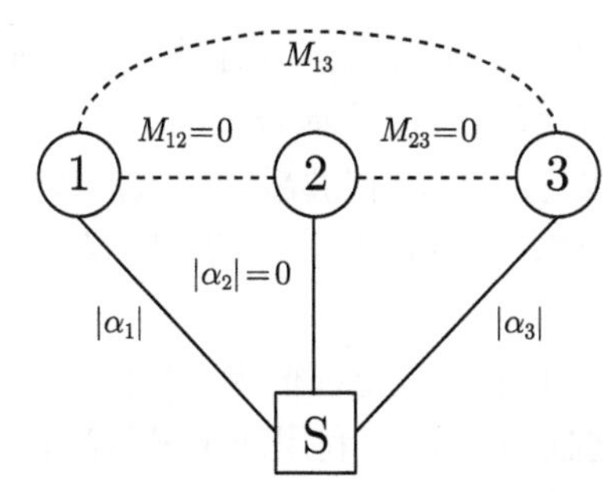

图 3.1.3 中心馈电振子天线的源模耦合和模际耦合示意图

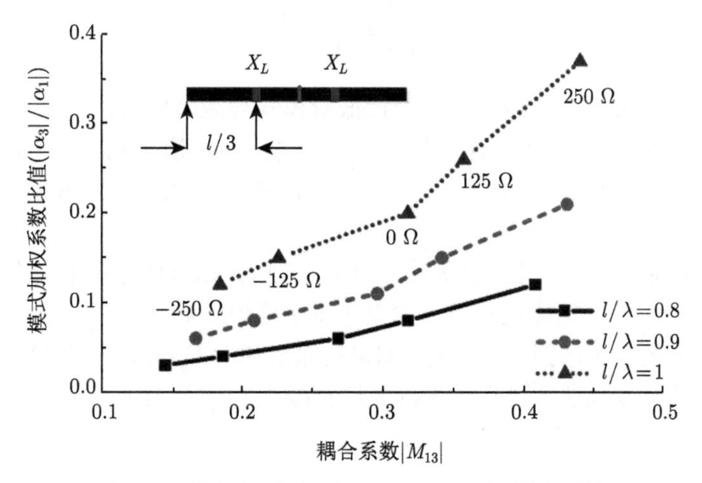

图 3.1.4 CM1 和 CM3 的加权系数比值 ($|\alpha_3|/|\alpha_1|$) 与耦合系数 ($|M_{13}|$) 的关系

3.1.2 利用模际耦合优化 Q 值

从微波电路理论知道，谐振频率处的品质因数 (Q 值) 与带宽大致成反比 [13]，所以可以通过减小 Q 值来增加带宽。Q 值计算公式为

$$Q=\frac{2\omega\max\{W_{\mathrm{e}},W_{\mathrm{m}}\}}{P_{\mathrm{r}}}=\frac{\omega\left[(W_{\mathrm{e}}+W_{\mathrm{m}})+|W_{\mathrm{e}}-W_{\mathrm{m}}|\right]}{P_{\mathrm{r}}} \tag{3.1.13}$$

天线总辐射功率为

$$P_{\mathrm{r}} = \boldsymbol{J}_{\mathrm{t}}^{H} \boldsymbol{R} \boldsymbol{J}_{\mathrm{t}} = \sum_{i} |\alpha_i|^2 \tag{3.1.14}$$

结合式 (3.1.2) 至式 (3.1.8)，以及式 (3.1.13) 和式 (3.1.14) 可以得到：

$$Q = \frac{\displaystyle\sum_{j}\sum_{i} \alpha_i^* \alpha_j M_{ij} \omega \sqrt{\left(\boldsymbol{J}_i^{\mathrm{T}} \frac{\mathrm{d}\boldsymbol{X}}{\mathrm{d}\omega} \boldsymbol{J}_i\right)\left(\boldsymbol{J}_j^{\mathrm{T}} \frac{\mathrm{d}\boldsymbol{X}}{\mathrm{d}\omega} \boldsymbol{J}_j\right)} + \left|\sum_{i} |\alpha_i|^2 \lambda_i\right|}{\displaystyle 2\sum_{i} |\alpha_i|^2} \tag{3.1.15}$$

从式 (3.1.15) 可见 Q 值是关于源模耦合和模际耦合的函数，考虑到两种耦合并不相互独立，前者可以由后者控制，再进一步考虑到后者是反映天线结构变化的关键参数，所以当天线馈电方案不变时，Q 值有望通过模际耦合来调节。

此外，从式 (3.1.15) 还可以看出，没有被激励出来的模式由于 $|\alpha_i| = 0$，对 Q 值并无贡献。为了得到一个较小的 Q 值，具有较大 $|\lambda_i|$ 的高阶模式必须被抑制，天线设计者需要避免激励出它们。

众所周知，通过结合一个 TE 模式 (特征值为正) 和一个 TM 模式 (特征值为负)，可以获得一个更低的 Q 值。在文献 [14] 中，利用两个最低阶模式来减小 Q 值，其中一个模式特征值为正，另外一个特征值为负，当满足式 (3.1.16) 时，可以获得最小 Q 值：

$$\frac{|\alpha_2|}{|\alpha_1|} = \sqrt{-\frac{\lambda_1}{\lambda_2}} \tag{3.1.16}$$

这启发我们，如果一个天线只有两个最低阶模式被激励出来，那么可以通过 $|M_{12}|$ 调节 $|\alpha_2| / |\alpha_1|$，一旦找到一个合适的 $|M_{12}|$，使得 $|\alpha_2| / |\alpha_1|$ 满足式 (3.1.16)，就会得到最小 Q 值。因此，可以合理推测 $Q(f_0)$ 是关于 $|M_{12}(f_0)|$ 的下凸函数，如图 3.1.5 所示，图中 f_0 表示天线中心频率。

根据图 3.1.5，我们提出一种新的优化 Q 值的方法，优化目标是搜索一个最优的 $|M_{12}(f_0)|$ 使得 $Q(f_0)$ 达到最小。在优化过程中，如果稍微增强模际耦合 $|M_{12}(f_0)|$ 导致 $Q(f_0)$ 减小，那么模际耦合需要进一步增强。相反地，如果稍微增加 $|M_{12}(f_0)|$ 导致 $Q(f_0)$ 也增加，那么模际耦合需要减弱。重复这个过程，直到无法再减小 $Q(f_0)$ 为止。

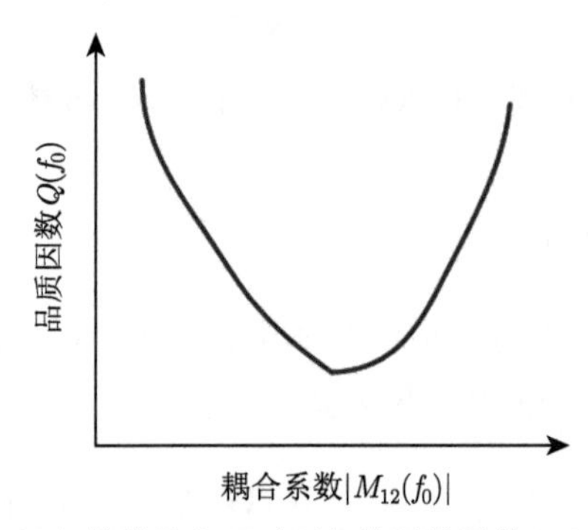

图 3.1.5　$Q(f_0)$ 是关于 $|M_{12}(f_0)|$ 的下凸函数，f_0 是中心频率

虽然改变天线结构会导致 $|\alpha_2(f_0)|/|\alpha_1(f_0)|$ 和 $\sqrt{-\lambda_1(f_0)/\lambda_2(f_0)}$ 都发生改变，然而，在优化过程中，我们无须关心它们的具体值。实际上我们只需关心当 $|M_{12}(f_0)|$ 增大或减小时，$Q(f_0)$ 是如何变化的。当 $Q(f_0)$ 达到最小时，式 (3.1.16) 就会自动满足。

在使用矩量法计算天线时，计算阻抗矩阵是最消耗时间的。而 $M_{12}(f_0)$ 和 $Q(f_0)$ 可以分别由式 (3.1.8) 和式 (3.1.15) 计算得到，如果 $\left.\dfrac{\mathrm{d}\boldsymbol{X}}{\mathrm{d}\omega}\right|_{f_0}$ 已知，那么接下来计算 $M_{12}(f_0)$ 和 $Q(f_0)$ 的时间则可以忽略不计。为了算得 $\left.\dfrac{\mathrm{d}\boldsymbol{X}}{\mathrm{d}\omega}\right|_{f_0}$，需要先计算 3 个频点处的阻抗矩阵。而传统方法需要计算所考虑频段内每一个频点处的阻抗矩阵，以最终得到反射系数曲线，因此，与传统方法相比，上面提出的优化方法可以节省大量用于计算阻抗矩阵的时间。

上面所提出的优化方法的另一个优点是它可以应用于有耗天线，只要在计算阻抗矩阵 $\boldsymbol{Z}$ 时把损耗效应考虑进去就行了。此时有耗天线特征模式的 λ_i，$\boldsymbol{J}_i$ 和 M_{ij} 仍然是实数值，式 (3.1.9) 也依然满足，但其特征远场的正交性将不再保持 [15]。

由于结合两个最低阶模式 (在中心频点处分别拥有正负特征值) 以减小 Q 值的方法是普遍的，上面所提出的优化方法对双模天线也是普遍适用的。对于那些拥有两个以上工作模式的天线，已经超出了目前的研究范围，留待将来进一步研究。

接下来我们将通过两个简单的例子来说明如何通过控制 $|M_{12}(f_0)|$ 增加天线宽带。一般来说分两个步骤：第一步是激励出两个最低阶模式并抑制其他高阶模式，这可以通过选择合适的馈电位置实现。第二步是控制 $|M_{12}(f_0)|$，这可以通过改变寄生单元或贴片上开槽的尺寸来实现。在本节中，特征模式是由自编的 MATLAB 代码计算的，但阻抗矩阵是从 FEKO 软件提取出来的。

3.1.3 两个例子

1. 振子天线加载一个平行寄生振子

为了拓展天线的工作带宽，我们在振子天线旁边添加一个平行寄生振子 [16-18]，如图 3.1.6 所示，其中，$l_d = 61\text{mm}$，$l_p = 50\text{mm}$，$w = 1\text{mm}$，$d = 4\text{mm}$，天线的中心频率为 2.5GHz。

图 3.1.7 则展示了天线前两个模式的特征角 (CA) 曲线，这两个模式的谐振频率分别是 2.30GHz 和 2.85GHz，谐振频率可以根据式 (3.1.17) 估算：

$$f_{1,\mathrm{res}} \approx c/2l_d, \quad f_{2,\mathrm{res}} \approx c/2l_p \tag{3.1.17}$$

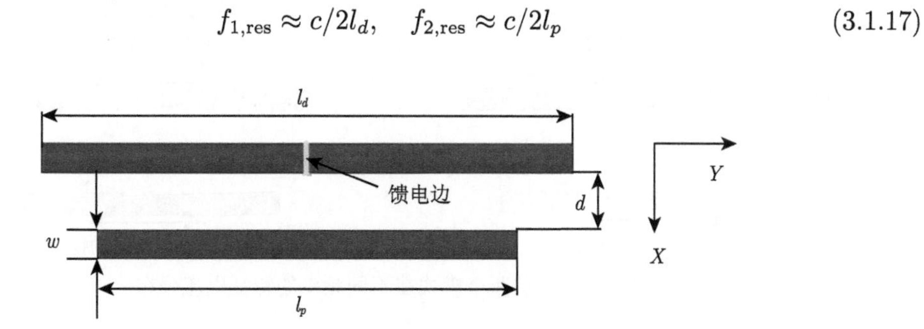

图 3.1.6 在振子天线旁平行加载一个寄生振子

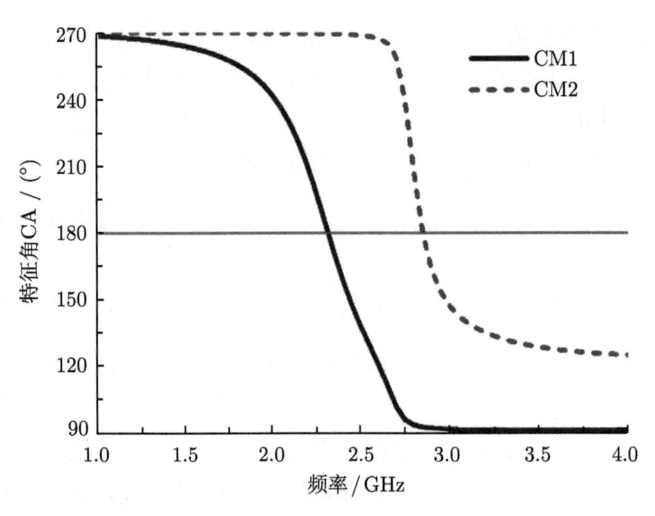

图 3.1.7　前两个模式的特征角

从式 (3.1.17) 计算出来的谐振频率分别为 2.45GHz 和 3GHz，偏差主要来源于两个振子间的互耦。但仍然可以认为 CM1 和 CM2 的谐振频率主要由振子的长度决定。

图 3.1.8 则展示了这两个模式在不同频率的特征电流分布，可以看出，低频时，CM1 的特征电流在两个振子上同向，当频率高于其谐振频率时，CM1 的电流在两个振子上反向。CM2 的电流分布与 CM1 相反，其在低频时在两个振子上反向，高于其谐振频率时在两个振子上同向。然而，在两个谐振频率中间，比如在 2.5GHz 处，两个模式具有相同的电流分布，即都在两个振子上反向，这时它们之间的耦合较大，如图 3.1.9 所示。

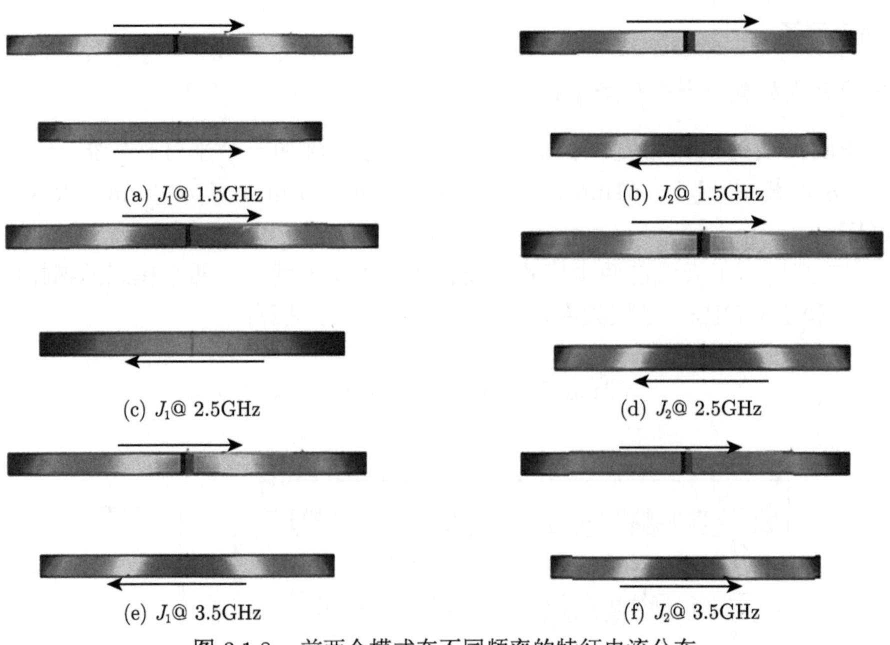
(a) J_1@ 1.5GHz　(b) J_2@ 1.5GHz　(c) J_1@ 2.5GHz　(d) J_2@ 2.5GHz　(e) J_1@ 3.5GHz　(f) J_2@ 3.5GHz

图 3.1.8　前两个模式在不同频率的特征电流分布

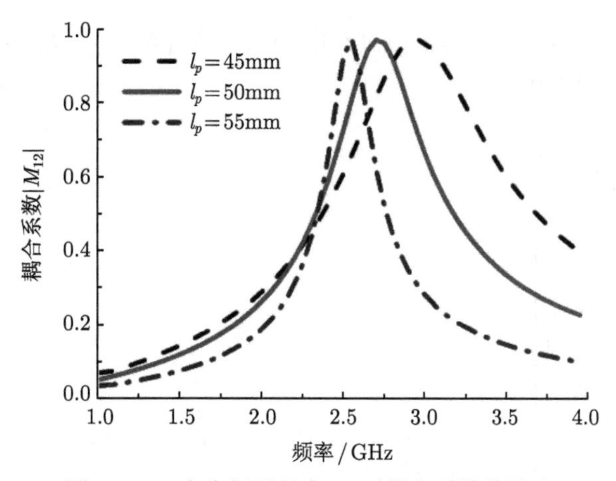

图 3.1.9 寄生振子长度 l_p 对耦合系数的影响

我们也计算了前 5 个模式的加权系数，如图 3.1.10 所示，发现除了前两个模式，其他高阶模式的加权系数都接近于 0。这表明在驱动振子中心进行馈电确实可以激励出 CM1 和 CM2，同时抑制其他高阶模式。

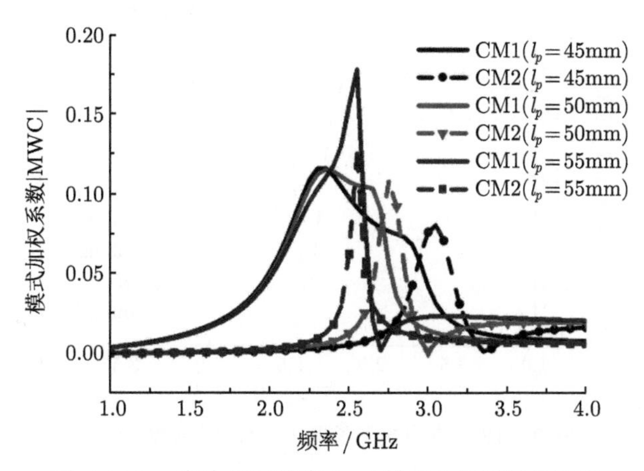

图 3.1.10 寄生振子长度 l_p 对模式加权系数的影响

我们对 l_p 和 d 进行了参数分析，为了简便，下面仅以 l_p 为例给出分析过程。

图 3.1.9—图 3.1.12 给出了 l_p 取不同长度时的耦合系数曲线、模式加权系数曲线、Q 值曲线以及反射系数曲线，可以发现：随着 l_p 增长，耦合曲线向低频移动，且耦合曲线变窄；Q 值曲线的最小值也向低频移动；CM1 和 CM2 的加权系数曲线相互靠近。当 l_p 等于 45mm 和 50mm 时，反射系数曲线有两个极小点，但当 l_p 增加到 55mm 时，反射系数曲线只有一个极小点。在天线的中心频率 2.5GHz 处，当 l_p 等于 50mm 时，Q 值最小；而当 l_p 等于 45mm 时，Q 值可以在 2.8GHz 处取到更小值，此时天线 −6dB 带宽比 l_p 等于 50mm 时大，但天线 −10dB 带宽还是后者更大，因此，我们令 l_p 等于 50mm。相比于没有加载寄生振子的情况 (即 $l_p = 0$mm)，天线 −10dB 带宽从 8.6% 增加到 19%。

表 3.1.1 显示：当改变 l_p 时，实际上是在调节 $|M_{12}(f_0)|$，同时 $|\alpha_2(f_0)|/|\alpha_1(f_0)|$ 也

在被调节。当 l_p 增大时，$|\alpha_2(f_0)|/|\alpha_1(f_0)|$ 和 $\sqrt{-\lambda_1(f_0)/\lambda_2(f_0)}$ 都在增大，一旦满足式 (3.1.16)，$Q(f_0)$ 就达到最小值。

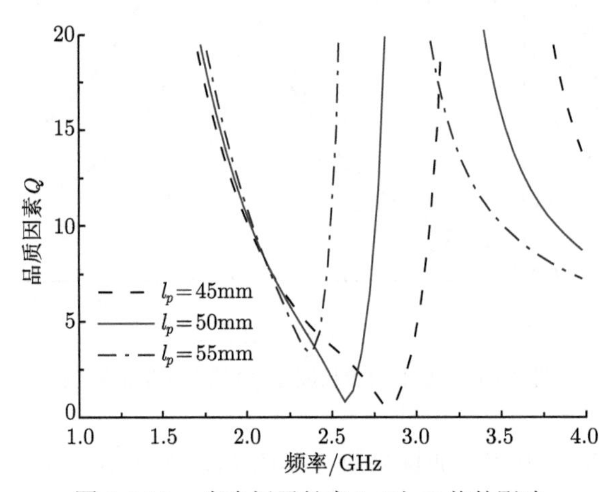

图 3.1.11　寄生振子长度 l_p 对 Q 值的影响

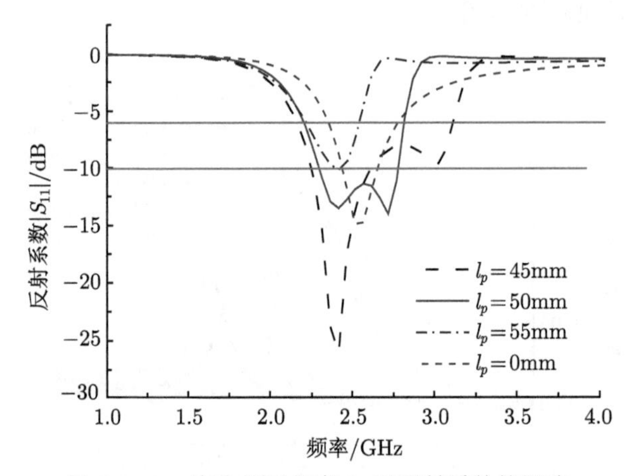

图 3.1.12　寄生振子长度 l_p 对反射系数的影响

表 3.1.1　第一个例子的几个重要参数 ($f_0 = 2.5\text{GHz}$)

l_p/mm	$\lvert M_{12}(f_0)\rvert$	$\lvert\alpha_2(f_0)\rvert/\lvert\alpha_1(f_0)\rvert$	$\sqrt{-\lambda_1(f_0)/\lambda_2(f_0)}$	$Q(f_0)$
45	0.61	0.06	0.08	3.7
50	0.73	0.12	0.12	1.7
55	0.93	0.40	0.35	15.6

2. 在圆形贴片上开槽

圆形微带天线是一款常见的平面天线，但其带宽较窄，通过在边上开槽可以拓展其带宽 [19]。图 3.1.13 给出了一款开槽后的圆形微带天线，其中，$a = 21\text{mm}$，$w_1 = 7\text{mm}$，$w_2 = 3.5\text{mm}$，$\theta = 45°$，$d = 10.5\text{mm}$。这里我们采用 FR4 板 (相对介电常数为 4.4，损耗角正切是 0.02) 作为基底，基底厚度为 1.6mm，采用探针馈电，探针半径为 0.46mm，天线中心频率是 1.98GHz。

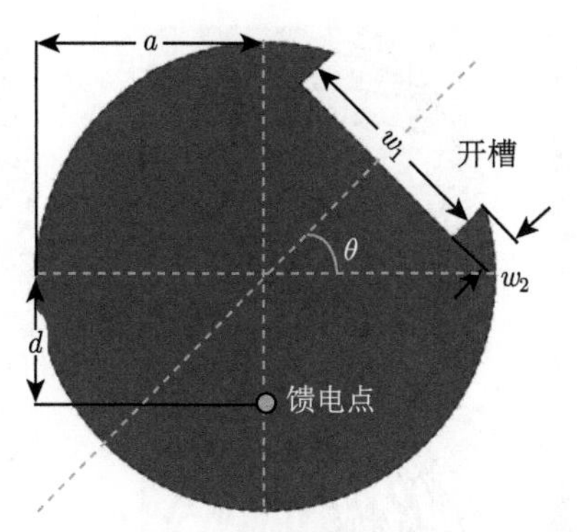

图 3.1.13 开槽圆形微带天线的结构

图 3.1.14 则展示了有无考虑馈电探针时和有无开槽时圆形微带天线前两个模式的 MS 曲线，可以看出，探针和开槽确实对特征模式有影响。当没有探针和开槽时，CM1 和 CM2 构成一对简并模。引入探针或开槽后，CM1 保持不变，但 CM2 的 MS 曲线向高频移动。CM1 的谐振点和传统 TM_{110} 模式的谐振点相同，都可以通过下式计算 [20]：

$$f_{1,\text{res}} = f_{TM_{110}} = \frac{c\chi'_{mn}}{2\pi a\varepsilon_r^{1/2}} \tag{3.1.18}$$

其中，χ'_{mn} 是 n 阶贝塞尔函数的零点，对于 TM_{110} 模式，χ'_{mn} 等于 1.841 2，a 表示圆形的半径，ε_r 是基底的相对介电常数，c 是自由空间光速。

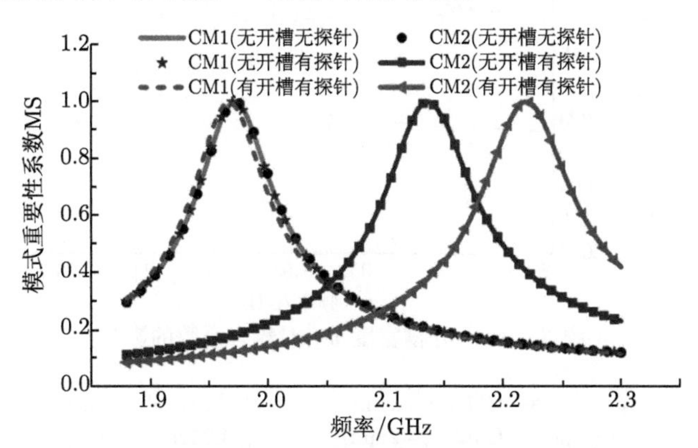

图 3.1.14 开槽和探针对前两个模式重要性系数的影响

图 3.1.15 给出了上面 3 种情况下 CM1 和 CM2 的特征电流分布，可以发现，当没有馈电探针和开槽时，CM1 和 CM2 分别是水平和垂直电流；引入探针后，CM2 的电流向馈点处集中，CM1 保持不变；进一步引入开槽后，CM1 和 CM2 的特征电流都发生了一点偏转。

文献 [21] 指出，分析微带天线特征模式时必须将馈电探针考虑进去，否则将得到错误的结果。因此，从这里开始我们将只考虑带有探针的微带天线以最接近实际情况。

我们对 w_1，w_2，θ，d 等进行了参数分析，为了简便，下面我们只给出 w_1 的分析过程。图 3.1.16—图 3.1.19 分别给出了 w_1 取不同长度时的耦合系数曲线、模式加权系数曲线、反射系数曲线和 Q 值曲线。从图 3.1.16 可以发现，开槽后，CM1 和 CM2 开始互相耦合，随着 w_1 增大，两者耦合增强。

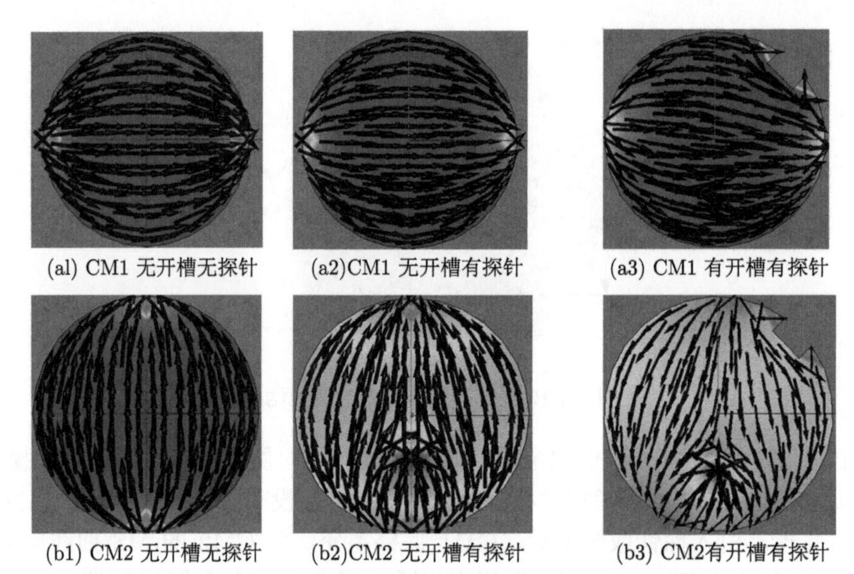

(a1) CM1 无开槽无探针　(a2)CM1 无开槽有探针　(a3) CM1 有开槽有探针

(b1) CM2 无开槽无探针　(b2)CM2 无开槽有探针　(b3) CM2有开槽有探针

图 3.1.15　开槽和探针对前两个模式电流分布的影响

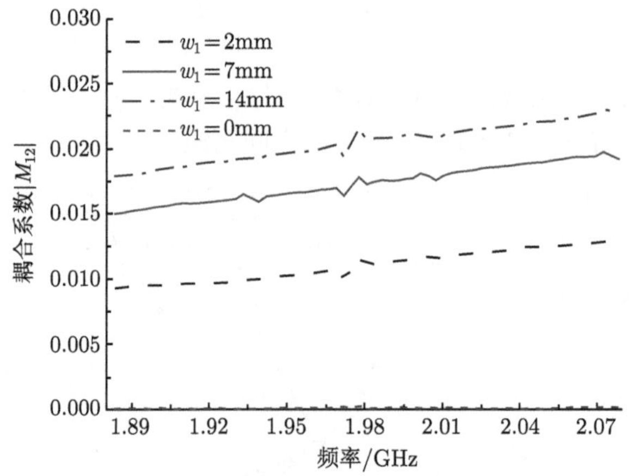

图 3.1.16　开槽宽度 w_1 对耦合系数的影响

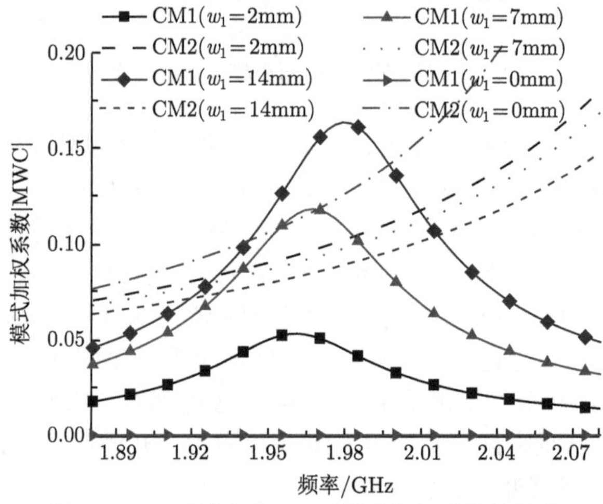

图 3.1.17　开槽宽度 w_1 对模式加权系数的影响

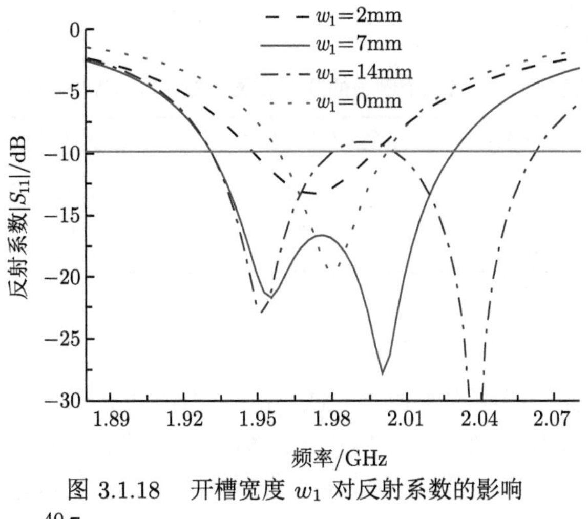

图 3.1.18 开槽宽度 w_1 对反射系数的影响

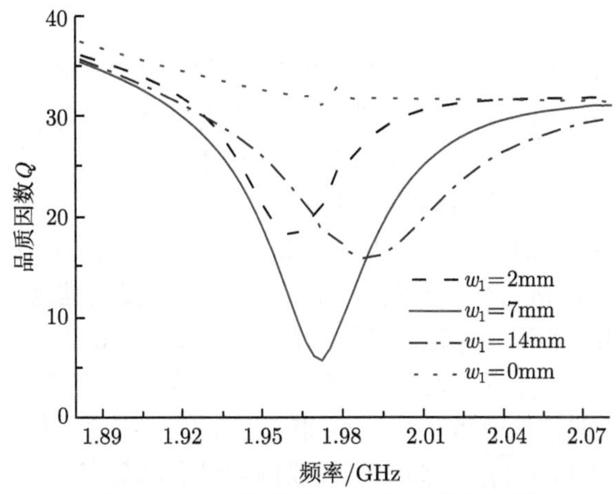

图 3.1.19 开槽宽度 w_1 对 Q 值的影响

图 3.1.17 给出了有无开槽时 CM1 和 CM2 的模式加权系数曲线，可以发现，没有开槽时，CM1 没有被激励出来，有开槽后，CM1 和 CM2 被同时激励出来，考虑到没有开槽时 CM1 和 CM2 间没有耦合，说明模式间耦合有利于它们被同时激励出来。随着 w_1 增大，馈源和 CM1 间的耦合在增强，而馈源和 CM2 间的耦合在减弱。除了 CM1 和 CM2，我们也计算了其他高阶模式的加权系数，结果显示这些模式都没有被有效激励出来。

从图 3.1.17 和图 3.1.18 可见，当 w_1 等于 2mm 时，CM1 与 CM2 的加权系数曲线不相交，反射系数曲线只有一个极小点，当 w_1 增加到 7mm 或 14mm 时，CM1 与 CM2 的加权系数曲线相交，反射系数曲线有两个极小点。但 w_1 等于 14mm 时，反射系数在中间一部分频段大于 −10dB。因此，为了获得最大 −10dB 带宽，我们令 w_1 等于 7mm。与没有开槽相比，−10dB 带宽从 2.2% 增加到 5%。图 3.1.19 显示，当 w_1 等于 7mm 时，$Q(f_0)$ 达到最小值。

表 3.1.2 显示：通过调节 w_1，我们实际上是在控制 $|M_{12}(f_0)|$ 以调节 $|\alpha_2(f_0)|/|\alpha_1(f_0)|$，进而减小 $Q(f_0)$。当增加 $|M_{12}(f_0)|$ 时，$|\alpha_2(f_0)|/|\alpha_1(f_0)|$ 减小。读者可能已经发现当 w_1 等于 7mm 时，式 (3.1.16) 并没有满足，虽然此时 $\dfrac{|\alpha_2(f_0)|/|\alpha_1(f_0)|}{\sqrt{-\lambda_1(f_0)/\lambda_2(f_0)}}$ 的值最接近 1。这个

问题将在下一小节讨论。

表 3.1.2　第二个例子的几个重要参数 ($f_0 = 1.98\text{GHz}$)

w_1/mm	$\|M_{12}(f_0)\|$	$\|\alpha_2(f_0)\| / \|\alpha_1(f_0)\|$	$\sqrt{-\lambda_1(f_0)/\lambda_2(f_0)}$	$Q(f_0)$
0	0	$+\infty$	0.23	32.7
2	0.011	2.25	0.29	24.3
7	0.017	0.89	0.24	9.2
14	0.021	0.54	0.05	17.1

3. 总结和讨论

我们可以通过改变天线结构来控制 $|M_{12}(f_0)|$，实际上，在上面两个例子中，我们是分别通过改变寄生单元和开槽的尺寸来实现控制的。表 3.1.1 和表 3.1.2 均显示：随着 $|M_{12}(f_0)|$ 增加，$Q(f_0)$ 先减小后增大，这证实了我们最初关于 $|M_{12}(f_0)|$ 和 $Q(f_0)$ 关系的推论 (图 3.1.5)。

在优化过程中，由于我们没有改动馈电位置，所以 $Q(f_0)$ 和 $|\alpha_2(f_0)| / |\alpha_1(f_0)|$ 的变化都可以看成是 $|M_{12}(f_0)|$ 变化的结果。当增大 $|M_{12}(f_0)|$ 时，$|\alpha_2(f_0)| / |\alpha_1(f_0)|$ 保持增大 (第一个天线) 或减小 (第二个天线)，这表明：当 CM1 和 CM2 之间的耦合强度发生改变时，馈源和这两个模式间的耦合也会随之改变。

此外，从表 3.1.1 和表 3.1.2 还可以发现，第一个天线满足式 (3.1.16)，而第二个天线不满足。这是因为第二个天线包含一个有损耗的 FR4 基板，我们推测式 (3.1.16) 对于包含有耗材料的天线并不适用。然而，正如之前讨论过的，式 (3.1.8) 和式 (3.1.15) 仍然适用于有耗天线，而且 $|\alpha_2(f_0)| / |\alpha_1(f_0)|$ 可以被 $|M_{12}(f_0)|$ 调节，不管天线是否有耗。因此，这里所提出的优化方法对于有耗天线依然有效，唯一不同的是当 Q 达到最小值时，$|\alpha_2(f_0)| / |\alpha_1(f_0)|$ 可能并不等于 $\sqrt{-\lambda_1(f_0)/\lambda_2(f_0)}$，第二个天线例子已经清楚表明了这一点。

耦合理论以及相应的优化方法有两个优点：一是提供了一种通过调节模际耦合来拓展带宽的统一方法；二是相比于传统方法，这种优化方法能节省仿真时间。

3.2　特征模式耦合理论——基于电路观点

与上一节基于储存能量计算模式耦合不同，本节基于等效电路提出一种计算微带天线耦合的通用方法。我们发现开路/短路寄生贴片的耦合效应可以用 J/K 变换器分别表示，同传统微波电路不同的是，这些 J/K 变换器具有复数且频变的值。我们通过三款不同的微带天线为例子对此进行了说明。一旦成功提取出 J/K 变换器的值，这些微带天线的等效电路就可以用一种统一的方式建立起来。通过这些 J/K 变换器，可以看出耦合如何影响带宽。此外，通过与传统模式耦合计算方法相比较，我们讨论了所提方法的优势。由于特征模式存在辐射，表示特征模式耦合的等效电路需要采用具有复数值的 J/K 变换器。

3.2.1　微带天线耦合的计算及其电路表示

图 3.2.1 展示了一款微带天线，它包含两块耦合贴片，图中馈电点/短路点的位置可以任意选择。

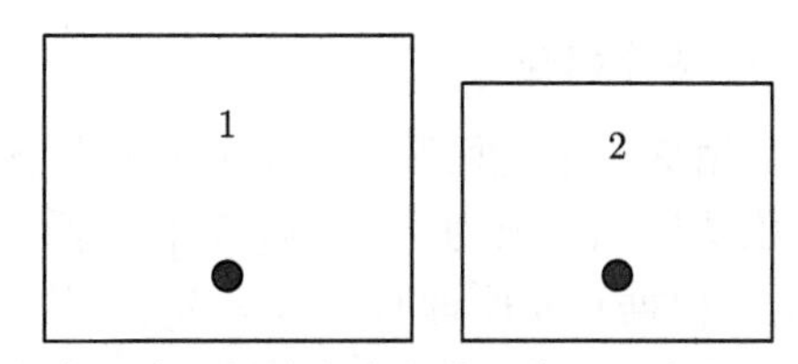

图 3.2.1 包含两块互耦贴片的微带天线，黑点表示馈电/短路点

1. 利用 J 变换器表征开路贴片耦合

现在考虑第一种方案。第一块贴片通过探针馈电，第二块贴片作为寄生贴片并保持开路状态 (无任何探针)。

假设两个贴片均由电流源馈电，记为 $I=[I_1,I_2]^{\mathrm{T}}$。由于第二块贴片是寄生单元，因此有 $I_2=0$。记两块贴片的自导纳为 Y_{11} 和 Y_{22}，它们的互导纳为 Y_{12} 和 Y_{21}，根据互易原理有 $Y_{12}=Y_{21}$，从而有 [20]

$$Y_{11}V_1+Y_{12}V_2=I_1 \tag{3.2.1a}$$

$$Y_{21}V_1+Y_{22}V_2=I_2=0 \tag{3.2.1b}$$

这里 $V=[V_1,V_2]^{\mathrm{T}}$ 表示端口电压。

第一块贴片的驱动导纳定义如下 [20]：

$$Y_{d1}=\frac{I_1}{V_1} \tag{3.2.2}$$

由式 (3.2.1) 和式 (3.2.2), 互耦导纳为

$$Y_{12}=\pm\sqrt{(Y_{11}-Y_{d1})\,Y_{22}} \tag{3.2.3}$$

特别地，

$$Y_{d1}=Y_{11}-\frac{Y_{12}^2}{Y_{22}} \tag{3.2.4}$$

令 $J_{12}=jY_{12}$，则

$$Y_{d1}=Y_{11}+\frac{J_{12}^2}{Y_{22}} \tag{3.2.5}$$

从式 (3.2.5) 我们可以清楚地看出两块贴片的耦合可以用 J 变换器来表示。由这两块耦合贴片构成的天线的等效电路如图 3.2.2 所示。

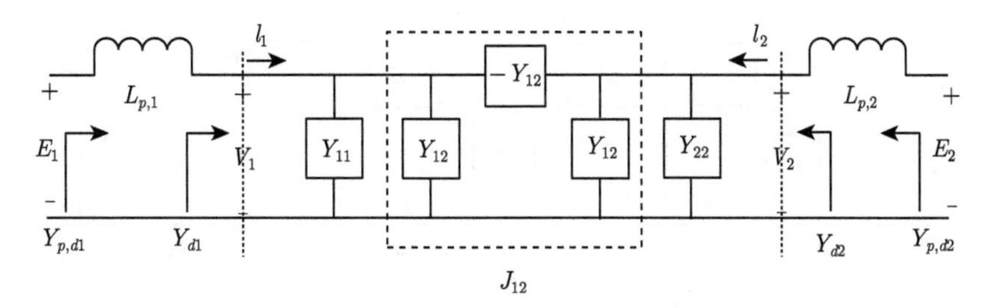

图 3.2.2 包含 J 变换器的等效电路

2. 利用 K 变换器表征短路贴片耦合

第二种方案是第一块贴片用探针馈电而第二块贴片用探针短路后作为寄生单元。

假设两块贴片均采用电压源馈电，记为 $V=[V_1,V_2]^{\mathrm{T}}$。两块贴片的自阻抗记为 Z_{11} 和 Z_{22}，互阻抗记为 Z_{12} 和 Z_{21}，根据互易原理有 $Z_{12}=Z_{21}$；从而有 [20]

$$Z_{11}I_1+Z_{12}I_2=V_1 \tag{3.2.6a}$$

$$Z_{21}I_1+Z_{22}I_2=V_2 \tag{3.2.6b}$$

这里 $I=[I_1,I_2]^{\mathrm{T}}$ 表示端口电流。

由于第二块贴片是短路的，因此有 $E_2=0$，则有

$$V_2=E_2-\mathrm{j}\omega L_{p,2}I_2=-\mathrm{j}\omega L_{p,2}I_2 \tag{3.2.7}$$

将式 (3.2.7) 代入式 (3.2.6b) 得到

$$Z_{21}I_1+\left(Z_{22}+\mathrm{j}\omega L_{p,2}\right)I_2=0 \tag{3.2.8}$$

第一块贴片的驱动阻抗定义如下 [20]：

$$Z_{d1}=\frac{V_1}{I_1} \tag{3.2.9}$$

从式 (3.2.6a)、式 (3.2.8) 和式 (3.2.9) 得到互阻抗为

$$Z_{12}=\pm\sqrt{\left(Z_{11}-Z_{d1}\right)Z_{p,22}} \tag{3.2.10}$$

其中，$Z_{p,22}=Z_{22}+\mathrm{j}\omega L_{p,2}$。

特别地，

$$Z_{d1}=Z_{11}-\frac{Z_{12}^2}{Z_{p,22}} \tag{3.2.11}$$

令 $K_{12}=\mathrm{j}Z_{12}$，则有

$$Z_{d1}=Z_{11}+\frac{K_{12}^2}{Z_{p,22}} \tag{3.2.12}$$

从式 (3.2.12) 我们可以清楚地看出两个贴片的耦合可以用 K 变换器来表示。由这两块耦合贴片构成的天线的等效电路如图 3.2.3 所示。

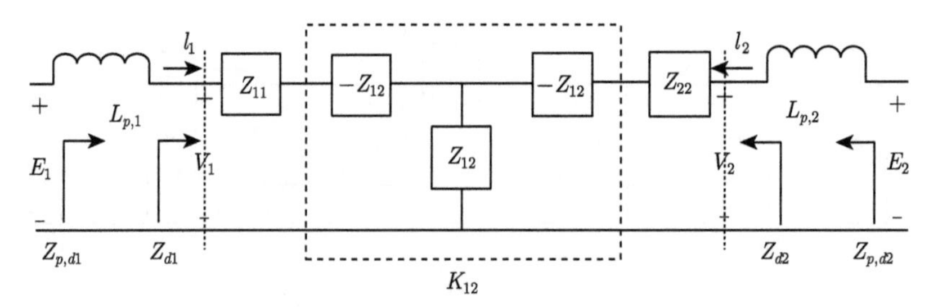

图 3.2.3　包含 K 变换器的等效电路

3. J/K 变换器的提取

通常来说，微带天线可以通过探针或微带线馈电。这里我们以探针为例讨论如何提取 Y_{d1}/Z_{d1} 和 $Y_{11/22}/Z_{11/22}$。此时所有通过仿真得到的导纳/阻抗 ($Y_{p,d1}/Z_{p,d1}$ 和 $Y_{p,11/22}/Z_{p,11/22}$) 都包含馈电探针的影响。

如图 3.2.2 所示，$Y_{p,d1}$，$Y_{p,11/22}$ 和 Y_{d1}，$Y_{11/22}$ 的关系为

$$Y_{d1}=1/\left(\frac{1}{Y_{p,d1}}-\mathrm{j}\omega L_{p,1}\right) \tag{3.2.13a}$$

$$Y_{11/22}=1/\left(\frac{1}{Y_{p,11/22}}-\mathrm{j}\omega L_{p,1/2}\right) \tag{3.2.13b}$$

$$L_{p,1/2}\approx\frac{\mu_0 h}{2\pi}\left[\ln\left(\frac{2}{kp}\right)-\gamma\right] \tag{3.2.13c}$$

其中，$L_{p,1/2}$ 是探针电感 [19]，p 是探针半径，ω 是角频率，h 是介质基板厚度，$k=k_0\sqrt{\varepsilon_r}$ 是波数，$\gamma=0.57721$ 是欧拉常数。

将式 (3.2.13a) 和式 (3.2.13b) 代入式 (3.2.3) 即可以得到 Y_{12}。

如图 3.2.3 所示，$Z_{p,d1}$ 和 Z_{d1}，$Z_{11/22}$ 和 $Z_{p,11/22}$ 的关系为

$$Z_{d1}=Z_{p,d1}-\mathrm{j}\omega L_{p,1} \tag{3.2.14a}$$

$$Z_{11/22}=Z_{p,11/22}-\mathrm{j}\omega L_{p,1/2} \tag{3.2.14b}$$

将式 (3.2.14) 代入式 (3.2.10) 即可以得到 Z_{12}。

虽然这里只考虑探针馈电的情况，我们的耦合计算方法仍然可以适用于其他馈电方式，如微带馈电。这是由于式 (3.2.1) 和式 (3.2.6) 与具体馈电方式无关，只有式 (3.2.13) 和式 (3.2.14) 需要根据具体馈电方式作出相应改变。

注意在式 (3.2.3) 和式 (3.2.10) 中, Y_{12} 和 Z_{12} 的符号未定。幸运的是，由式 (3.2.4) 和式 (3.2.11) 可以发现它们的符号对驱动导纳/阻抗的值并没有影响。但是即使这样，仍然应该确保 Y_{12} 和 Z_{12} 的值随频率变化的连续性。

4. 电容/电感耦合和电导/电阻耦合

如果令

$$Y_{12}=G_{12,\mathrm{J}}+\mathrm{j}\omega C_{12,\mathrm{J}}=1/\left(R_{12,\mathrm{J}}+\mathrm{j}\omega L_{12,\mathrm{J}}\right) \tag{3.2.15a}$$

$$Z_{12}=R_{12,\mathrm{K}}+\mathrm{j}\omega L_{12,\mathrm{K}}=1/\left(G_{12,\mathrm{K}}+\mathrm{j}\omega C_{12,\mathrm{K}}\right) \tag{3.2.15b}$$

则 J/K 变换器的等效电路可以是图 3.2.4 中的两种形式 (GC 等效电路和 RL 等效电路) 中的任意一种，这可以通过比较这两个电路的网络传输矩阵来证明 [22]。为了统一起见，在本章中，J 变换器采用 GC 等效电路，K 变换器采用 RL 等效电路。

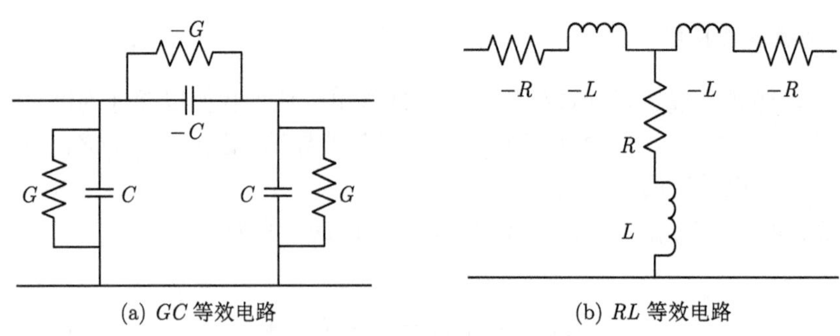

(a) GC 等效电路　　(b) RL 等效电路

图 3.2.4　J 和 K 变换器的两种等效电路

一般来说，Y_{12}/Z_{12} 具有复数值，且随频率变化，因此相应的导纳/阻抗变换器 $\mathrm{J}_{12}/\mathrm{K}_{12}$ 也应该如此。这与刻画滤波器不同谐振器之间耦合的情况不同，传统上导纳/阻抗变换器总是具有实数值，因为滤波器无须考虑辐射 [1-3]。复数值意味着对于天线来说，不仅需要考虑电容/电感耦合，还要需考虑电导/电阻耦合。

5. 利用 J/K 变换器建立等效电路的优点

请注意本书中 Y_{ij}/Z_{ij} 与传统网络导纳/阻抗矩阵 [22] 的区别。众所周知，对于传统网络导纳/阻抗矩阵，Y_{ij}/Z_{ij} 随着天线耦合单元的增加或减少而改变，这是因为两个天线间的耦合与其表面电流分布密切相关，引入第三个天线势必会改变原来两个天线上的电流分布。相反地，本书中 Y_{ij}/Z_{ij} 保持不变是因为它们只与两个耦合单元 (移除其他耦合单元) 有关。因此，当添加新的耦合单元或移除已有的耦合单元时，我们只需在原有的等效电路上添加新的或移除已有的自导纳/自阻抗以及 J/K 变换器。这个良好的性质为建立等效电路带来很多方便。

利用包含 J/K 变换器的等效电路，可以考察每个 J/K 变换器对天线带宽的影响，从而我们可以更深入地理解耦合机理。此外，我们认为使用 J/K 变换器是一种普适的刻画耦合的方法，它可以很容易地应用于各种具有不同耦合方式的微带天线，这将在下面的讨论中得到展现。

需要指出的是，虽然我们只讨论了微带天线，J/K 变换器还可以应用于其他类型的天线，如八木天线，其不同振子间的耦合就可以用 K 变换器表示，这是因为引向振子和反射振子都可以看成是短路的。

3.2.2　三款不同的微带天线

1. 耦合贴片在相同层

图 3.2.5 展示了一款包含 3 块互相耦合贴片的天线，这 3 块贴片具有相同的宽度和不同的长度，并且位于同一层上 [23-24]。介质基板高度为 3.18mm，相对介电常数 ε_r 为 2.55，损耗角正切为 0.001。为了简便起见，在 FEKO 软件中将地板设置为无穷大，其他两款天线的地板也如此设置。

单个贴片的自导纳/自阻抗分别在 $A/B/C$ 点馈电得到，仿真计算其中一块贴片的自导纳/自阻抗时应移除其他两块贴片。为了提取前两块贴片的互导纳 Y_{12}，需要先移除第三块贴片，仿真得到前两块贴片的驱动导纳和各自的自导纳后，根据式 (3.2.13) 和式 (3.2.3) 计

算得到 Y_{12}。接下来，将前两块贴片看作是一个整体, 仿真得到其驱动阻抗后看作是这个整体的自阻抗，再仿真得到整个天线的驱动阻抗和第三块贴片的自阻抗，最后根据式 (3.2.14) 和式 (3.2.10) 计算前两块贴片与第三块贴片之间的互阻抗 $Z_{12,3}$。计算结果由图 3.2.6 给出, 从中可见 Y_{12} 和 $Z_{12,3}$ 是频变的。此外，还可以看出 $C_{12} = B_{12}/\omega$ 的符号不随频率变化，相反地，$L_{12,3} = X_{12,3}/\omega$ 的符号随频率变化。

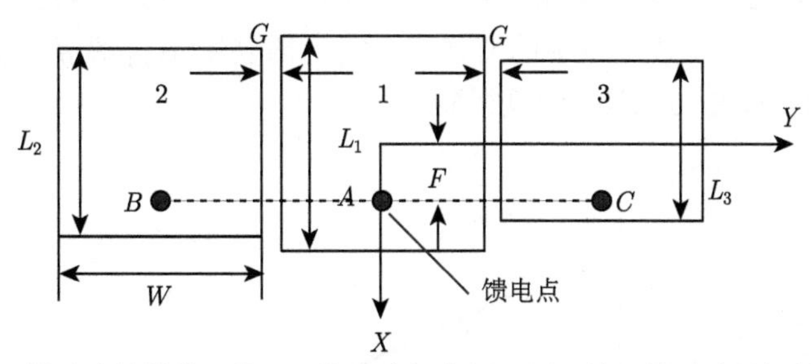

图 3.2.5 包含 3 块互耦贴片的微带天线，3 块贴片都在同一层，第一块贴片用探针馈电，第二块贴片开路，第三块贴片通过探针短路。$W = 30\text{mm}$，$G = 0.5\text{mm}$，$L_1 = 30\text{mm}$，$L_2 = 27.5\text{mm}$，$L_3 = 26.5\text{mm}$，$F = 8\text{mm}$

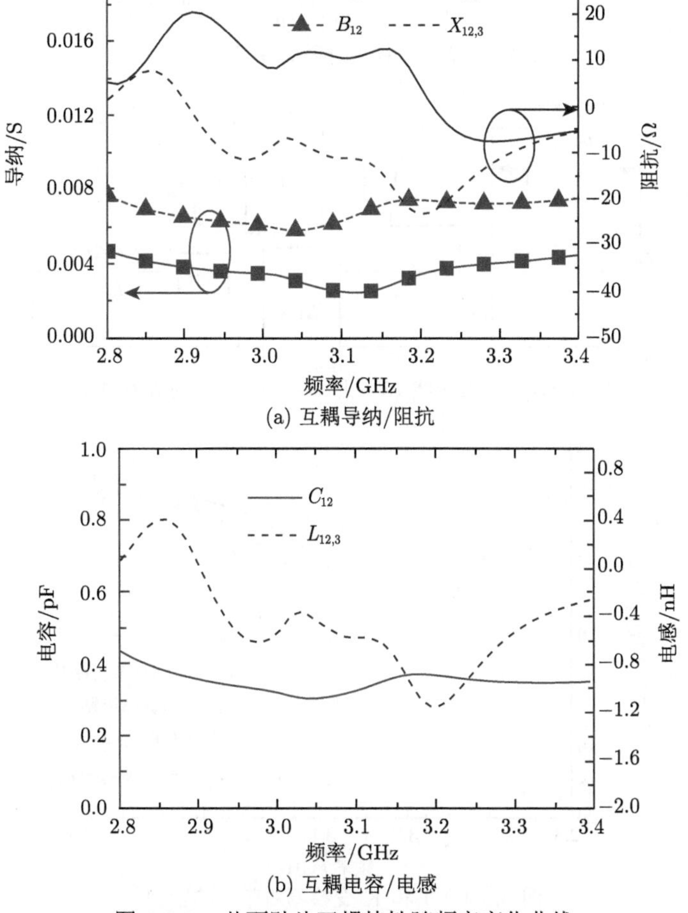

(a) 互耦导纳/阻抗

(b) 互耦电容/电感

图 3.2.6 共面贴片互耦特性随频率变化曲线

图 3.2.7 给出了由式 (3.2.13c) 计算得到的探针电感，可以看出，探针电感是频变的，在 2nH 附近变化，图 3.2.8 给出了天线总的等效电路。图 3.2.9 展示了 J 和 K 变换器对带宽的影响，可以看出，若移去变换器 $K_{12,3}$ 和自阻抗 $Z_{p,33}$，−10dB 带宽变化很小。但若移去变换器 J_{12} 和自导纳 Y_{22}，将会使带宽变窄。因此，第三块短路贴片的作用可以忽略，主要是因为第二块开路贴片的耦合导致天线带宽增加。我们推测这可能就是很多文献采用开路贴片而不是短路贴片做寄生单元来拓展带宽的原因 [23-24]。注意当我们移走变换器 J_{12} 和自导纳 Y_{22} 后，图 3.2.9 等效电路中的变换器 $K_{12,3}$ 需要用 K_{13} 替换掉，后者的取值可以继续根据式 (3.2.14) 和式 (3.2.10) 计算得到。

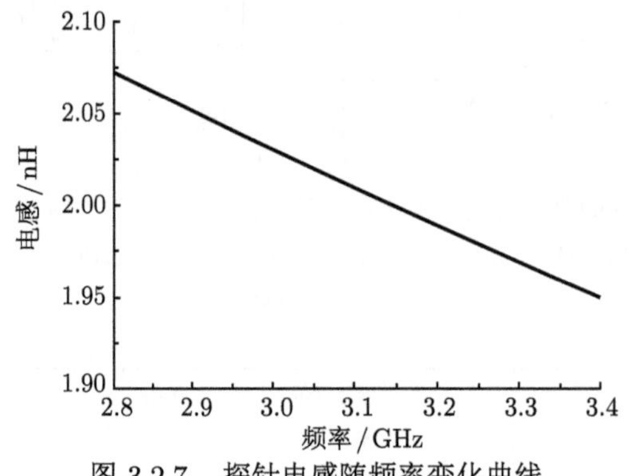

图 3.2.7　探针电感随频率变化曲线

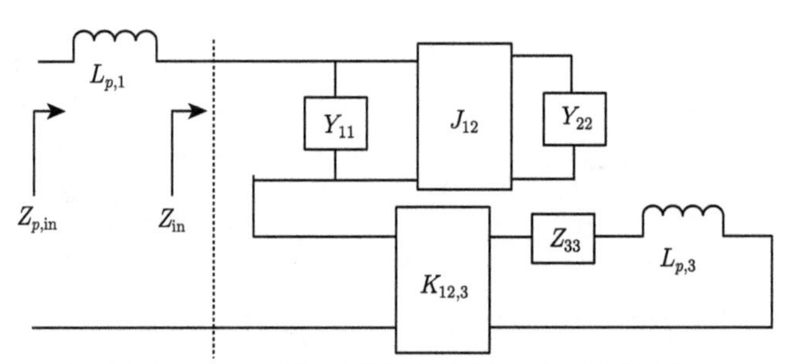

图 3.2.8　微带天线 (3 块贴片在同一层) 的等效电路

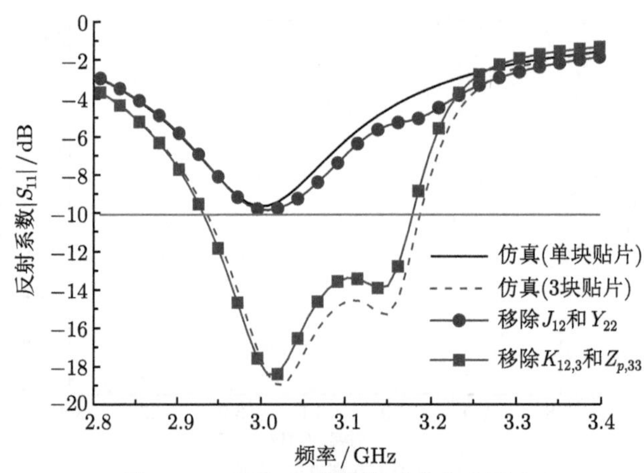

图 3.2.9　J 和 K 变换器对带宽的影响

2. 耦合贴片在不同层

图 3.2.10 展示了另一款天线，它的 3 个互耦贴片在不同的层上 [25]。介质基板的相对介电常数是 4.4，损耗角正切是 0.02。由于第二块和第三块贴片可以看成是开路的，所以需要采用 J 变换器来表示耦合。

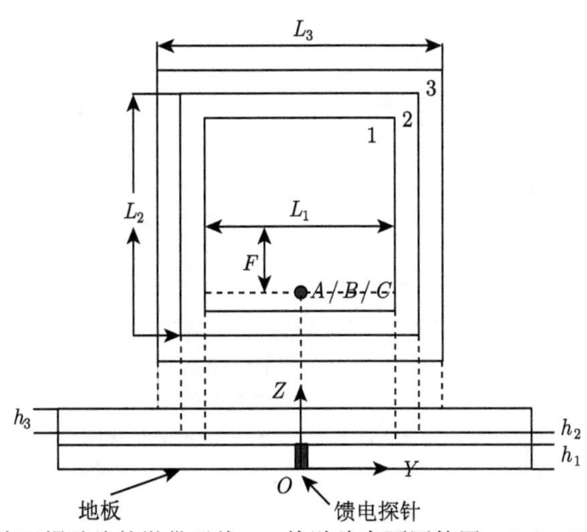

图 3.2.10 含有 3 块互耦贴片的微带天线，3 块贴片在不同的层，$L_1 = 33.5\text{mm}$，$L_2 = 34\text{mm}$，$L_3 = 34.5\text{mm}$，$h_1 = h_3 = 1.6\text{mm}$，$h_2 = 0.8\text{mm}$

3 块贴片的自导纳由仿真得到，它们的馈电点分别是在 $A(0, 0, h_1)$, $B(0, 0, h_1 + h_2)$ 和 $C(0, 0, h_1 + h_2 + h_3)$ 处。注意：当仿真计算其中一块贴片的自导纳时，其他两块贴片必须移除。图 3.2.11 展示了 3 块贴片分别馈电时探针的电感，可以看出，第三块贴片馈电时探针的电感最大，因为最长。

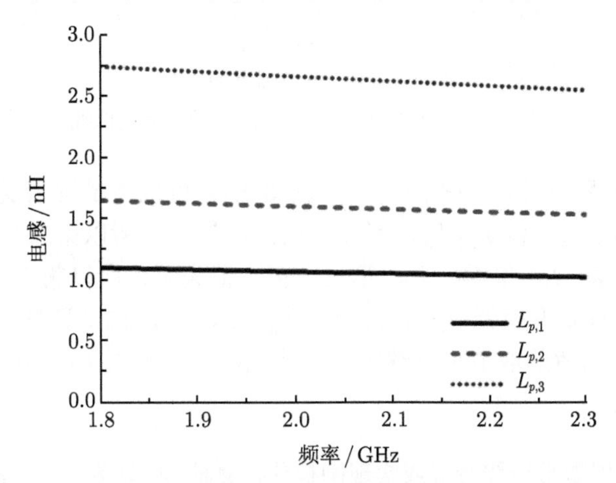

图 3.2.11 激励 3 块不同贴片的探针电感

移除第三块贴片后，我们根据式 (3.2.3) 计算前两块贴片的互导纳, 然后将前两块贴片看作是一个整体，计算其与第三块贴片之间的互导纳，计算结果如图 3.2.12 所示。通过比较图 3.2.12 和图 3.2.6 发现, 相比于同一层的情况，贴片分布在不同层时，互导纳随频率变动的幅度较大。

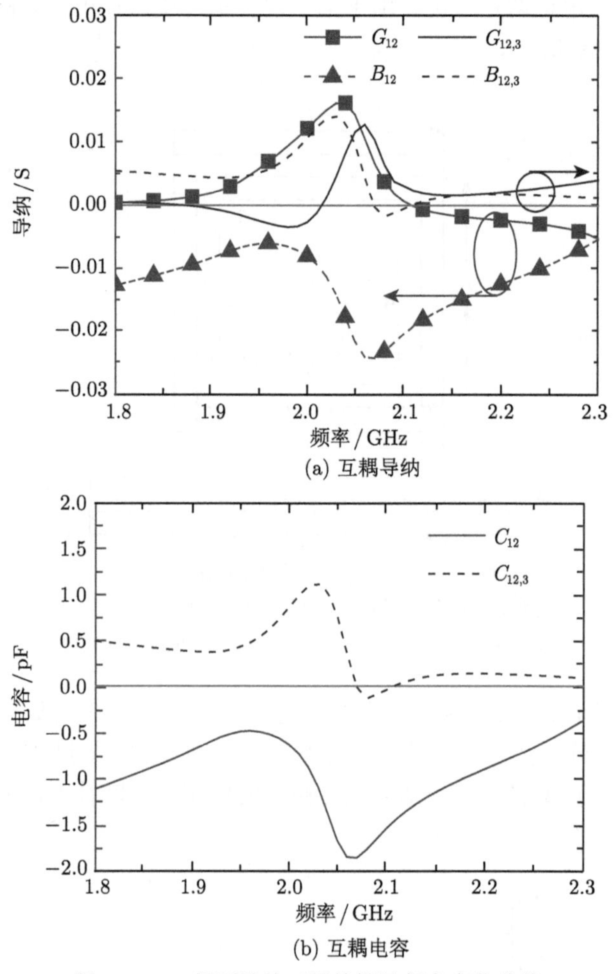

(a) 互耦导纳

(b) 互耦电容

图 3.2.12　异面贴片互耦特性随频率变化曲线

天线总的等效电路如图 3.2.13 所示。从图 3.2.14 可以清楚看到反射系数曲线有 3 个极点，当移除变换器 $J_{12,3}$ 和 Y_{33} 后，第二个极点消失了，所以第二个极点是 $J_{12,3}$ 和 Y_{33} 带来的；当移除变换器 J_{12} 和 Y_{22} 后，第三个极点消失了，所以第三个极点是 J_{12} 和 Y_{22} 带来的。注意当我们移走变换器 J_{12} 和自导纳 Y_{22} 后，图 3.2.13 等效电路中的变换器 $J_{12,3}$ 需要用 J_{13} 替换掉，后者的取值可以继续根据式 (3.2.13) 和式 (3.2.3) 计算得到。

3. 只有一块贴片

微扰法常用来拓展微带天线带宽或实现圆极化，文献 [4] 认为，微扰法实际上是在贴片上的 $X-$ 方向和 $Y-$ 方向电流之间引入了耦合。这里我们考虑一款经典的切角正方形贴片天线，如图 3.2.15 所示。介质基板厚度为 1.6mm，相对介电常数 ε_r 是 4.4，损耗角正切是 0.02。

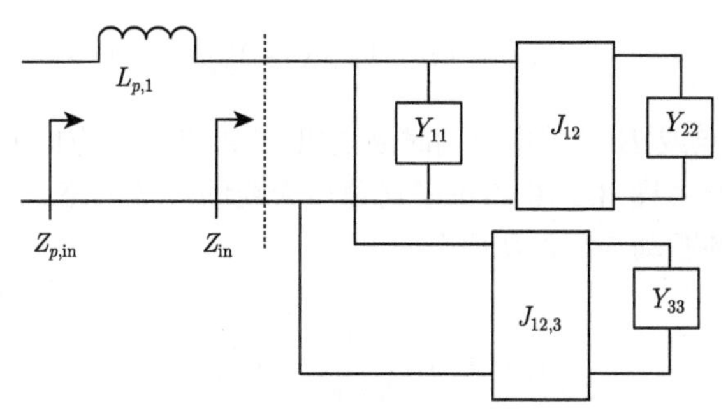

图 3.2.13 微带天线的等效电路 (3 块贴片在不同层)

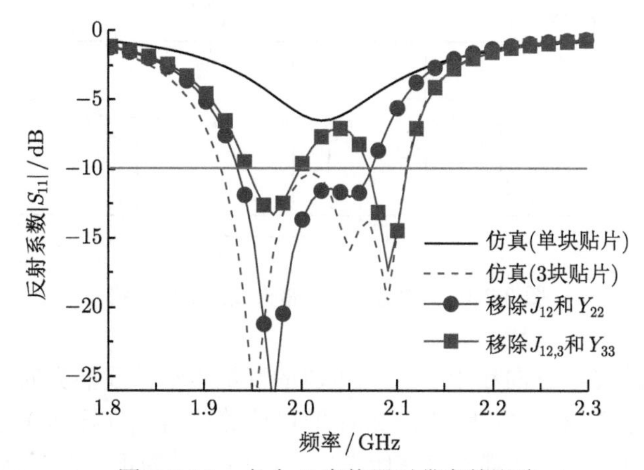

图 3.2.14 各个 J 变换器对带宽的影响

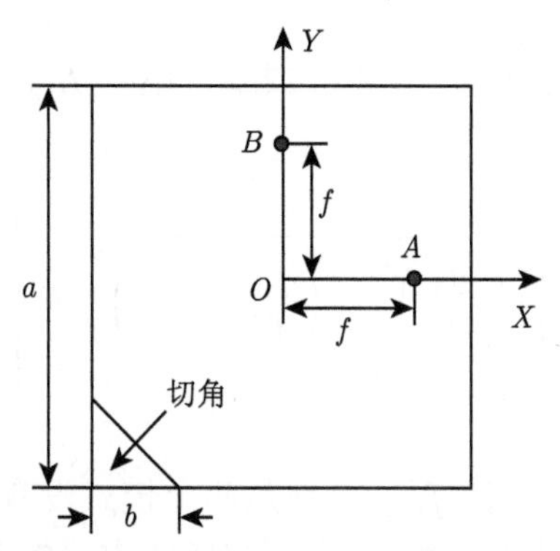

图 3.2.15 切角后的方形微带天线

$a = 36\text{mm}$，$b = 9\text{mm}$，$f = 13\text{mm}$

切角之前，当我们在 A 点馈电并保持 B 点开路时, 只有 $X-$ 方向的电流被激励出来。相应地，当我们在 B 点馈电并保持 A 点开路时, 则只有 $Y-$ 方向的电流被激励出来。记 $Y_{p,AA/BB}$ 和 $Y_{AA/BB}$ 分别是有无考虑探针电感时的自导纳，从而有

$$Y_{p,AA/BB} = 1/\left(\frac{1}{Y_{AA/BB}} + \text{j}\omega L_p\right) \tag{3.2.16a}$$

$$Y_{AA}=Y_{BB},Y_{p,AA}=Y_{p,BB} \tag{3.2.16b}$$

切角之后，在 A 点或 B 点馈电将同时激励出 $X-$ 和 $Y-$ 方向的电流，因为此时这两个方向的电流互相耦合。图 3.2.16 给出了切角后天线的等效电路。记 $Y_{p,\mathrm{in}}$ 和 Y_{in} 分别是有无考虑探针电感时的驱动导纳，从而有

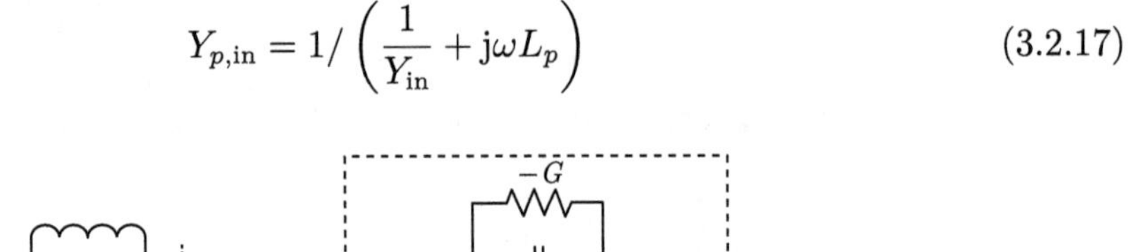

$$Y_{p,\mathrm{in}}=1/\left(\frac{1}{Y_{\mathrm{in}}}+\mathrm{j}\omega L_p\right) \tag{3.2.17}$$

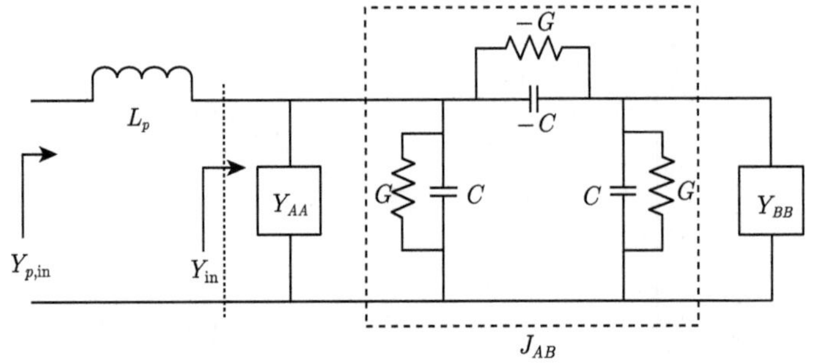

图 3.2.16　切角方形微带天线的等效电路

为了得到切角后 $X-$ 方向和 $Y-$ 方向电流的互耦导纳，我们先通过仿真得到 $Y_{p,\mathrm{in}}$ 和 $Y_{p,AA/BB}$，然后根据式 (3.2.17) 和式 (3.2.3) 即可计算获得互耦导纳 $Y_{AB}=\mathrm{j}J_{AB}$。结果由图 3.2.17 给出，可以发现，互耦电容在所考虑频段内一直为正，但互耦电导会改变符号。

3.2.3　利用特征模式计算微带天线耦合

谐振器两个非辐射模式的耦合电容 C_{12} 或耦合电感 L_{12} 是一个非频变的常数值，由下式计算 [3]：

$$k=\frac{1}{2}\left(\frac{f_{02}}{f_{01}}+\frac{f_{01}}{f_{02}}\right)\sqrt{\left(\frac{f_2^2-f_1^2}{f_2^2+f_1^2}\right)^2-\left(\frac{f_{02}^2-f_{01}^2}{f_{02}^2+f_{01}^2}\right)^2}=\begin{cases}\dfrac{C_{12}}{\sqrt{C_{01}C_{02}}}, & \text{电容耦合}\\ \dfrac{L_{12}}{\sqrt{L_{01}L_{02}}}, & \text{电感耦合}\end{cases} \tag{3.2.18}$$

其中，k 表示耦合系数，$f_{01/02}$ 和 $f_{1/2}$ 分别是两个模式没有耦合和有耦合时的谐振频率，$C_{01/02}$ 和 $L_{01/02}$ 是没有耦合时两个模式的等效 RLC 电路的电容和电感。

传统上，谐振器的模式被认为是没有辐射的，但贴片天线的 TM 模式是有辐射的。对于一块形状不规则的贴片，很难计算其 TM 模式的谐振频率。这对于具有两块或更多块耦合贴片的天线来说更是如此。幸运的是，采用特征模式代替 TM 模式可以避免这个问题。基于矩量法，计算特征模式的谐振频率和电流分布非常简单。

图 3.2.18 展示了未切角贴片天线 (图 3.2.15) 前两个特征模式的电流分布。CM1 具有 $X-$ 方向的电流，CM2 具有 $Y-$ 方向的电流，这两个模式构成一对简并模，谐振频率均为 1.955GHz。

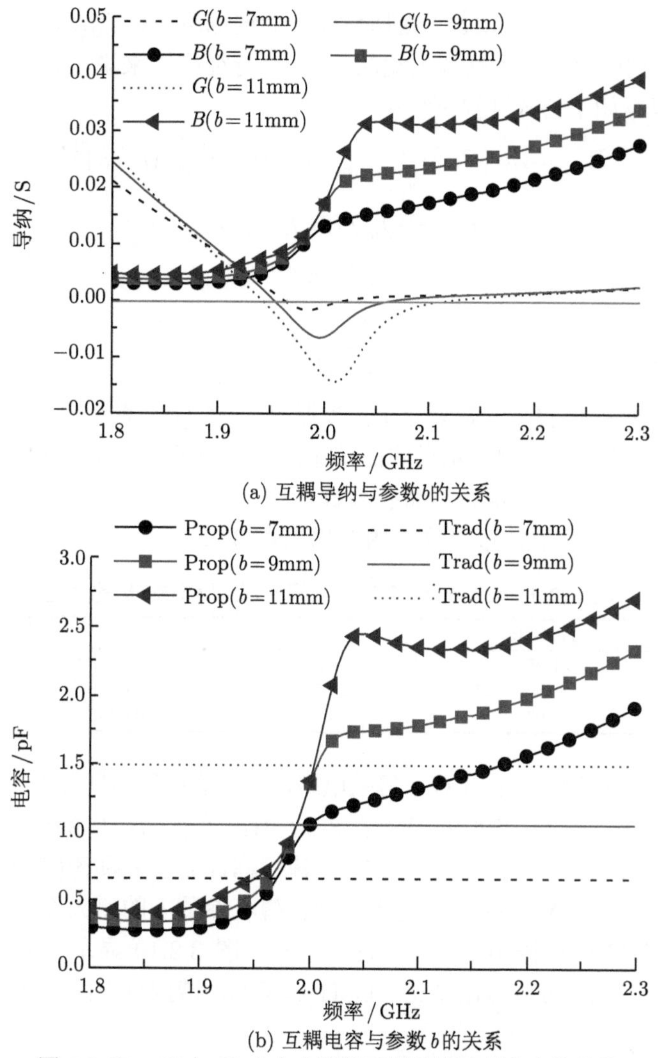

(a) 互耦导纳与参数b的关系

(b) 互耦电容与参数b的关系

图 3.2.17 X-与 Y-方向电流的互耦特性随频率变化曲线

Prop—本节所提方法；Trad—基于特征模式的传统方法

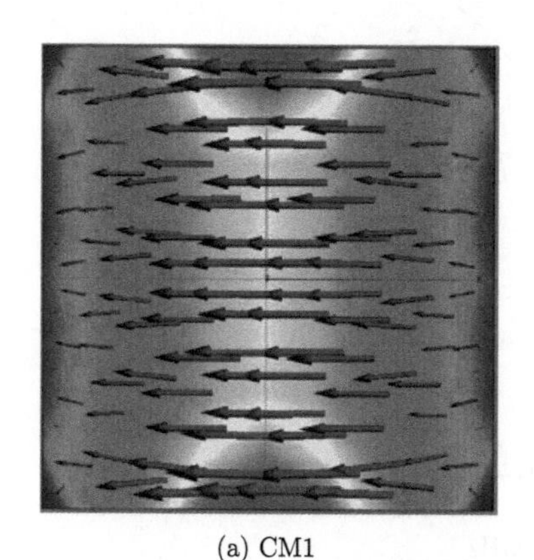

(a) CM1

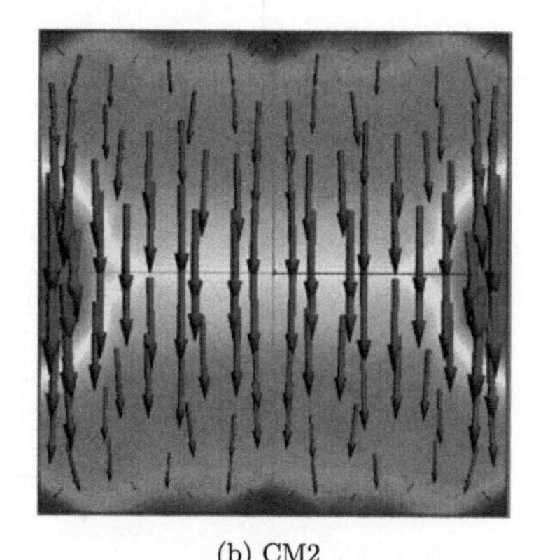

(b) CM2

图 3.2.18 初始方形微带天线 (未切角) 前两个模式的电流分布

记 $f_{01/02}$ 和 $f_{1/2}$ 分别是 CM1/2 在切角前后的谐振频率，$C_{01/02}$ 是切角前 CM1/2 等效并联 RLC 电路的电容。对于贴片天线的第 m 个特征模式来说，其并联 RLC 电路各个元件的数值可以根据如下公式计算 [26]：

$$R_m = \text{Re}\left\{Z_m\right\}\big|_{f=f_{\text{res},m}} = \text{Re}\left\{-\left(E_m^z\left(r_0\right)h\right)^2\right\} \tag{3.2.19a}$$

$$C_m = Q_m/\left(2\pi f_{\text{res},m} R_m\right) \tag{3.2.19b}$$

$$L_m = R_m/\left(2\pi f_{\text{res},m} Q_m\right) \tag{3.2.19c}$$

$$Q_m = \frac{f}{2}\frac{\mathrm{d}\lambda_m}{\mathrm{d}f}\bigg|_{f=f_{\text{res},m}} \tag{3.2.19d}$$

其中，r_0 表示馈电点的位置，h 表示介质基板厚度，$E_m^z\left(r_0\right)$ 表示第 m 个特征模式在馈电点处的电场，$f_{\text{res},m}$ 和 λ_m 分别表示模式的谐振频率和特征值，R_m，C_m，L_m 和 Q_m 分别表示等效电路的电阻、电容、电感和品质因数。

CM1 和 CM2 之间的耦合随参数 b 的变化见表 3.2.1。

表 3.2.1　CM1 和 CM2 之间的耦合随参数 b 的变化

b/mm	f_1/GHz	f_2/GHz	k	C_{12}/pF
7	1.95	2.015	0.0328	0.66
9	1.945	2.05	0.0525	1.06
11	1.94	2.09	0.0743	1.49

由于本章中 J 变换器统一采用 GC 等效电路，所以这里我们只考虑耦合电容。经过仿真和计算后，我们有 $C_{01} = C_{02} = 20.11\text{pF}$，表 3.2.1 给出了 f_1, f_2, k 和 C_{12} 的值。从图 3.2.17 可以发现，CM1/2 的耦合电容和 $X/Y-$ 方向电流的耦合电容在频率 $\left(f_1 + f_2\right)/2$ 附近相等。

由图 3.2.17 还可见，$X/Y-$ 方向电流的耦合随着参数 b 的增大而变强。同时，表 3.2.1 也显示 CM1 和 CM2 的谐振频率距离变远。另外，图 3.2.19 显示反射系数曲线的两个极点也是如此变化。因此，可以得出结论，CM1 和 CM2 谐振频率的距离以及天线带宽都可以通过耦合控制。

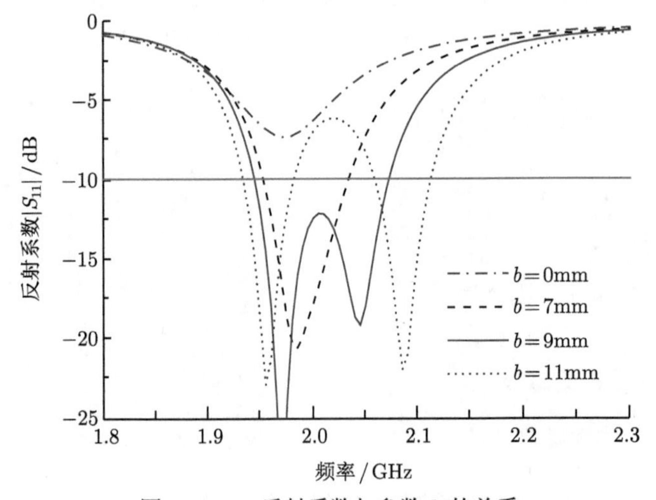

图 3.2.19　反射系数与参数 b 的关系

我们还可以计算图 3.2.5 中两块开路贴片的耦合系数。此时在式 (3.2.18) 中，$f_{01/02}$ 表示两块贴片各自第一个 CM 的谐振频率，而 $f_{1/2}$ 表示将两块贴片视为一个整体后其前两个 CM 的谐振频率。注意相关模式均具有 $X-$ 方向的电流。

图 3.2.20 和图 3.2.21 分别展示了两块开路贴片的互耦导纳与参数 G 以及 L_2 的关系，可以看出，在带宽 2.93~3.18 GHz 内，互耦导纳随 G 的变化远小于随 L_2 的变化, 特别是其实部 (互耦电导)。然而，这一点从传统方法的计算结果中看不出来。此外，表 3.2.2 和表 3.2.3 表明, G 不影响 f_{01} 或 f_{02}，但是，L_2 会影响 f_{02}, 这个频点与反射系数曲线的高频极小点相联系。从图 3.2.21(a) 可以看出，所有的曲线均随着 L_2 的增加而向低频移动。以上讨论解释了为什么带宽主要受 L_2 控制而受 G 影响很小 (图 3.2.22)。

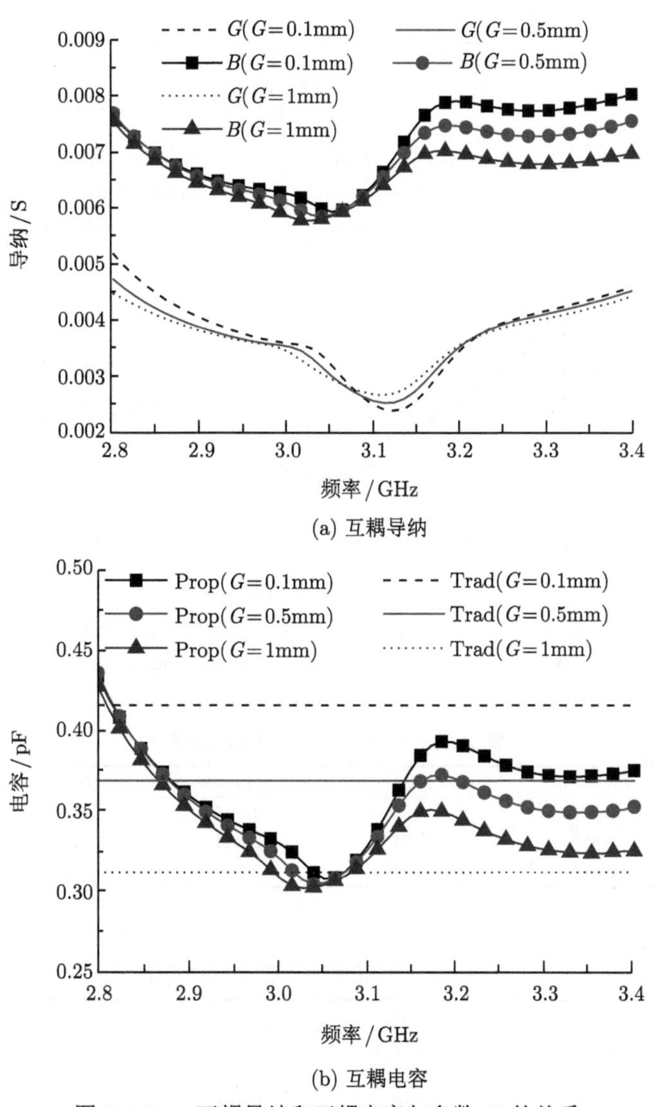

图 3.2.20 互耦导纳和互耦电容与参数 G 的关系

Prop—本节所提方法；Trad—基于特征模式的传统方法

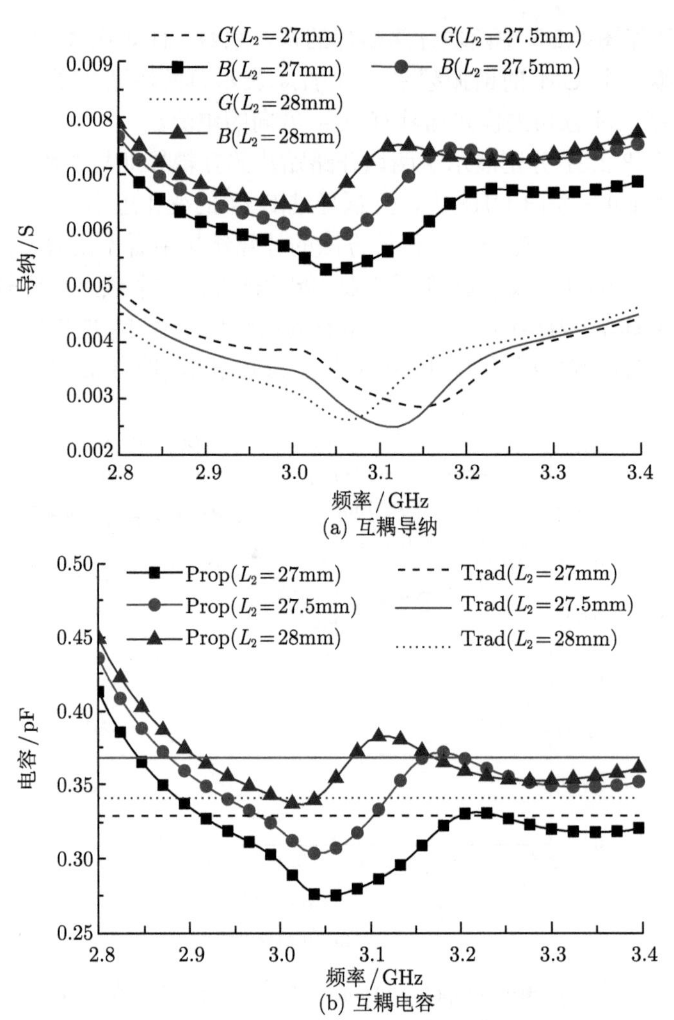

(a) 互耦导纳

(b) 互耦电容

图 3.2.21　互耦导纳和互耦电容与参数 L_2 的关系

Prop—本节所提方法；Trad—基于特征模式的传统方法

表 3.2.2　特征模耦合随 G 的变化

G/mm	f_{01}/GHz	f_{02}/GHz	f_1/GHz	f_2/GHz	C_{12}/pF
0.1	2.896	3.124	2.884	3.172	0.42
0.5	2.896	3.124	2.884	3.16	0.37
1	2.896	3.124	2.896	3.16	0.31

表 3.2.3　特征模耦合随 L_2 的变化

L_2/mm	f_{01}/GHz	f_{02}/GHz	f_1/GHz	f_2/GHz	C_{12}/pF
27	2.896	3.172	2.896	3.208	0.33
27.5	2.896	3.124	2.884	3.16	0.37
28	2.896	3.076	2.884	3.112	0.34

从上面的讨论可以看出，传统方法只能计算特征模式之间的互耦电容/电感，不能计算

互耦电导/电阻，且不如所提方法准确。特征模式存在辐射，与传统滤波器中的非辐射模式不同，特征模式耦合不能单纯由互耦电容/电感表征，还需要考虑互耦电导/电阻。

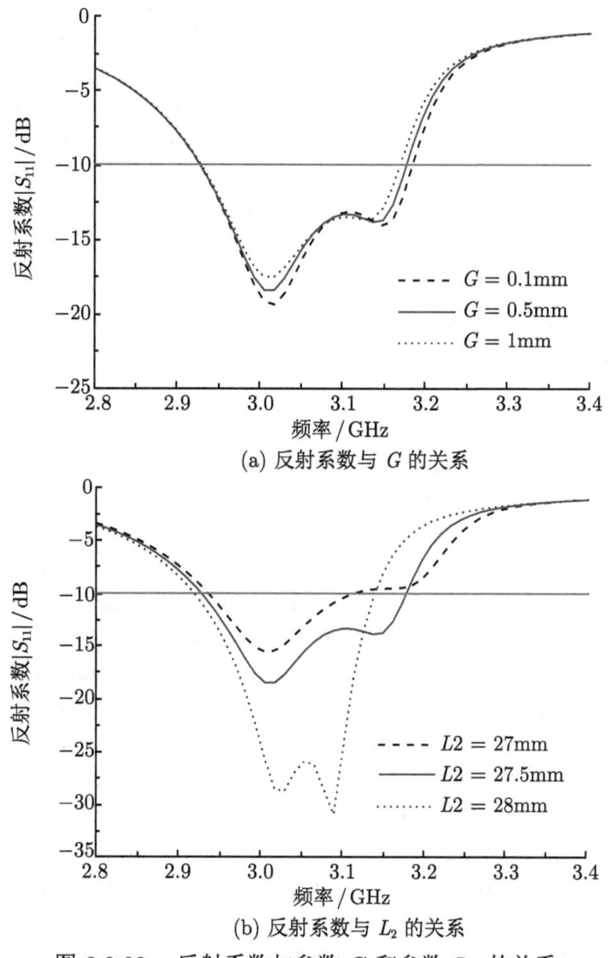

图 3.2.22 反射系数与参数 G 和参数 L_2 的关系

参 考 文 献

[1] WYNDRUM R W. Microwave filters, impedance-matching networks, and coupling structures[J]. Proceedings of the IEEE, 1965, 53(7): 766.

[2] CAMERON R J, KUDSIA C M, MANSOUR R R. Microwave Filters for Communication Systems[M]. New York: John Wiley & Sons, Inc., 2018.

[3] JIA S H. Wiley series in microwave and optical engineering[C]//Microstrip Filters for RF/Microwave Applications. New York: John Wiley & Sons, Inc., 2011: 636-639.

[4] CHANG K, LUNGHWA H. Wiley series in microwave and optical engineering[C]//Microwave Ring Circuits and Related Structures. New York: John Wiley & Sons, Inc., 2005: 366-368.

[5] LIN J F, CHU Q X. Extending bandwidth of antennas with coupling theory for characteristic modes[J]. IEEE Access, 2017, 5: 22262-22271.

[6] LIN J F, CHU Q X. Coupling theory for antennas based on characteristic modes[C]//2017 Sixth Asia-Pacific Conference on Antennas and Propagation (APCAP). IEEE, 2017: 1-3.

[7] LIN J F, CHU Q X. Accurately characterizing the coupling effects of patch antennas with complex- and frequency-dependent J/K inverters[J]. IEEE Transactions on Antennas and Propagation, 2019, 67(3): 1554-1561.

[8] VANDENBOSCH G A E. Reactive energies, impedance, and Q factor of radiating structures[J]. IEEE Transactions on Antennas and Propagation, 2010, 58(4): 1112-1127.

[9] GUSTAFSSON M, JONSSON B L G. Antenna Q and stored energy expressed in the fields, currents, and input impedance[J]. IEEE Transactions on Antennas and Propagation, 2015, 63(1): 240-249.

[10] SCHAB K R, OUTWATER J M, YOUNG M W, et al. Eigenvalue crossing avoidance in characteristic modes[J]. IEEE Transactions on Antennas and Propagation, 2016, 64(7): 2617-2627.

[11] INAGAKI N, GARBACZ R. Eigenfunctions of composite Hermitian operators with application to discrete and continuous radiating systems[J]. IEEE Transactions on Antennas and Propagation, 1982, 30(4): 571-575.

[12] CHU L J. Physical limitations of omni-directional antennas[J]. Journal of Applied Physics, 1948, 19(12): 1163-1175.

[13] YAGHJIAN A D, BEST S R. Impedance, bandwidth, and Q of antennas[J]. IEEE Transactions on Antennas and Propagation, 2005, 53(4): 1298-1324.

[14] CAPEK M, JELINEK L. Optimal composition of modal currents for minimal quality factor Q[J]. IEEE Transactions on Antennas and Propagation, 2016, 64(12): 5230-5242.

[15] HARRINGTON R, MAUTZ J. Control of radar scattering by reactive loading[J]. IEEE Transactions on Antennas and Propagation, 1972, 20(4): 446-454.

[16] BAO Z D, NIE Z P, ZONG X Z. A novel broadband dual-polarization antenna utilizing strong mutual coupling[J]. IEEE Transactions on Antennas and Propagation, 2014, 62(1): 450-454.

[17] WU R, CHU Q X. Resonator-loaded broadband antenna for LTE700/GSM850/GSM900 base stations[J]. IEEE Antennas and Wireless Propagation Letters, 2017, 16: 501-504.

[18] KING A J. Characteristic mode theory for closely spaced dipole arrays[D].Champaign: University of Illinois at Urbana-Champaign, 2015.

[19] GARG R, BHARTIA P, BAHL I J, et al. Microstrip Antenna Design Handbook.1st ed[M]. Norwood: Artech House, 2001.

[20] BALANIS A C. Antenna theory-analysis and design. 3rd ed[M]. New York: John Wiley & Sons, Inc., 2005.

[21] OBEIDAT K A, RAINES B D, ROJAS R G. Discussion of series and parallel resonance phenomena in the input impedance of antennas[J]. Radio Science, 2010, 45(6): 1-9.

[22] POZAR D. Microwave Engineering.3rd ed[M]. New York： John Wiley & Sons, Inc., 2005.

[23] KUMAR G, GUPTA K. Nonradiating edges and four edges gap-coupled multiple resonator broadband microstrip antennas[J]. IEEE Transactions on Antennas and Propagation, 1985, 33(2): 173-178.

[24] KUMAR G, GUPTA K. Broad-band microstrip antennas using additional resonators gap-coupled to the radiating edges[J]. IEEE Transactions on Antennas and Propagation, 1984, 32(12): 1375-1379.

[25] LEE R Q, LEE K F. Experimental study of the two-layer electromagnetically coupled rectangular patch antenna[J]. IEEE Transactions on Antennas and Propagation, 1990, 38(8): 1298-1302.

[26] YANG B B, ADAMS J J. Computing and visualizing the input parameters of arbitrary planar antennas via eigenfunctions[J]. IEEE Transactions on Antennas and Propagation, 2016, 64(7): 2707-2718.

4 计算天线 Q 值的新模式

相比于传统方法计算天线 Q 值，特征模理论可以为我们研究 Q 值提供很多方便。但是，由于模式特征值与天线净能量 (磁能减去电能) 相联系，而天线 Q 值是与电能和磁能而非净能量直接联系，这使得 Q 值无法直接用特征值的线性组合表示出来。

为了解决这个问题，本章提出利用 XeR 模式和 XmR 模式而不是特征模式 CM 来计算天线 Q 值 [1-2]。由于 XeR/XmR 模式的特征值在物理上表示模式电能/磁能，因此通过将天线总电流展开为 XeR/XmR 模式特征电流的线性叠加，我们实际上是把天线的总电能/磁能写成它们特征值的线性组合，从而 Q 值也可以这样表示。将 Q 值用 XeR 模式和 XmR 模式特征值的线性组合表示出来，可以给我们提供更多关于 Q 值的信息。

本章按照如下顺序组织行文：在 4.1 节中介绍模式理论，并详细推导出利用 XeR 模式和 XmR 模式计算 Q 值的公式。在 4.2 节中采用两个经典的线天线做例子，验证该公式计算 Q 值的准确性。在 4.3 节中讨论 XeR 模式和 XmR 模式的一些有趣特性，指出其与传统 TE/TM 模式以及天线最小 Q 值的关系，并且通过与特征模式 CM 相比较，指出 XeR 模式和 XmR 模式存在的一些缺点。

4.1 模式理论和天线 Q 值

我们已经很清楚，特征模式由与阻抗算子 $Z = R + \mathrm{j}X_\mathrm{c}$ 相关的广义特征值方程定义：

$$X_\mathrm{c}\boldsymbol{J}_n^\mathrm{c} = \lambda_n^\mathrm{c} R\boldsymbol{J}_n^\mathrm{c} \tag{4.1.1}$$

其实，除了特征模式以外，我们还可以根据电能和磁能储存算子 X_e 和 X_m[3-4] 定义两种新的模式，即 XeR 模式和 XmR 模式 (XeRM 和 XmRM)：

$$X_\mathrm{e}\boldsymbol{J}_n^\mathrm{e} = \lambda_n^\mathrm{e} R\boldsymbol{J}_n^\mathrm{e} \tag{4.1.2a}$$

$$X_\mathrm{m}\boldsymbol{J}_n^\mathrm{m} = \lambda_n^\mathrm{m} R\boldsymbol{J}_n^\mathrm{m} \tag{4.1.2b}$$

其中，$\lambda_n^\mathrm{e}/\lambda_n^\mathrm{m}$ 表示第 n 个 XeR/XmR 模式的特征值，$\boldsymbol{J}_n^\mathrm{e}/\boldsymbol{J}_n^\mathrm{m}$ 表示对应的特征电流。

三种模式都与如下形式的瑞利比有关系：

$$\lambda_n^u = \frac{\langle \boldsymbol{J}_n^u, X_u\boldsymbol{J}_n^u\rangle}{\langle \boldsymbol{J}_n^u, R\boldsymbol{J}_n^u\rangle} \tag{4.1.3a}$$

$$\langle \boldsymbol{J}_n^u, X_\mathrm{c}\boldsymbol{J}_n^u\rangle = 2\omega(W_{m,n}^u - W_{\mathrm{e},n}^u) \tag{4.1.3b}$$

$$\langle \boldsymbol{J}_n^u, X_\mathrm{e}\boldsymbol{J}_n^u\rangle = 2\omega W_{\mathrm{e},n}^u \tag{4.1.3c}$$

$$\langle \boldsymbol{J}_n^u, X_\mathrm{m}\boldsymbol{J}_n^u\rangle = 2\omega W_{\mathrm{m},n}^u \tag{4.1.3d}$$

$$\langle \boldsymbol{J}_n^u, R\boldsymbol{J}_n^u \rangle = P_{\mathrm{r},n}^u \tag{4.1.3e}$$

其中，$W_{\mathrm{e},n}^u$ 和 $W_{\mathrm{m},n}^u$ 分别表示 $\boldsymbol{J}_n^u$ 储存的电能和磁能，$W_n^u = W_{\mathrm{m},n}^u - W_{\mathrm{e},n}^u$ 表示 $\boldsymbol{J}_n^u$ 储存的电抗性能量或净能量，$P_{\mathrm{r},n}^u$ 表示 $\boldsymbol{J}_n^u$ 辐射的功率。注意：这里的 u 可以是 c, e 或 m。

为了保证上述三种模式计算结果的唯一性，对计算结果都进行归一化：

$$\langle \boldsymbol{J}_m^u, R\boldsymbol{J}_n^u \rangle = \delta_{mn} \tag{4.1.4a}$$

$$\langle \boldsymbol{J}_m^u, X_u\boldsymbol{J}_n^u \rangle = \delta_{mn}\lambda_n^u \tag{4.1.4b}$$

其中，δ_{mn} 是克罗内克函数 (当 $m=n$ 时 $\delta_{mn}=1$，否则 $\delta_{mn}=0$)。如此一来，这三种模式的特征值 λ_n^{c}，λ_n^{e} 和 λ_n^{m} 均具有明确的物理意义：$\lambda_n^{\mathrm{c}}/2\omega$ 表示 $\boldsymbol{J}_n^{\mathrm{c}}$ 储存的净能量，$\lambda_n^{\mathrm{e}}/2\omega$ 表示 $\boldsymbol{J}_n^{\mathrm{e}}$ 储存的电能，$\lambda_n^{\mathrm{m}}/2\omega$ 则表示 $\boldsymbol{J}_n^{\mathrm{m}}$ 储存的磁能。

下面我们利用 XeR 模式和 XmR 模式推导天线的 Q 值。

首先，假设天线表面的总电流 $\boldsymbol{J}_{\mathrm{t}}$ 可以用前 N 个 XeR 模式或前 N 个 XmR 模式的特征电流展开：

$$\boldsymbol{J}_{\mathrm{t}} = \sum_i^N \alpha_i^u \boldsymbol{J}_i^u \tag{4.1.5}$$

其中，模式加权系数 α_i^u 表示 $\boldsymbol{J}_i^u$ 对 $\boldsymbol{J}_{\mathrm{t}}$ 的贡献。

从式 (4.1.4) 和式 (4.1.5) 可以推导出：

$$\alpha_i^u = \langle \boldsymbol{J}_i^u, R\boldsymbol{J}_{\mathrm{t}} \rangle \tag{4.1.6a}$$

$$\langle \boldsymbol{J}_{\mathrm{t}}^*, R\boldsymbol{J}_{\mathrm{t}} \rangle = \sum_i^N |\alpha_i^u|^2 \tag{4.1.6b}$$

$$\langle \boldsymbol{J}_{\mathrm{t}}^*, X_u\boldsymbol{J}_{\mathrm{t}} \rangle = \sum_i^N |\alpha_i^u|^2 \lambda_i^u \tag{4.1.6c}$$

天线 Q 值的经典计算公式为 [5]

$$Q = \frac{2\omega \max\{W_{\mathrm{e}}, W_{\mathrm{m}}\}}{P_{\mathrm{r}}} = \max\left\{\frac{2\omega W_{\mathrm{e}}}{P_{\mathrm{r}}}, \frac{2\omega W_{\mathrm{m}}}{P_{\mathrm{r}}}\right\} \tag{4.1.7}$$

其中，W_{e} 和 W_{m} 分别表示天线储存的总电能和总磁能，P_{r} 表示天线辐射的总功率。

考虑到

$$2\omega W_{\mathrm{e}} = \langle \boldsymbol{J}_{\mathrm{t}}^*, X_{\mathrm{e}}\boldsymbol{J}_{\mathrm{t}} \rangle \tag{4.1.8a}$$

$$2\omega W_{\mathrm{m}} = \langle \boldsymbol{J}_{\mathrm{t}}^*, X_{\mathrm{m}}\boldsymbol{J}_{\mathrm{t}} \rangle \tag{4.1.8b}$$

$$P_{\mathrm{r}} = \langle \boldsymbol{J}_{\mathrm{t}}^*, R\boldsymbol{J}_{\mathrm{t}} \rangle \tag{4.1.8c}$$

将式 (4.1.6) 和式 (4.1.8) 代入式 (4.1.7) 可以得到

$$Q \cong Q_N = \max\left\{Q_{\mathrm{e},N}, Q_{\mathrm{m},N}\right\} = \max\left\{\frac{\sum_{i=1}^{N}\left|\alpha_i^{\mathrm{e}}\right|^2\lambda_i^{\mathrm{e}}}{\sum_{i=1}^{N}\left|\alpha_i^{\mathrm{e}}\right|^2}, \frac{\sum_{i=1}^{N}\left|\alpha_i^{\mathrm{m}}\right|^2\lambda_i^{\mathrm{m}}}{\sum_{i=1}^{N}\left|\alpha_i^{\mathrm{m}}\right|^2}\right\} \tag{4.1.9}$$

式 (4.1.9) 表明天线总 Q 值可以写成特征值 λ_i^{e} 和 λ_i^{m} 的线性叠加，而由于特征模式耦合矩阵 [6-7] 的存在，天线总 Q 值是无法写成 λ_i^{c} 的线性叠加的。当天线总电流 $\boldsymbol{J}_{\mathrm{t}}$ 用 XeR/XmR 模式的特征电流 $\boldsymbol{J}_i^{\mathrm{e}}/\boldsymbol{J}_i^{\mathrm{m}}$ 展开时，我们实际上是把天线的总电能/总磁能写成它们特征值 $\lambda_i^{\mathrm{e}}/\lambda_i^{\mathrm{m}}$ 的线性组合，考虑到天线总 Q 值与 $W_{\mathrm{e}}/W_{\mathrm{m}}$ 而不是与 $W = W_{\mathrm{m}} - W_{\mathrm{e}}$ 直接相关，所以天线总 Q 值可以用 $\lambda_i^{\mathrm{e}}/\lambda_i^{\mathrm{m}}$ 而不是 λ_i^{c} 线性表示出来。

考虑到特征值 λ_i^u 是天线的内在固有特性，模式激励系数 α_i^u 与外部激励有关，式 (4.1.9) 清楚地揭示了天线总 Q 值是由其本身特性和外部激励共同决定的。文献 [6] 给出了相似的论断。

上面考虑的都是天线的总 Q 值，现在我们转而考虑单个 XeR/XmR 模式的 Q 值。通过一些简单的推导，容易得到第 i 个 XeR/XmR 模式的 Q 值为

$$Q_i^{\mathrm{e}} = \max\left\{\lambda_i^{\mathrm{e}}, \left\langle \boldsymbol{J}_i^{\mathrm{e}}, X_m \boldsymbol{J}_i^{\mathrm{e}}\right\rangle\right\} \tag{4.1.10a}$$

$$Q_i^{\mathrm{m}} = \max\left\{\left\langle \boldsymbol{J}_i^{\mathrm{m}}, X_e \boldsymbol{J}_i^{\mathrm{m}}\right\rangle, \lambda_i^{\mathrm{m}}\right\} \tag{4.1.10b}$$

比较式 (4.1.9) 与式 (4.1.10) 可知，天线的总 Q 值与单个 XeR/XmR 模式的 Q 值不存在直接联系，这个结论和文献 [6] 指出的天线总 Q 值与单个特征模式 Q 值无直接联系相呼应。

4.2 例　子

为了实际计算出线天线的三种模式，我们采用如下公式 [对应文献 [8] 中的式 (4-20)、式 (4-25) 和式 (4-26)，展开函数和检验函数分别是脉冲函数和冲激函数] 计算线天线的阻抗矩阵：

$$Z_{mn} = \mathrm{j}\frac{\eta}{4\pi k}\left\{k^2 \Delta \boldsymbol{l}_{\boldsymbol{n}} \Delta \boldsymbol{l}_{\boldsymbol{m}} \psi(n,m) - \left[\psi\left(\overset{+}{n},\overset{+}{m}\right) - \psi\left(\overset{-}{n},\overset{+}{m}\right) - \psi\left(\overset{+}{n},\overset{-}{m}\right) + \psi\left(\overset{-}{n},\overset{-}{m}\right)\right]\right\} \tag{4.2.1a}$$

$$\psi(n,m) = \begin{cases} \dfrac{2}{\Delta l_n}\lg\left(\dfrac{\Delta l_n}{a}\right) - \mathrm{j}k, & m = n \\ \dfrac{\exp\left(-\mathrm{j}kR_{mn}\right)}{R_{mn}}, & m \neq n \end{cases} \tag{4.2.1b}$$

其中，矢量 $\Delta\boldsymbol{l}_n$ 表示线天线剖分网格后的第 n 段，第 n 段分别由起点 $\bar{n}$、中点 n 和终点 $\overset{+}{n}$ 组成，其长度为 Δl_n；第 m 段类似。R_{mn} 表示点 n,m 之间的距离，a 表示线天线的半径。

将式 (4.2.1) 与文献 [9] 中的式 (4) 作比较，再结合文献 [9] 中的式 (12) 和式 (13)，不难推得算子 X_{e} 和 X_{m} 对应的矩阵元素为

$$\begin{aligned}X_{\mathrm{e},mn}=&\frac{\eta}{4\pi k}\left[\psi_C\left(\overset{+}{n},\overset{+}{m}\right)-\psi_C\left(\bar{n},\overset{+}{m}\right)-\psi_C\left(\overset{+}{n},\bar{m}\right)+\psi_C\left(\bar{n},\bar{m}\right)\right]\\&-\frac{\eta}{8\pi}\left\{k^2\Delta\boldsymbol{l}_n\Delta\boldsymbol{l}_m\psi_S\left(n,m\right)\right.\\&\left.-\left[\psi_S\left(\overset{+}{n},\overset{+}{m}\right)-\psi_S\left(\bar{n},\overset{+}{m}\right)-\psi_S\left(\overset{+}{n},\bar{m}\right)+\psi_S\left(\bar{n},\bar{m}\right)\right]\right\}\end{aligned}\tag{4.2.2a}$$

$$\begin{aligned}X_{\mathrm{m},mn}=&\frac{\eta k}{4\pi}\Delta\boldsymbol{l}_n\Delta\boldsymbol{l}_m\psi_C\left(n,m\right)\\&-\frac{\eta}{8\pi}\left\{k^2\Delta\boldsymbol{l}_n\Delta\boldsymbol{l}_m\psi_S\left(n,m\right)\right.\\&\left.-\left[\psi_S\left(\overset{+}{n},\overset{+}{m}\right)-\psi_S\left(\bar{n},\overset{+}{m}\right)-\psi_S\left(\overset{+}{n},\bar{m}\right)+\psi_S\left(\bar{n},\bar{m}\right)\right]\right\}\end{aligned}\tag{4.2.2b}$$

$$\psi_C(n,m)=\begin{cases}\dfrac{2}{\Delta l_n}\lg\left(\dfrac{\Delta l_n}{a}\right), & m=n\\[2ex]\dfrac{\cos\left(kR_{mn}\right)}{R_{mn}}, & m\neq n\end{cases}\tag{4.2.2c}$$

$$\psi_S\left(n,m\right)=\sin\left(kR_{mn}\right)\tag{4.2.2d}$$

一旦根据式 (4.2.1)、式 (4.2.2) 计算得到算子对应的矩阵，就可以根据式 (4.4.1)、式 (4.1.2) 计算出线天线的三种模式。

需要注意的是，文献 [9]—[11] 指出，当天线的电尺寸大于 1/2 波长时，能量储存算子 X_{e} 和 X_{m} 可能不会是半正定算子，这导致某些 XeR 模式或 XmR 模式的特征值可能会变成负数，此时这些特征值的物理意义需要重新解释。幸运的是，经过对大量不同类型的线天线进行研究后发现，即便对于电尺寸大于 1/2 波长的线天线，式 (4.1.9) 始终能够给出准确的 Q 值。这可能是因为大部分 XeR/XmR 模式的特征值都是正的，相比之下，负数特征值的数量则少得多。

除了式 (4.1.7) 和式 (4.1.9)，文献 [12] 指出天线 Q 值还可以由天线输入阻抗及其导数计算得到：

$$Q_Z\left(\omega\right)=\frac{\omega}{2R(\omega)}\sqrt{\left[\frac{\mathrm{d}R(\omega)}{\mathrm{d}\omega}\right]^2+\left[\frac{\mathrm{d}X(\omega)}{\mathrm{d}\omega}+\frac{|X(\omega)|}{\omega}\right]^2}\tag{4.2.3}$$

其中，$R(\omega)$ 和 $X(\omega)$ 分别表示天线输入阻抗的实部和虚部。

在下面的研究中，我们将把根据传统公式 (4.1.7) 和式 (4.2.3) 计算出来的结果作为参考，与式 (4.1.9) 的计算结果作比较，以验证式 (4.1.9) 的准确性。

4.2.1 对称振子

对称振子长 300mm，导线半径 0.1mm，扫频范围 0.1~3.6GHz，扫频间隔 10MHz。其第一个自然谐振点位于 0.5GHz 附近。振子总共划分为 200 段，每段长度 1.5mm。

图 4.2.1 给出了对称振子前 6 个 XeR 模式和 XmR 模式的特征值曲线。因为特征值 λ 具有功率的含义，所以图中纵坐标采用 $\lambda[\mathrm{dB}] = 10\lg(|\lambda|)$。从图 4.2.1 可见，XeR 模式的电能 (由 λ_n^{e} 表征) 一开始随频率增加而减小，然后随频率增加而增加；XmR 模式的磁能 (由 λ_n^{m} 表征) 则随频率增加单调递减。

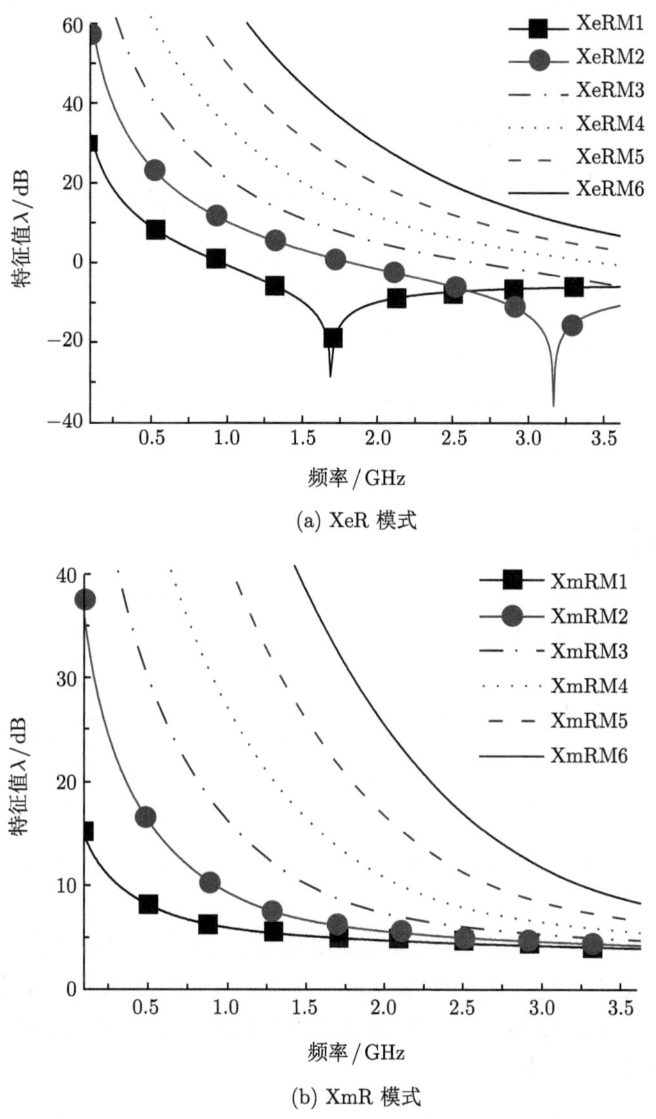

(a) XeR 模式

(b) XmR 模式

图 4.2.1 对称振子前 6 个 XeR 模式和 XmR 模式的特征值

图 4.2.2 给出了 XeR 模式和 XmR 模式在 0.5GHz 处的归一化特征电流分布。从该图可以看出，XeR 模式的特征电流在对称振子两端电流为零，但 XmR 模式的特征电流在对称振子两端不为零。另外，可以发现 XeR 模式的电流分布与特征模式非常类似，都呈正弦变化。XeR 模式和 XmR 模式在对称振子两端电流不同的原因未明，需要将来进一步研究其物理机制。

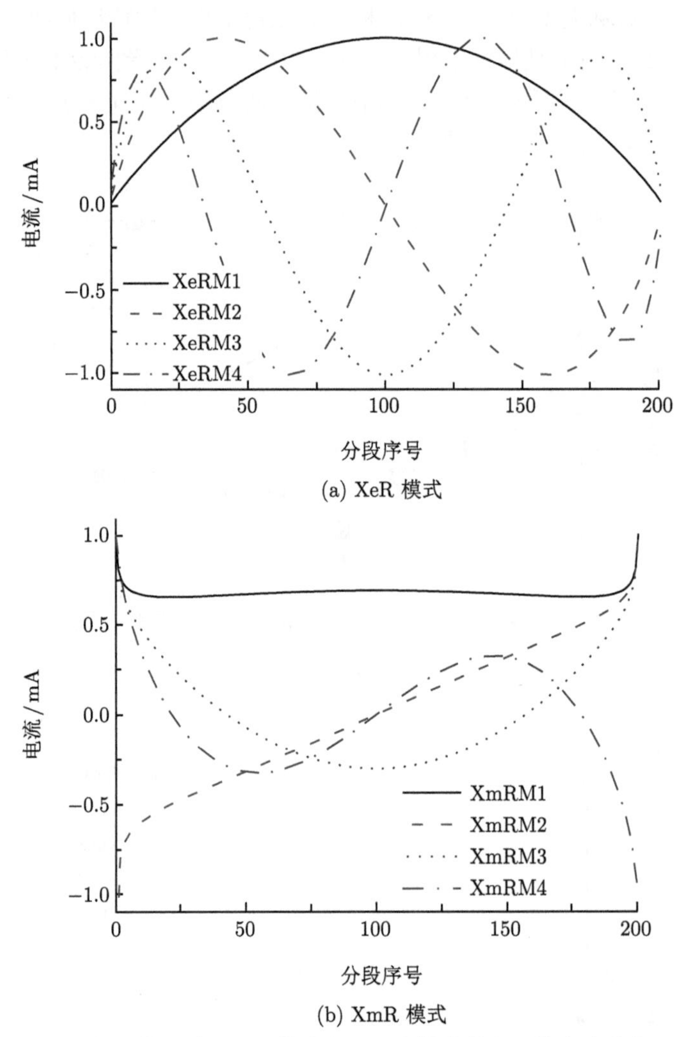

(a) XeR 模式

(b) XmR 模式

图 4.2.2　对称振子前 4 个 XeR 模式和 XmR 模式的归一化电流分布 @0.5GHz

图 4.2.3 给出了前 6 个 XeR 模式和 XmR 模式的 Q 值，可以发现，所有模式的 Q 值都随着频率升高而减小，这是因为频率越高，对称振子的电长度越大。另外，在同一频率处，模式阶数越高，模式 Q 值越大，特别是在低频的时候。还可以看出，XeR/XmR 模式的 Q 值随频率升高趋向一致。

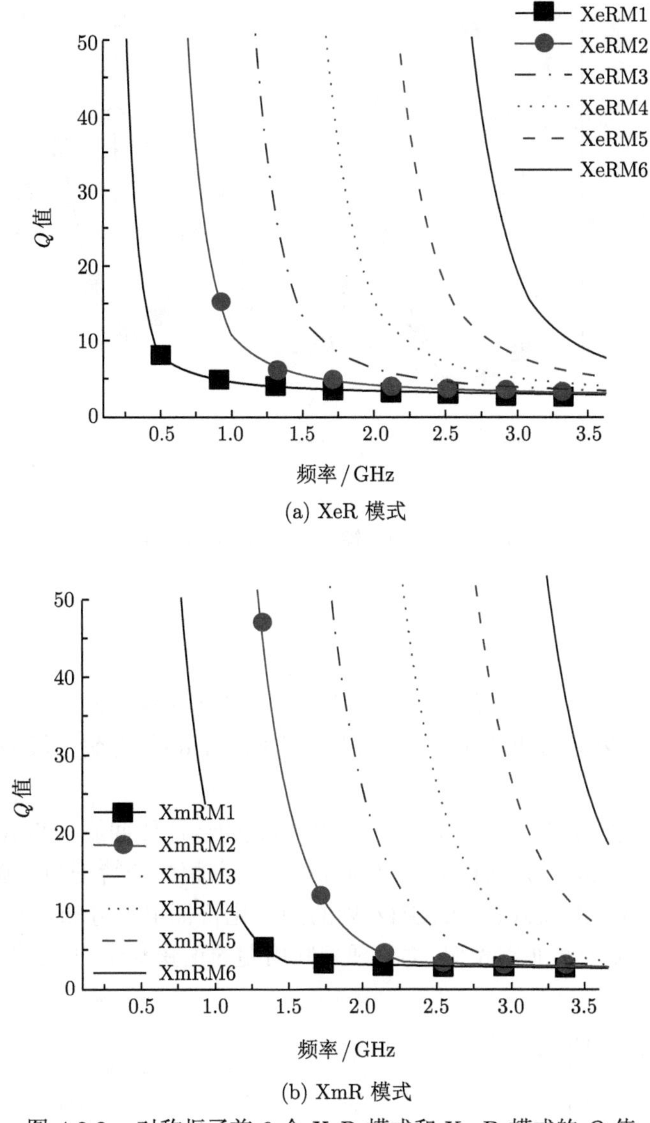

(a) XeR 模式

(b) XmR 模式

图 4.2.3 对称振子前 6 个 XeR 模式和 XmR 模式的 Q 值

考虑对称振子在中心馈电时的 Q 值，计算结果在图 4.2.4 中给出，图中的 Q 和 Q_Z 分别是根据式 (4.1.7) 和式 (4.2.3) 计算出来的参考值。可以发现，随着频率升高，越来越多的高阶 XeR/XmR 模式被激励出来，这时需要增加 N 的值，即考虑更多的高次模才能保证 Q_N 准确收敛到参考 Q 值。当 N 增加到 10 时，由式 (4.1.9) 计算出来的 Q_{10}，在所考察的频段内与参考 Q 值基本一致。观察图 4.2.4 还可以发现，Q 值曲线的峰值随着频率升高而增大。

正如之前讨论过的，我们观察到在较高频段，XeR 模式和 XmR 模式都出现了一些负数特征值。但从图 4.2.4 来看，这并未影响到式 (4.1.9) 的准确性。

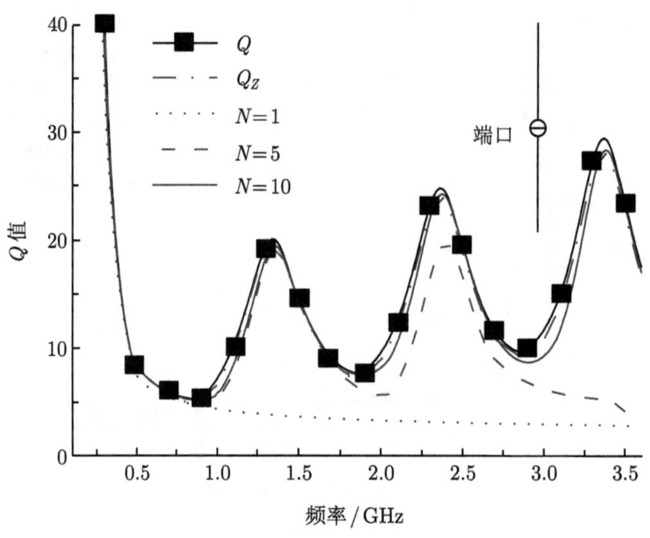

图 4.2.4　中心馈电对称振子的 Q 值

4.2.2　圆环

圆环半径 150mm，导线半径 0.1mm，其第一个自然谐振点位于 0.33GHz 附近。我们将圆环沿着圆周总共划分为 200 小段，每段长度大约 4.7mm，考察频段为 0.1~3.6GHz，扫频间隔 10MHz。

图 4.2.5 给出了前 5 个 XeR 模式和 XmR 模式的特征值曲线。XeRM2/3, XeRM4/5 和 XmRM1/2, XmRM4/5 分别构成一对简并模，具有相同的特征值。图 4.2.6 给出了前 5 个 XeR 模式和 XmR 模式在 0.5GHz 处的归一化特征电流分布，可以发现，XeR 和 XmR 简并模式的电流分布非常相似，都呈现相同周期的正弦变化。与之相对的是，非简并模

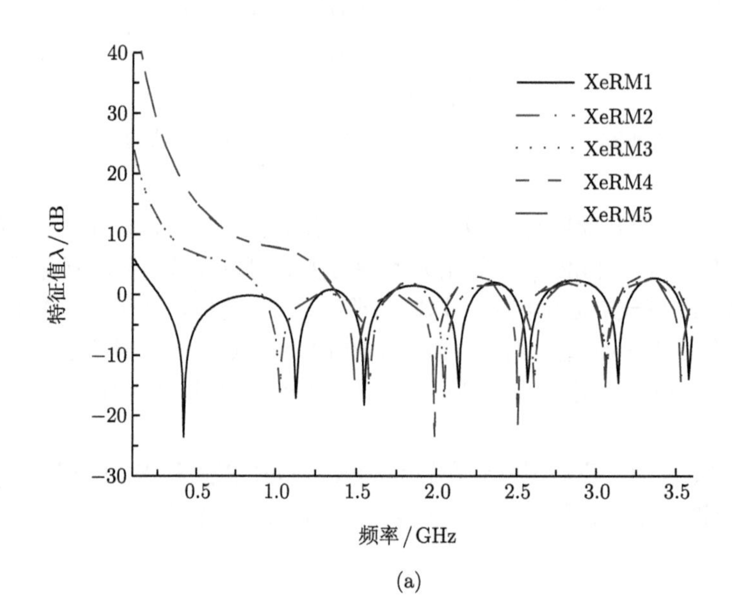

(a)

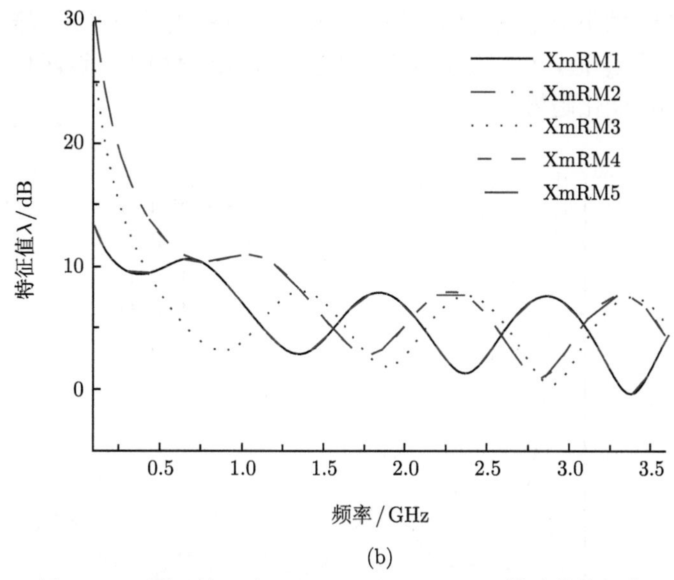

(b)

图 4.2.5 圆环前 5 个 (a) XeR 和 (b) XmR 模式的特征值

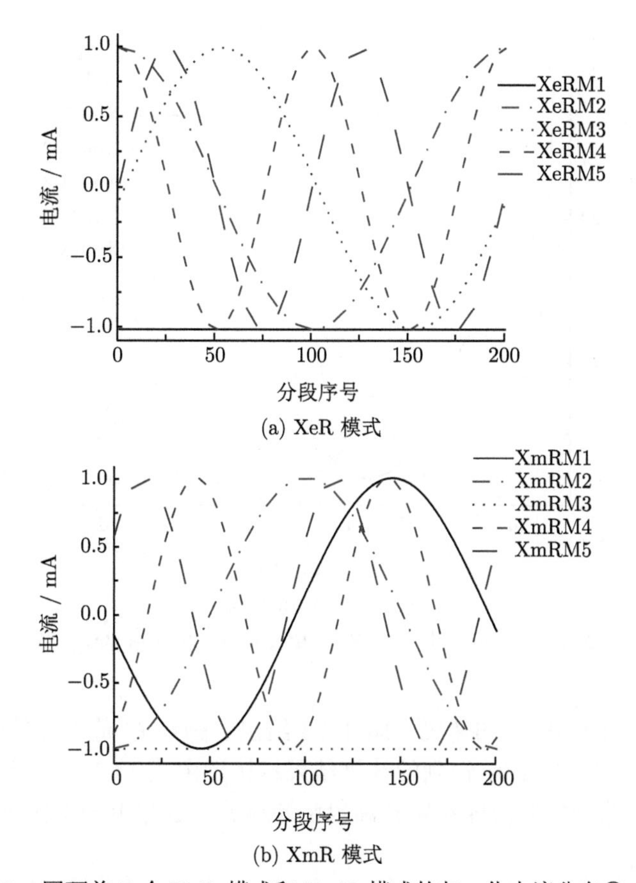

(a) XeR 模式

(b) XmR 模式

图 4.2.6 圆环前 5 个 XeR 模式和 XmR 模式的归一化电流分布@ 0.5GHz

XeRM1 和 XmRM3 的电流都沿着圆环均匀分布，没有变化。图 4.2.7 给出了前 5 个 XeR 模式和 XmR 模式的 Q 值，可以清楚看到，简并模的 Q 值相等。这两种模式的 Q 值关于频率呈现完全相同的变化趋势。

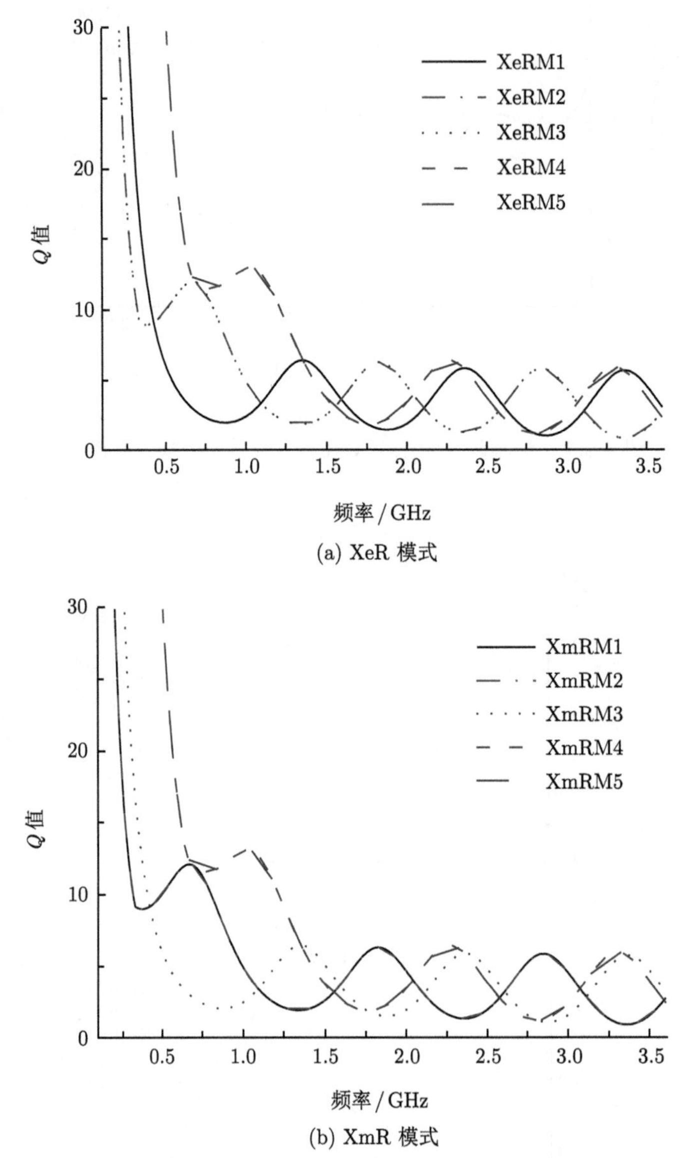

(a) XeR 模式

(b) XmR 模式

图 4.2.7　圆环前 5 个 XeR 模式和 XmR 模式的 Q 值

考虑在圆周上对圆环馈电的情况，图 4.2.8 给出了圆环 Q 值的计算结果，从图中可以发现，N 值越大，由式 (4.1.9) 得到的计算结果越接近由式 (4.1.7) 得到的参考 Q 值。此外，可以看出 Q 值曲线的峰值随频率升高也是增加的，这与上一个例子的情况相同。

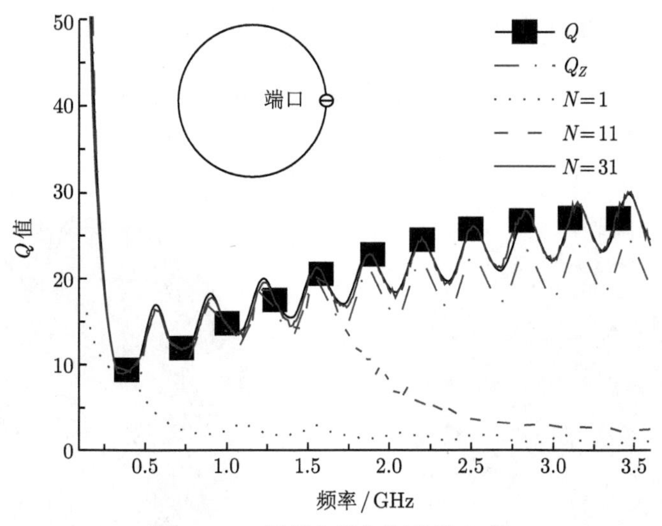

图 4.2.8 圆周上馈电的圆环 Q 值

4.3 进一步讨论

4.3.1 XeR/XmR 模式与 Xe/Xm 模式的比较

Xe 和 Xm 模式定义如下 [9]：

$$X_{\mathrm{e}}\boldsymbol{J}_n^{\mathrm{e}}=\lambda_n^{\mathrm{e}}\boldsymbol{J}_n^{\mathrm{e}} \tag{4.3.1a}$$

$$X_{\mathrm{m}}\boldsymbol{J}_n^{\mathrm{m}}=\lambda_n^{\mathrm{m}}\boldsymbol{J}_n^{\mathrm{m}} \tag{4.3.1b}$$

XeR/XmR 和 Xe/Xm 模式是完全不同的，理由如下。

第一，XeR/XmR 模式的特征远场相互正交，但 Xe/Xm 模式却没有这个性质，这是因为 Xe/Xm 模式并没有如同式 (4.1.4a) 那样被 R 算子归一化。文献 [13] 和文献 [14] 已经证明，被 R 算子归一化是模式特征远场相互正交的必要条件。

第二，它们的电流分布完全不同。我们用一个圆盘作例子，其电尺寸为 $ka=0.5$，这里 a 是圆盘半径，k 是波数。图 4.3.1 给出了其第一个 (最低阶)XeR 和 Xe 模式的电流分布，可以看出两者完全不一样。

第三，XeR/XmR 模式的特征值与 TE/TM 模式的电能/磁能密切相关 (这将在下面详细说明)，然而我们没有发现 Xe/Xm 模式与 TE/TM 模式存在任何联系。

即便如此，我们还是发现 XeR/XmR 模式、Xe/Xm 模式和特征模式有一个共同的特性，考虑到

$$\iint_S \nabla\cdot\boldsymbol{J}_n^u\mathrm{d}s=\iint_S \rho_n^u\mathrm{d}s=q_n^u \tag{4.3.2}$$

进一步考虑到圆盘表面没有净电荷：

$$q_n^u=0 \tag{4.3.3}$$

将式 (4.3.3) 代入式 (4.3.2) 得到

$$\iint_S \nabla\cdot \boldsymbol{J}_n^u \mathrm{d}s = 0 \tag{4.3.4}$$

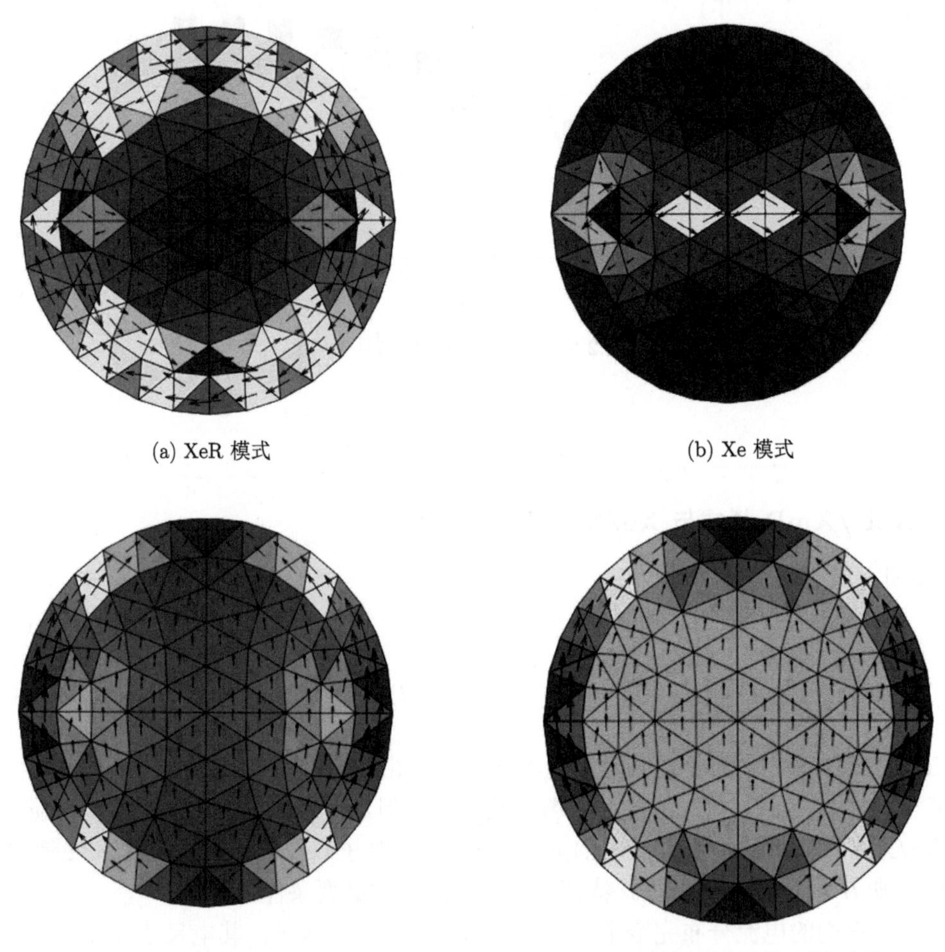
(a) XeR 模式　(b) Xe 模式

(c) 特征模式　(d) 平面波垂直照射下的总电流

图 4.3.1　圆盘 (电尺寸 $ka = 0.5$) 的归一化电流分布

此外，我们发现 XeR/XmR 和 Xe/Xm 模式存在一些共同的缺点。众所周知，特征模式非常适合用来分解天线的总电流，这是因为特征模式的电流分布常常与总电流分布类似。图 4.3.1 显示，在平面波的垂直照射下，圆盘上产生的总电流只有特征模式的电流与其相似，XeR 和 Xe 模式的电流与总电流截然不同。因此，相比于特征模式，XeR/XmR 和 Xe/Xm 这两种模式都不太适合用于展开天线表面的总电流。

此外，单个 XeR/XmR 或 Xe/Xm 模式的 Q 值通常比较大，因此，这些模式的电流分布并不与天线最小 Q 值相关联。实际上，拥有最小 Q 值的模式需要将 Xe 和 Xm 进行适当的混合后才能计算出来 [15]，而不是仅仅通过单个 Xe 或单个 Xm：

$$[\alpha X_{\mathrm{e}}+(1-\alpha)X_{\mathrm{m}}]\boldsymbol{J}_n=\lambda_n R\boldsymbol{J}_n \tag{4.3.5}$$

其中，$0\leqslant\alpha\leqslant1$。

如果能够找到合适的 α 值，就可以找到使得天线具有最小 Q 值的电流分布。

虽然 XeR/XmR 模式的电流分布存在一些缺点，但它们的特征值仍然存在一些优点，这将在下面讨论。

4.3.2 XeR/XmR 模式与 TE/TM 模式的关系

我们发现，TE/TM 模式电能/磁能的 2ω 倍等于或稍大于 XeR/XmR 模式的一个特征值，即

$$2\omega W_{\mathrm{e}}^{\mathrm{TE}}=\left\langle\boldsymbol{J}^{\mathrm{TE}},X_{\mathrm{e}}\boldsymbol{J}^{\mathrm{TE}}\right\rangle\geqslant\lambda_k^{\mathrm{e}} \tag{4.3.6a}$$

$$2\omega W_{\mathrm{m}}^{\mathrm{TM}}=\left\langle\boldsymbol{J}^{\mathrm{TM}},X_{\mathrm{m}}\boldsymbol{J}^{\mathrm{TM}}\right\rangle\geqslant\lambda_k^{\mathrm{m}} \tag{4.3.6b}$$

其中，$\boldsymbol{J}^{\mathrm{TE}}/\boldsymbol{J}^{\mathrm{TM}}$ 表示 TE/TM 模式的电流，$W_{\mathrm{e}}^{\mathrm{TE}}/W_{\mathrm{m}}^{\mathrm{TM}}$ 表示其相应储存的电能/磁能，$\lambda_k^{\mathrm{e}}/\lambda_k^{\mathrm{m}}$ 表示 XeR/XmR 模式的一个特征值。

这里，我们给出几个简单的例子来说明这个有趣的性质。文献 [16] 和文献 [17] 指出，对于球体的 TE/TM 模式和特征模式，它们的归一化电流分布是一模一样的，圆盘的情况也是如此。更具体地说，TE/TM 模式就是特征值为正/负值的特征模式。图 4.3.2 显示，对于一个球体来说，其 $2\omega W_{\mathrm{e}}^{\mathrm{TE}}/2\omega W_{\mathrm{m}}^{\mathrm{TM}}$ 几乎等于 $\lambda_k^{\mathrm{e}}/\lambda_k^{\mathrm{m}}$。然而，图 4.3.3 显示，对于一个圆盘来说，其低次模式 (TM_{11} 和 TE_{01}) 的 $2\omega W_{\mathrm{e}}^{\mathrm{TE}}/2\omega W_{\mathrm{m}}^{\mathrm{TM}}$ 也几乎等于 $\lambda_1^{\mathrm{e}}/\lambda_1^{\mathrm{m}}$，但高次模式的 $2\omega W_{\mathrm{e}}^{\mathrm{TE}}/2\omega W_{\mathrm{m}}^{\mathrm{TM}}$ 则是稍微大于相应的特征值。

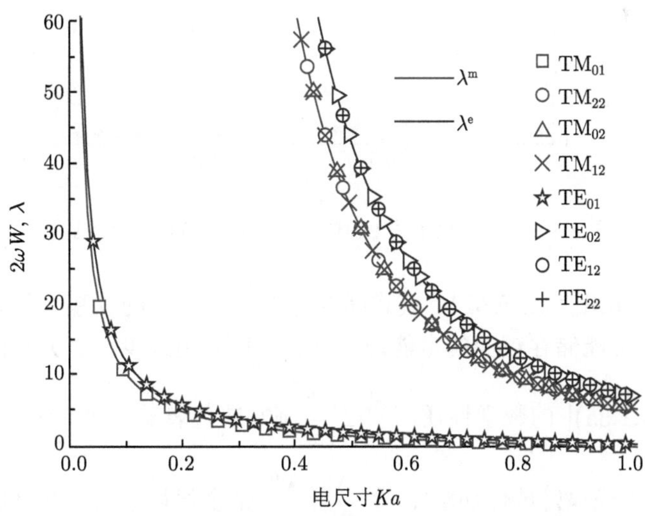

图 4.3.2 球体的 $2\omega W_{\mathrm{e}}^{\mathrm{TE}}/2\omega W_{\mathrm{m}}^{\mathrm{TM}}$ 和 $\lambda_n^{\mathrm{e}}/\lambda_n^{\mathrm{m}}$ 比较，其中 k 是波数，a 是 Chu 球半径

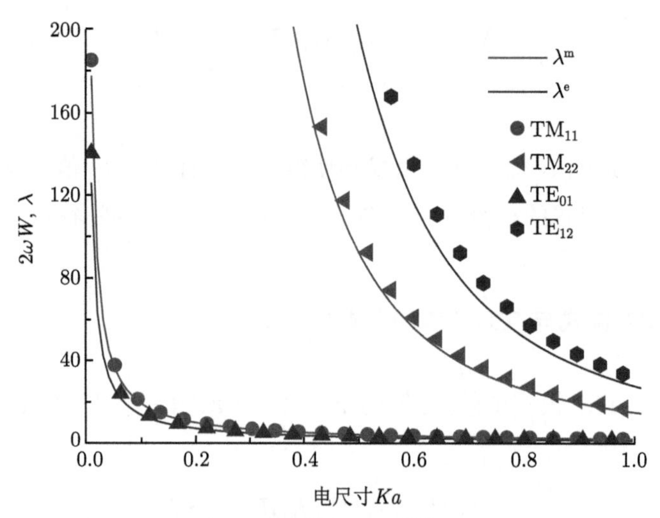

图 4.3.3 圆盘的 $2\omega W_{\mathrm{e}}^{\mathrm{TE}}/2\omega W_{\mathrm{m}}^{\mathrm{TM}}$ 和 $\lambda_n^{\mathrm{e}}/\lambda_n^{\mathrm{m}}$ 比较

由于对称振子和圆环的前几个特征模式的特征场与球体前几个 TE/TM 模式的很像，我们将这两个结构也考虑进来。从图 4.3.4 和图 4.3.5 可见，圆环的 $2\omega W_{\mathrm{e}}^{\mathrm{TE}}/2\omega W_{\mathrm{m}}^{\mathrm{TM}}$ 几乎等于其 XeR/XmR 模式的特征值，而对称振子的情况则有一些偏离，这是因为相比于对称振子，圆环与球体结构更接近一些。

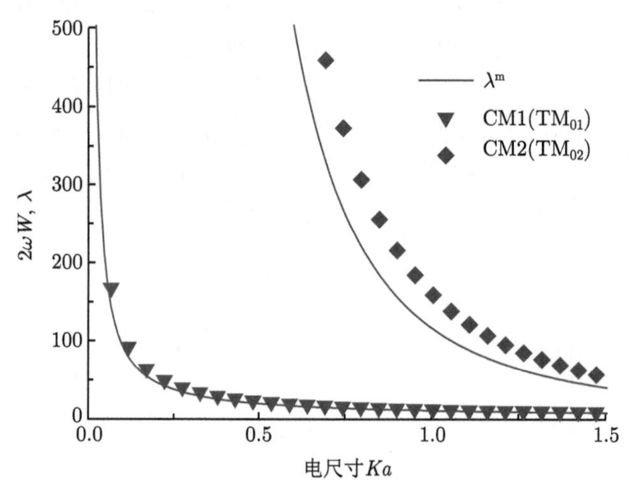

图 4.3.4 对称振子的 $2\omega W_{\mathrm{e}}^{\mathrm{TE}}/2\omega W_{\mathrm{m}}^{\mathrm{TM}}$ 和 $\lambda_n^{\mathrm{e}}/\lambda_n^{\mathrm{m}}$ 比较

为什么 XeR/XmR 与 TE/TM 模式间会存在这些有趣的联系？原因可能是 TE/TM 模式总是倾向于尽可能储存较少的电能/磁能(TE/TM 模式少一个分量的电场/磁场)，而根据瑞利比 [式 (4.1.3a)] 的数学性质，$\dfrac{\lambda_n^{\mathrm{e}}}{2\omega}/\dfrac{\lambda_n^{\mathrm{m}}}{2\omega}$刚好就代表着一个天线所储存电能/磁能的局部极小值 (假定天线辐射单位功率)。令 $\dfrac{\lambda_1^{\mathrm{e}}}{2\omega}/\dfrac{\lambda_1^{\mathrm{m}}}{2\omega}$ 是全局最小值，并且假设

$$\lambda_1^{\mathrm{e}} \leqslant \lambda_2^{\mathrm{e}} \leqslant \cdots \leqslant \lambda_n^{\mathrm{e}}, \quad \lambda_1^{\mathrm{m}} \leqslant \lambda_2^{\mathrm{m}} \leqslant \cdots \leqslant \lambda_n^{\mathrm{m}} \tag{4.3.7}$$

我们就能看到 XeR/XmR 与 TE/TM 模式的有趣关联。

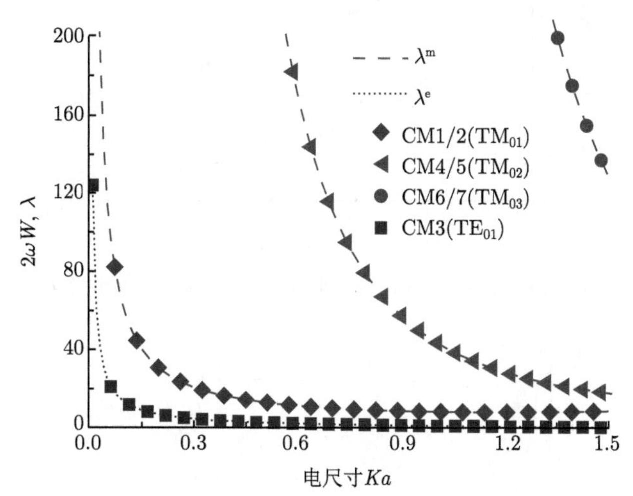

图 4.3.5 圆环的 $2\omega W_{\mathrm{e}}^{\mathrm{TE}}/2\omega W_{\mathrm{m}}^{\mathrm{TM}}$ 和 $\lambda_n^{\mathrm{e}}/\lambda_n^{\mathrm{m}}$ 比较

4.3.3 XeR/XmR 模式特征值与天线最小 Q 值的关系

使用 XeR/XmR 模式的优点是它们的特征值与 Q 值直接关联，这从式 (4.1.9) 就可以看出来。此外，它们的特征值还透露了一些关于天线最小 Q 值的有用信息。从式 (4.1.9) 容易得到

$$Q \geqslant \max\{\lambda_1^{\mathrm{e}}, \lambda_1^{\mathrm{m}}\} \quad 或 \quad Q \geqslant \lambda_1^{\mathrm{e}}, Q \geqslant \lambda_1^{\mathrm{m}} \tag{4.3.8}$$

假设天线的 Chu 球半径是 a，其最小 Q 值应该满足 [18]

$$Q \geqslant Q_{\mathrm{Chu}} = \frac{1}{2}\left(\frac{1}{(ka)^3} + \frac{2}{ka}\right) \tag{4.3.9}$$

结合式 (4.3.8) 和式 (4.3.9)，可以得出更准确的最小 Q 值的下限，特别是对于线天线来说

$$Q_{\min} \geqslant \max\{Q_{\mathrm{Chu}}, \lambda_1^{\mathrm{e}}, \lambda_1^{\mathrm{m}}\} \tag{4.3.10}$$

另外，通过考察大量例子 (包括对称振子、圆环、圆盘、球体等)，我们发现最小 Q 值不会超过二阶 XeR 模式或 XmR 模式的特征值。

文献 [19] 指出，将 TE 和 TM 模式结合起来可以得到天线的最小 Q 值 $Q_{\min}$，根据这种方法，我们计算出了上述几种结构的最小 Q 值。从图 4.3.6—图 4.3.9 可以发现，最小 Q 值确实处在由式 (4.3.10) 和二阶模式 XeR/XmR 特征值确定的范围内。

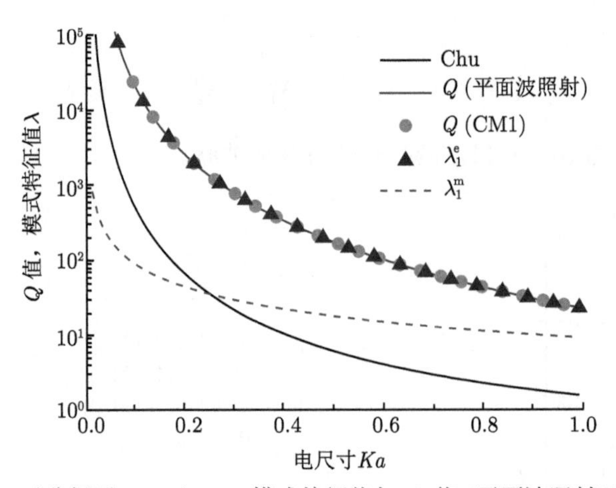

图 4.3.6　对称振子 XeR/XmR 模式特征值与 Q 值 (平面波照射下) 的关系

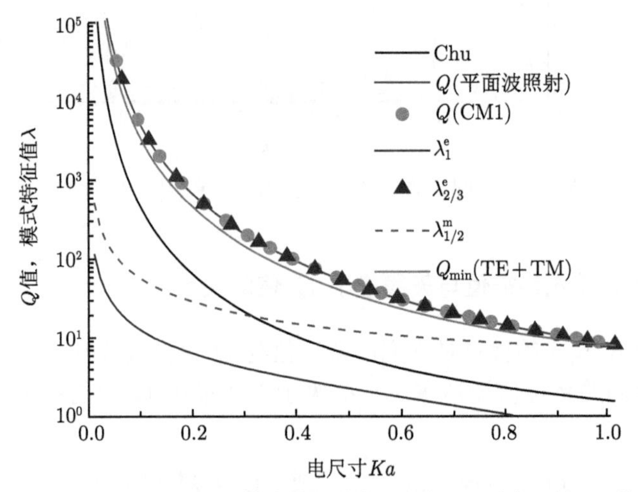

图 4.3.7　圆环 XeR/XmR 模式特征值与 Q 值 (平面波照射下) 的关系

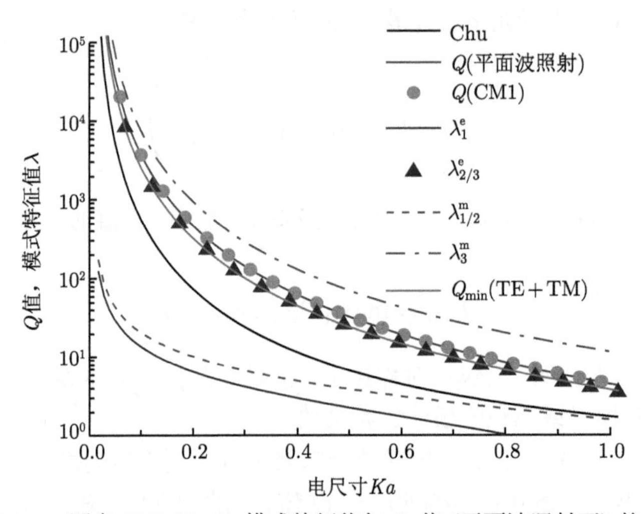

图 4.3.8　圆盘 XeR/XmR 模式特征值与 Q 值 (平面波照射下) 的关系

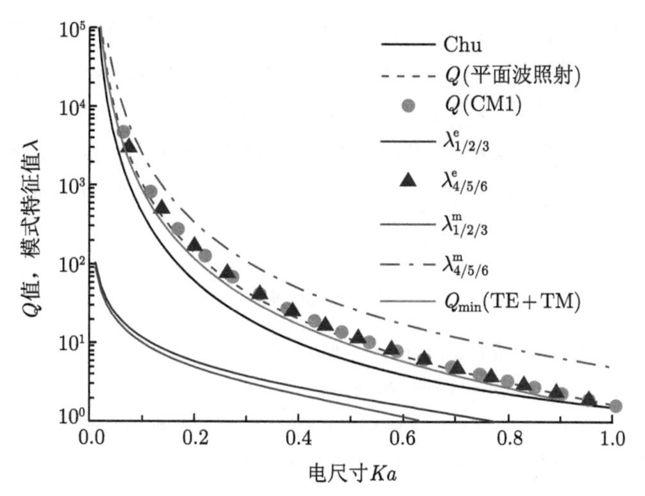

图 4.3.9 球体 XeR/XmR 模式特征值与 Q 值 (平面波照射下) 的关系

具体说来，对于对称振子，有

$$Q_{\min} \geqslant \lambda_1^{\mathrm{e}} > \max\{Q_{\mathrm{Chu}}, \lambda_1^{\mathrm{m}}\} \tag{4.3.11}$$

式 (4.3.11) 显示，Q_{Chu} 提供的值太小了，λ_1^{e} 才是对称振子最小 Q 值的下限。

注意：对称振子只有 TM 模式，没有 TE 模式，所以最低阶 TM_{01} 模式的 Q 值就是对称振子的最小 Q 值，等于 λ_1^{e}。

对于圆环，有

$$\lambda_1^{\mathrm{e}} < \max\left\{Q_{\mathrm{Chu}}, \lambda_{1/2}^{\mathrm{m}}\right\} \leqslant Q_{\min} \leqslant \lambda_{2/3}^{\mathrm{e}} \tag{4.3.12}$$

式 (4.3.12) 显示，圆环最小 Q 值的上限和下限分别是 $\lambda_{2/3}^{\mathrm{e}}$ 和 $\max\left\{Q_{\mathrm{Chu}}, \lambda_{1/2}^{\mathrm{m}}\right\}$。

对于圆盘，有

$$\max\left\{\lambda_1^{\mathrm{e}}, \lambda_{1/2}^{\mathrm{m}}\right\} \leqslant Q_{\mathrm{Chu}} \leqslant Q_{\min} \leqslant \lambda_{2/3}^{\mathrm{e}} < \lambda_3^{\mathrm{m}} \tag{4.3.13}$$

式 (4.3.13) 显示，圆盘最小 Q 值的上限和下限分别是 $\lambda_{2/3}^{\mathrm{e}}$ 和 Q_{Chu}。

对于球体，有

$$\max\left\{\lambda_{1/2/3}^{\mathrm{e}}, \lambda_{1/2/3}^{\mathrm{m}}\right\} < Q_{\mathrm{Chu}} \leqslant Q_{\min} \leqslant \lambda_{4/5/6}^{\mathrm{e}} < \lambda_{4/5/6}^{\mathrm{m}} \tag{4.3.14}$$

式 (4.3.14) 显示，球体最小 Q 值的上限和下限分别是 $\lambda_{4/5/6}^{\mathrm{e}}$ 和 Q_{Chu}。

考虑 4 种经典结构在平面波照射下的 Q 值。从图 4.3.6—图 4.3.9 可以看到，当对称振子和圆环受到平面波照射时，它们的 Q 值刚好分别等于各自一阶和二阶 XeR 模式的特征值，即 λ_1^{e} 和 $\lambda_{2/3}^{\mathrm{e}}$。然而，同样用平面波照射，圆盘的 Q 值稍微大于 $\lambda_{2/3}^{\mathrm{e}}$，但小于 λ_3^{m}；

球体的 Q 值稍微小于 $\lambda^{\mathrm{e}}_{4/5/6}$，远大于 $\lambda^{\mathrm{e}}_{1/2/3}$ 或 $\lambda^{\mathrm{m}}_{1/2/3}$。这说明在平面波照射下，对称振子能够达到最小 Q 值的下限 λ^{e}_{1}，圆环达到最小 Q 值的上限 $\lambda^{\mathrm{e}}_{2/3}$，圆盘超过最小 Q 值上限 $\lambda^{\mathrm{e}}_{2/3}$，球体小于最小 Q 值上限 $\lambda^{\mathrm{e}}_{4/5/6}$，但超过下限 Q_{Chu}。

由以上讨论可知，除了对称振子可以直接给出最小 Q 值外，对于其他结构，虽然 XeR/XmR 模式的特征值不能直接给出最小 Q 值，但它们确实能够帮助我们快速确定最小 Q 值的取值范围或上下限。

参考文献

[1] LIN J F, CHU Q X. A new modal approach for evaluating Q-factors of antennas[J]. IEEE Transactions on Antennas and Propagation, 2018, 66(6): 2699-2706.

[2] LIN J F, CHU Q X. Computation of the Q factors for antennas using XeR and XmR modes[C]// 2017 IEEE International Conference on Computational Electromagnetics (ICCEM). IEEE, 2017: 1-3.

[3] VANDENBOSCH G A E. Reactive energies, impedance, and Q factor of radiating structures[J]. IEEE Transactions on Antennas and Propagation, 2010, 58(4): 1112-1127.

[4] GUSTAFSSON M, JONSSON B L G. Antenna Q and stored energy expressed in the fields, currents, and input impedance[J]. IEEE Transactions on Antennas and Propagation, 2015, 63(1): 240-249.

[5] COLLIN R, ROTHSCHILD S. Evaluation of antenna Q[J]. IEEE Transactions on Antennas and Propagation, 1964, 12(1): 23-27.

[6] CAPEK M, HAZDRA P, EICHLER J. A method for the evaluation of radiation Q based on modal approach[J]. IEEE Transactions on Antennas and Propagation, 2012, 60(10): 4556-4567.

[7] SCHAB K R, OUTWATER J M, YOUNG M W, et al. Eigenvalue crossing avoidance in characteristic modes[J]. IEEE Transactions on Antennas and Propagation, 2016, 64(7): 2617-2627.

[8] HARRINGTON R. Field Computation by Moment Methods[M]. New York: John Wiley & Sons, Inc., 1993.

[9] SCHAB K R, BERNHARD J T. Radiation and energy storage current modes on conducting structures[J]. IEEE Transactions on Antennas and Propagation, 2015, 63(12): 5601-5611.

[10] VANDENBOSCH G A E. Radiators in time domain–part I: electric, magnetic, and radiated energies[J]. IEEE Transactions on Antennas and Propagation, 2013, 61(8): 3995-4003.

[11] VANDENBOSCH G A E. Radiators in time domain–part Ⅱ: finite pulses, sinusoidal regime and Q factor[J]. IEEE Transactions on Antennas and Propagation, 2013, 61(8): 4004-4012.

[12] YAGHJIAN A D, BEST S R. Impedance, bandwidth, and Q of antennas[J]. IEEE Transactions on Antennas and Propagation, 2005, 53(4): 1298-1324.

[13] HARRINGTON R, MAUTZ J. Theory of characteristic modes for conducting bodies[J]. IEEE Transactions on Antennas and Propagation, 1971, 19(5): 622-628.

[14] RAINES B D. Systematic design of multiple antenna systems using characteristic modes[D]. Ohio: The Ohio State University, 2011.

[15] CAPEK M, GUSTAFSSON M, SCHAB K R. Minimization of antenna quality factor[J]. IEEE Transactions on Antennas and Propagation, 2017, 65(8): 4115-4123.

[16] CHEN Y K, WANG C F. Characteristic Modes Theory and Applications in Antenna Engineering[M]. New York: John Wiley and Sons, Inc., 2015.

[17] ANTONINO-DAVIU E. Analysis and design of antennas for wireless communications using modal methods[D]. Valencia: Universitat Politécnica de Valencia, 2008.

[18] CHALAS J, SERTEL K, VOLAKIS J L. Computation of the Q limits for arbitrary-shaped antennas using characteristic modes[C]//2011 IEEE International Symposium on Antennas and Propagation. IEEE, 2011: 772-774.

[19] CAPEK M, JELINEK L. Optimal composition of modal currents for minimal quality factor Q[J]. IEEE Transactions on Antennas and Propagation, 2016, 64(12): 5230-5242.

5 基于特征模的终端天线设计

自手机问世以来，手机天线随着无线通信的发展和需求不断变化，从最初的外置单极天线和螺旋天线演化为内置的平面倒 F 天线 (PIFA)、平面折叠单极天线以及环天线等。虽然手机天线在发展过程中不断被优化，但发展至今，智能手机的天线设计仍存在诸多挑战。例如，对于支持 LTE 协议的第四代移动通信手机终端，需要同时覆盖至少 35 个频段，这意味着天线个数的增加，然而手机内部提供给天线的空间是极其有限的，这就要求手机天线自身的设计具有宽频带、多频带以及可重构的特性，以满足整体带宽的需求。与此同时，为了提高通信速率，手机终端需要集成多天线系统，对于 LTE-A 来说，需要在同一频段集成 4 个天线，而对于 5G 相关协议，天线的数目需要达到 8 个。然而，狭小的手机空间意味着天线之间的距离非常小，进而导致天线之间产生严重的耦合和较大的相关性，极大影响通信性能。此外，手机天线往往在手持或者头手同时存在的情况下工作，而人体组织作为高损耗、高介电常数的媒质，对手机天线的效率产生了不可忽视的影响，相应地，手机天线的场也会在人体内产生比吸收率，因此，手机天线与用户之间的相互作用也是天线设计中的重要问题。

与其他天线的设计不同，手机天线必须与手机基板高度集成，并充分考虑手机基板自身的辐射特性。而手机基板的尺寸相对于移动通信的工作频率而言，是电中尺寸的，也就是说，在手机工作的频段内，手机基板极有可能成为辐射体的一部分参与辐射，甚至成为辐射的主导因素。本章以手机基板的特征模分析为出发点，给出并分析不同手机框架在低频、中频、高频部分的特征模和特征场，合理激励和抑制某些模式，进而实现带宽拓展、多天线去耦合、天线可重构等功能。

5.1 以手机基板为例的终端特征模分析

5.1.1 平面手机基板的特征模分析

如前所述，手机基板是参与手机天线辐射的重要辐射体，因此对于手机基板自身的模式分析成为设计手机天线的第一步。以尺寸为 140mm×70mm 的手机基板为例，其在 0.5~2.7GHz 的特征值曲线如图 5.1.1 所示。一般来说，较低阶的模式是较容易被激励的，也有较好的辐射特性，因而，我们重点分析前 5 个模式。可以看出，小于 1 GHz 附近的低频部分只存在一个可以谐振的模式，随着频率的升高，可以产生谐振的模式数量增加，在 2.4GHz 左右，谐振的模式数目上升至 4 个，这对于多天线的设计是极其有益的。

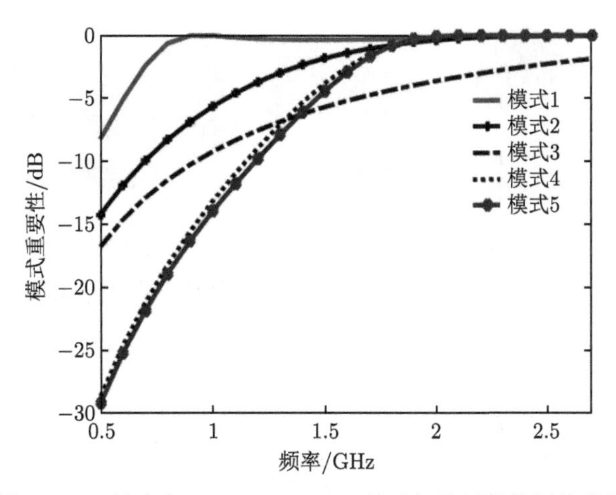

图 5.1.1 尺寸为 140mm×70mm 的手机基板的特征值曲线

前 5 个特征模式在 0.9GHz 处的特征电流和特征远场分别如图 5.1.2 和图 5.1.3 所示，根据电流分布及其特征远场，大部分特征模式对应的谐振模式较易辨认。模式 1 是沿着基板长边呈半波长分布的模式，其特征远场呈现偶极子的半波长辐射模式。其谐振频率位于 1GHz 附近。由于该模式通常谐振频率最低，因而通常也将该模式称为基板的基模。模式 2 是沿着基板短边呈半波长分布的模式，其特征远场与模式 1 正交。模式 3 是沿着基板一周的环辐射模式，该模式呈感性，辐射远场方向图在基板所在平面上，在垂直于基板的天顶方向产生辐射零点。模式 4 为辐射在基板平面上的高次模，模式 5 为沿着基板长边呈全波长分布的模式。远场也呈现了偶极子的二次模分布。需要指出的是，随着频率的变化，各个模式的电流分布、远场方向图都会发生变化，如图 5.1.4 所示，模式 2、模式 3、模式 4 在 1.7GHz 处的远场方向图与其在 0.9GHz 处的远场方向图存在明显的变化。一般来讲，与电流相比，方向图随着频率的变化较为缓慢，因此，如第 2 章中所述，这也为不同频率处的模式追踪提供了有效的方式。

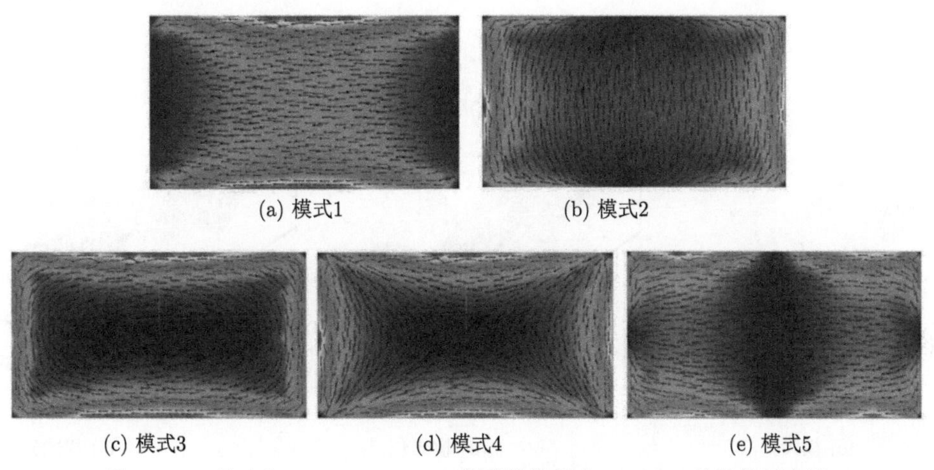

图 5.1.2 尺寸为 140mm×70mm 的手机基板在 0.9GHz 处的特征电流

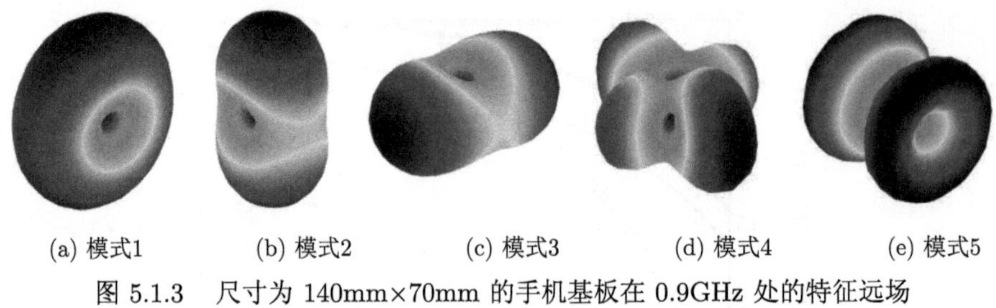

(a) 模式1　(b) 模式2　(c) 模式3　(d) 模式4　(e) 模式5

图 5.1.3　尺寸为 140mm×70mm 的手机基板在 0.9GHz 处的特征远场

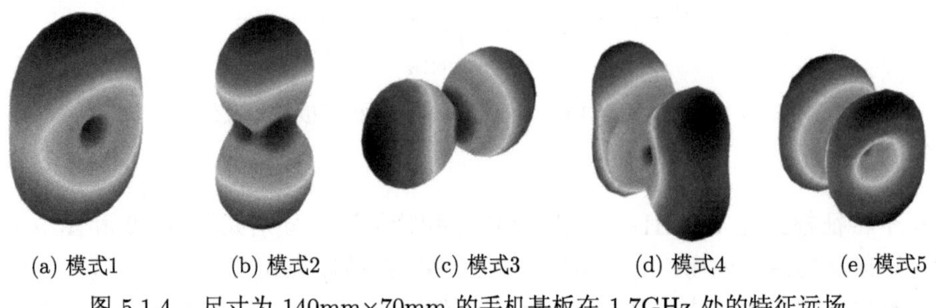

(a) 模式1　(b) 模式2　(c) 模式3　(d) 模式4　(e) 模式5

图 5.1.4　尺寸为 140mm×70mm 的手机基板在 1.7GHz 处的特征远场

前 5 个模式的近场分布如图 5.1.5 所示，与图 5.1.2 对比可以看出，电流最大值处对应

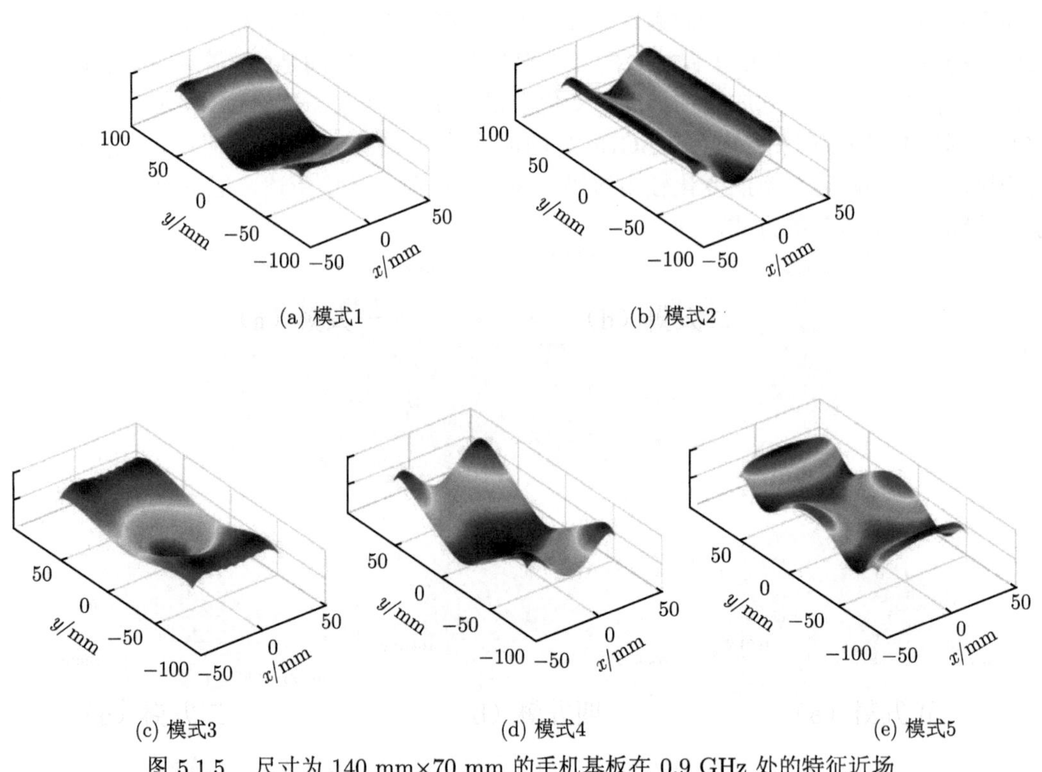

(a) 模式1　(b) 模式2

(c) 模式3　(d) 模式4　(e) 模式5

图 5.1.5　尺寸为 140 mm×70 mm 的手机基板在 0.9 GHz 处的特征近场

着近场电场的最小值，电流和电场的分布均可以为馈电提供信息，这将在 5.1.3 节中进行论述。通常情况下，馈电的确定不仅需要近场的总电场，而且需要极化信息，某些情况下还需要磁场的各个分量的分布情况。限于篇幅限制，图 5.1.5 仅给出前 5 个模式在 0.9 GHz 处总的特征近场。

5.1.2 金属边框手机的特征模分析

随着智能手机的不断发展，人们对手机外观的需求越来越高，而金属边框的手机成为新的趋势。手机边框的金属化将对原本手机内部天线的性能产生影响，这对于手机天线的设计来说既是挑战也是机遇。通过对金属边框的有效利用，也可以形成多频、高效的天线，进而提升天线性能。金属边框与手机基板的接地点可以根据需求设定，而金属边框自身断点的个数往往是受到限制的。本节以悬空式手机边框为例，分析和对比其特征模式与平面基板自身特征模式的变化。

金属边框加载的基板结构如图 5.1.6 所示。金属边框高 8 mm，与手机的厚度相近，沿长边方向，金属边框距离手机基板的距离为 1 mm；沿短边方向，金属边框距离手机基板的距离为 2 mm。金属边框的引入带来了模式数目的增加，为了展示清晰，将特征值曲线以模式重要性 (MS) 的方式进行描述 (图 5.1.7)。

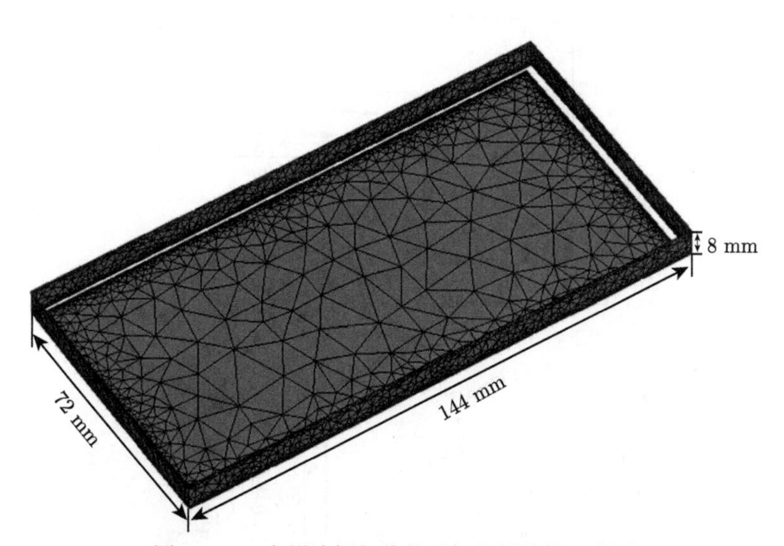

图 5.1.6 金属边框加载的手机基板结构示意图

与手机基板自身的特征模式相比，在 0.7 GHz 左右的低频处，金属边框加载的基板出现了一个新的模式，该模式的特征方向图如图 5.1.8(a) 所示，该模式对应了沿金属边框全波长分布的环天线模式，这对于 MIMO 天线的设计而言是极其有利的，在 5.4 节中将对其进行深入讨论。在 900 MHz 左右，最为重要的两个模式仍为沿着长边和短边分布的半波长模式，其模式重要性系数分别为 0.98 和 0.19。在中频 1.7 GHz 左右，模式重要性系数大于 0.6 的模式有 4 个，也多于基板自身可利用的模式的数目。新增的模式 2 和模式 3 对应的特征远场图如图 5.1.8(b) 和 (c) 所示。

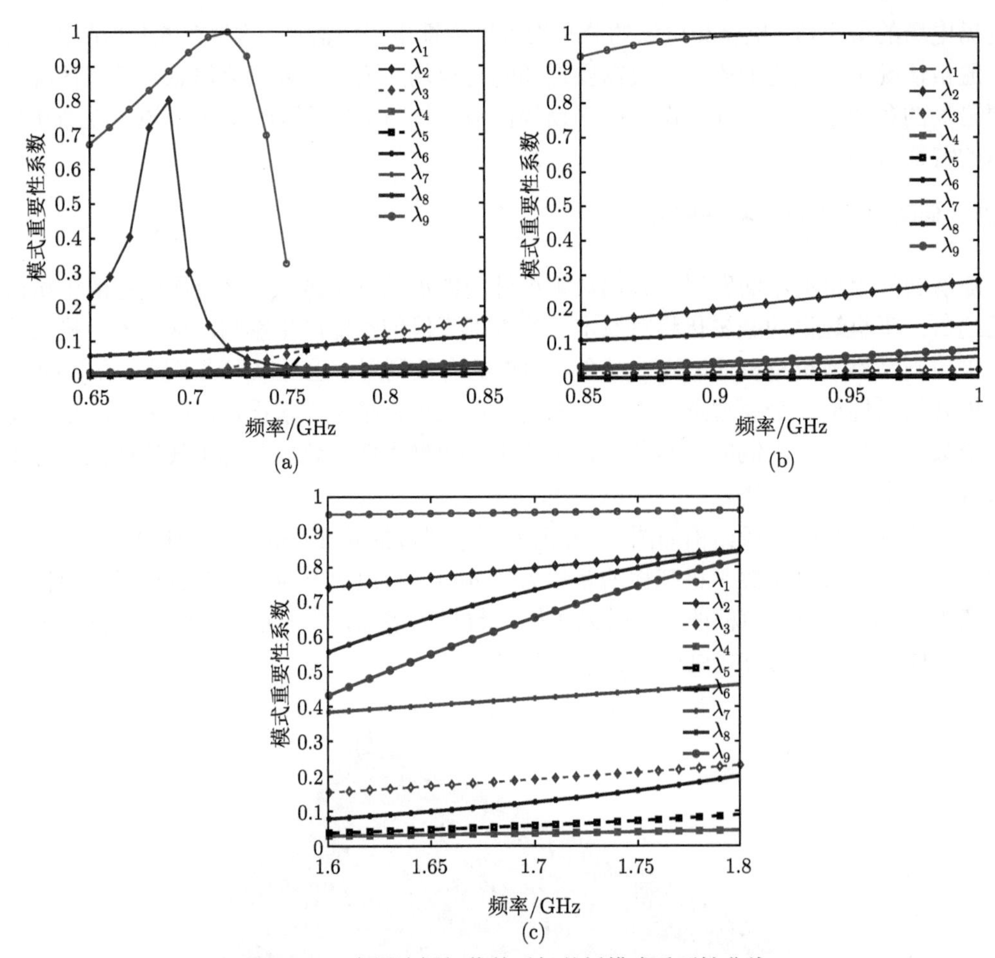

图 5.1.7　金属边框加载的手机基板模式重要性曲线

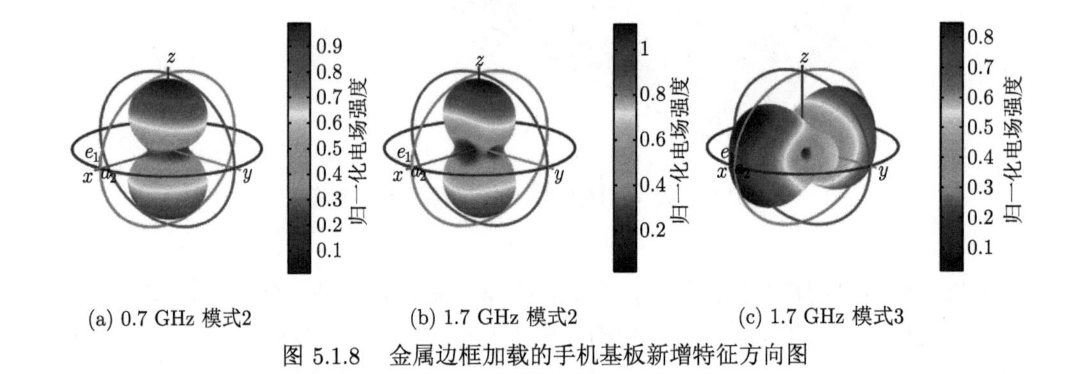

(a) 0.7 GHz 模式2　(b) 1.7 GHz 模式2　(c) 1.7 GHz 模式3

图 5.1.8　金属边框加载的手机基板新增特征方向图

5.1.3　基于特征模式的馈电方法

天线的馈电对于天线的设计和模式的激励来说十分重要，对于手机基板，固有模式的激励一般可分为 3 种：直接馈电、耦合单元馈电和自谐振结构馈电。

直接馈电最为简单，若要激励某个特定的模式，首先分析该模式的特征电流的最大值，通过在特征电流最大值的位置处引入不连续，并在不连续的位置加上电压源，则可以实现馈电。这种馈电方式没有引入多余的结构，因而并不破坏原本的特征模式。对于模式电流最大值位于金属边框的情况，这是一种有效的馈电方法。然而，当模式电流最大值位于手机基板时，为了保证手机基板的完整性，无法引入不连续结构，因而需要采用耦合单元的方法进行馈电。

耦合单元馈电主要分为两种方式 [1]：电容耦合单元 (CCE) 和电感耦合单元 (ICE)。通常来讲，耦合馈电的形式和位置取决于模式的特征近场，包括近场电场和近场磁场。若要激励某个模式，则应将 CCE 置于近场电场的最大值处，或者将 ICE 置于近场磁场最大值处或电流最大值处。常用的 CCE 单元和 ICE 单元分别如图 5.1.9 和图 5.1.10 所示。以平面手机基板的激励为例，根据图 5.1.5 的近场电场和磁场分布，若要激励手机基板的模式 1，使其在 0.9 GHz 处工作，需要将 CCE 单元放置在基板的短边上，或是将 ICE 单元放置在基板的长边中心附近。图 5.1.9(a) 将 CCE 单元悬浮置于基板上方，通过在基板和 CCE 单元之间加入电压源实现馈电。也可以如图 5.1.9(b) 所示，将 CCE 单元与手机基板共面放置，并放置在基板的一角，放置位置的不同会对基板产生不同强度的耦合，继而影响工作带宽 [1]。以上两种 CCE 单元的尺寸与波长相比都非常小，因而能最大程度保证基板自身的特征模式不发生改变。然而，为了实现更好的阻抗匹配和更强的耦合，尺寸较大的 CCE 单元也可以用来馈电，如图 5.1.9(c) 所示。尺寸较大的 CCE 单元可能对基板自身的模式产生改变，为保证所激励与目标模式一致，可将 CCE 单元和基板单元一同进行特征模分析，对该过程进行迭代。除了典型的矩形 CCE 单元之外，CCE 单元也可以是 U 形 [2] 和折叠型 [3] 等。

同样地，通过分析基模的特征磁场可知，若要通过 ICE 单元激励基模，则需要将其放置在基板长边的中心附近。而近场磁场主要沿着 z 方向，若实现较好的耦合，可在 xOy 平面加载非谐振电小环作为 ICE 单元，如图 5.1.10 所示。为确保仅模式 1 被激励，将 ICE 对称放置在长边，并等幅同相馈电 [4]。

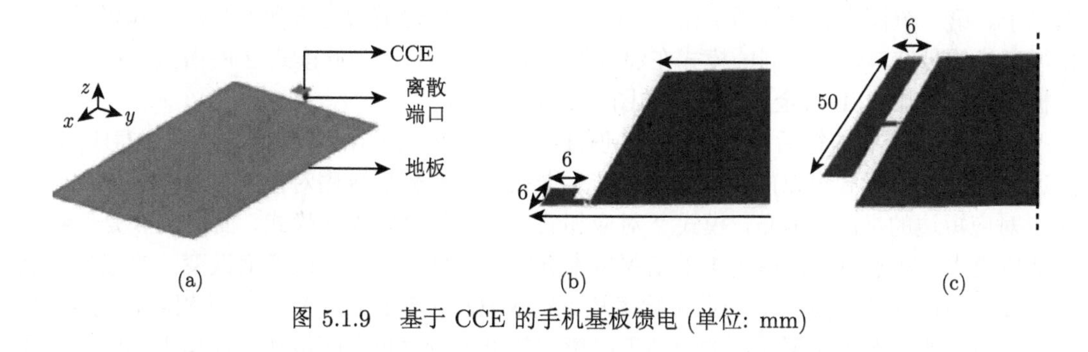

图 5.1.9 基于 CCE 的手机基板馈电 (单位: mm)

利用电容或者电感加载的耦合单元馈电往往需要阻抗匹配网络的配合来实现阻抗匹配。为了避免阻抗匹配网络，可以利用自谐振的天线激励基板的模式，如传统方式中置于基板短边的单极天线、PIFA、环天线等。这种方法的缺点是对手机基板固有模式产生较大的改变，因而，需要将自谐振天线一同纳入特征模分析中进行模式的再分析，并在此基础上对结构进行调整。

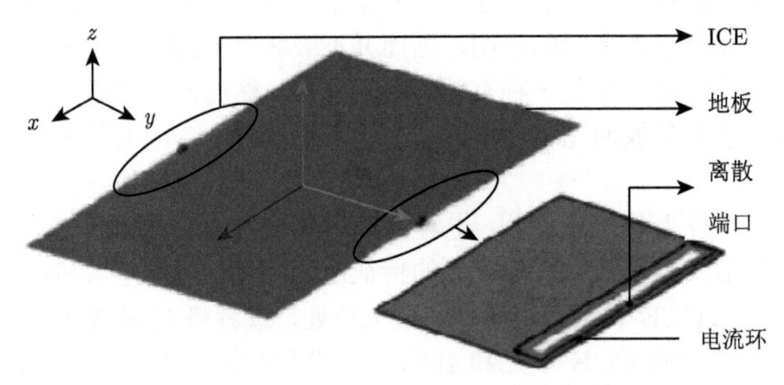

图 5.1.10　基于 ICE 的手机基板馈电

本节中给出了手机基板的基本模式，在满足手机宽频带、多频带、多天线等不同要求时，从手机基板的基本模式出发，对于结构、馈电、加载等作相应的分析和设计。

5.2　基于特征模的宽频带、多频带天线设计

天线的宽频带、多频带的设计主要是基于电流或者近场的相关性计算进行的，通过寻找电流或者近场相关性较高的局部位置，确定馈电的方式和位置，并对结构本身作出微小调整，满足频率和带宽的需求。本节以 T 形金属边框加载的手机基板为例，给出宽频带、多频带的实现方法。同时给出其他应用特征模理论增强带宽、实现多频带的天线设计。

5.2.1　宽频带天线设计

首先以 T 形金属边框加载的手机基板为例介绍设计方法，对于平面手机基板而言，在 0.9 GHz 左右仅存在一个谐振的模式，如图 5.1.2 所示，该模式对应沿着长边方向的半波长偶极子。第二个模式的谐振频率在 1.8 GHz 左右，对应沿着短边方向的半波长偶极子。为拓展天线的带宽，需要不同的模式在邻近的频率谐振，为了降低模式 2 的谐振频率，沿着基板长边方向加载 T 形金属边框，如图 5.2.1(a) 所示 [5]。

加载 T 形金属边框后，天线的特征值曲线如图 5.2.2 所示，不难看出，在 1 GHz 频率附近，共有 3 个模式可以产生谐振。以产生谐振的频率先后顺序对模式重新命名，此时模式 1 对应短边的半波长分布，模式 2 对应加载后引入的缝隙天线模式，而模式 3 是原结构的基模模式。特别指出，模式 1 的谐振频率会随着接地点位置的改变而改变，当接地点远离长边中心位置时，模式 1 的谐振频率从 950 MHz 下降至 650 MHz，其相对带宽为 6% 左右。同样地，模式 2 所对应的缝隙天线模式的谐振频率也会随接地点偏离中心而有所降低。然而，对于相同的接地点偏移，两个模式变化的程度有所不同，模式 2 比模式 1 的变化更快，这就给多模式在相邻频率谐振进而产生大带宽提供了可能。

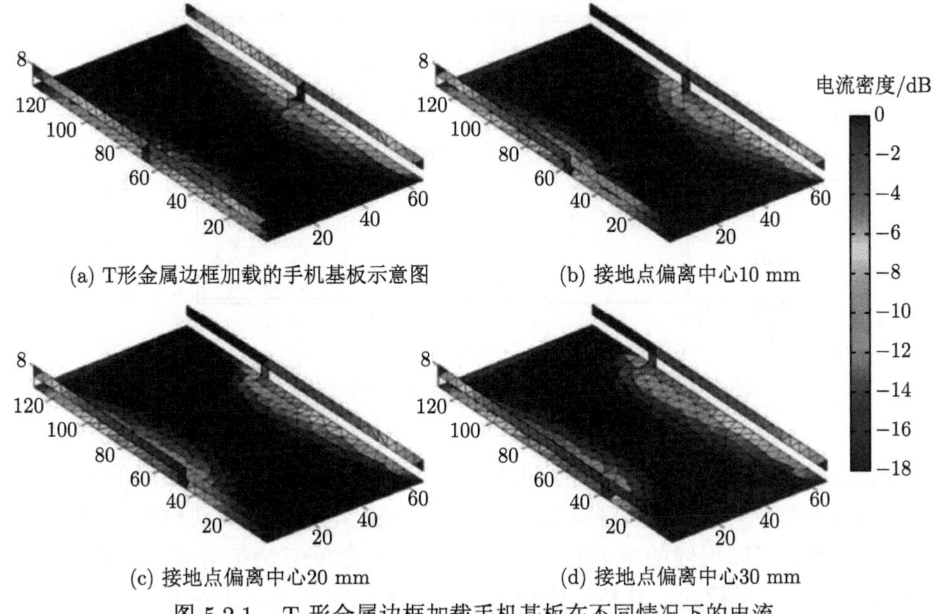

(a) T形金属边框加载的手机基板示意图
(b) 接地点偏离中心10 mm
(c) 接地点偏离中心20 mm
(d) 接地点偏离中心30 mm

图 5.2.1 T 形金属边框加载手机基板在不同情况下的电流

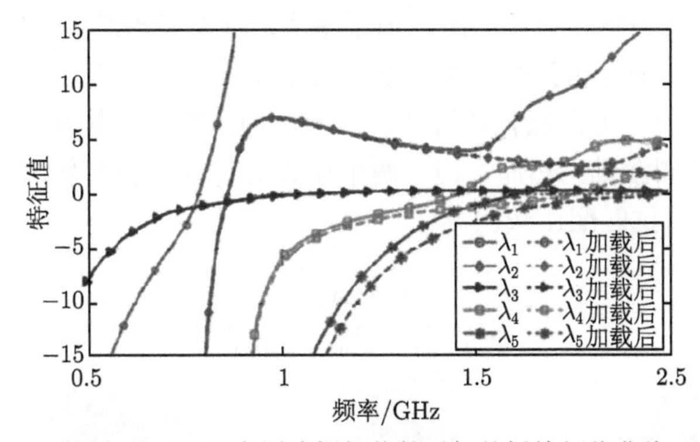

图 5.2.2 T 形金属边框加载的手机基板特征值曲线

为了利用同一馈电激励两个频率相邻的模式，需要对两个模式的特征电流和近场进行相关性运算。由特征模理论可知，两个不同的模式对于整个结构原则上是正交的，即高度不相关，因而计算整体的相关系数无意义。我们对电流或者电场进行局部相关性计算，如下：

$$\rho = \left(\left| \frac{[F_m]}{\max(|[F_{x,m}], [F_{y,m}], [F_{z,m}]|)} \right| \circ \left| \frac{[F_n]}{\max(|[F_{x,n}], [F_{y,n}], [F_{z,n}]|)} \right| \right)^{\frac{1}{2}} \tag{5.2.1}$$

其中，F_m 和 F_n 分别是模式 m 和模式 n 在某局部区域的近场电场或电流，并在该局部区域进行归一化，$\circ$ 是哈达玛积。两个模式的电流或电场在同一局部区域的相关性越高，意味着在该区域可用同一馈源进行馈电。对于 T 形金属边框加载的基板，可以发现，模式 1 和模式 2 在接地点周围的相关系数较高。为了共同激励两个模式以产生多模谐振，将用探针馈电代替其中一个接地点激励天线，随着馈电位置和接地点位置相对于长边中心的偏离不同，可产生不同频率的双模谐振，如图 5.2.3 所示。

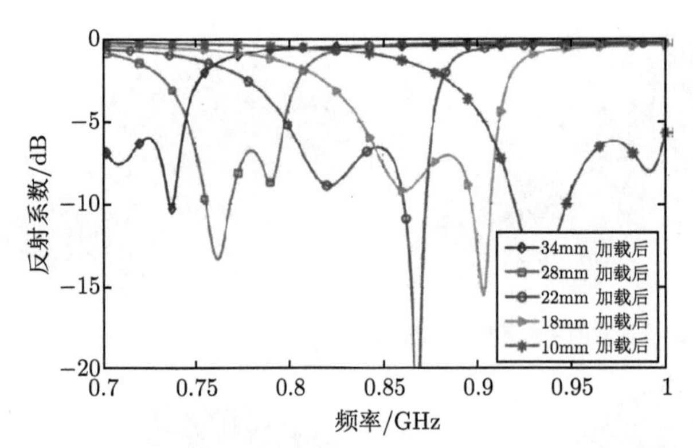

图 5.2.3　T 形金属边框加载的手机基板反射系数曲线

类似地，对于全金属边框加载的手机天线，在低频处三个可能被激励的模式的电流分布图如图 5.2.4 所示 [6]。模式 1 对应全波长的环模式，电流在金属边框和基板上都有较大分布，模式 2 也对应环天线的全波长分布，与模式 1 之间互为简并模式，模式 3 对应基板的 1/2 波长的偶极子模式，其特征值曲线如图 5.2.5(a) 所示。调整基板和边框之间的距离，可以改变模式 1 和模式 3 的谐振频率，如图 5.2.5(b) 所示。模式 1 和模式 3 分别用来实现高隔离度的双端口馈电。与此同时，为了增大低频处的带宽，按照上述步骤，对模式 2 和模式 3 的电流分布进行相关性运算，发现两个模式的特征近场在基板的短边端高度相关，尤其是在 y 方向和 z 方向极化的近场，因而，通过在基板短边处采用 CCE 单元实现模式 2 和模式 3 的共同激励。然而，由于两个模式的特征阻抗有较大的差异，因而，想要同时对两个模式进行阻抗匹配比较困难。

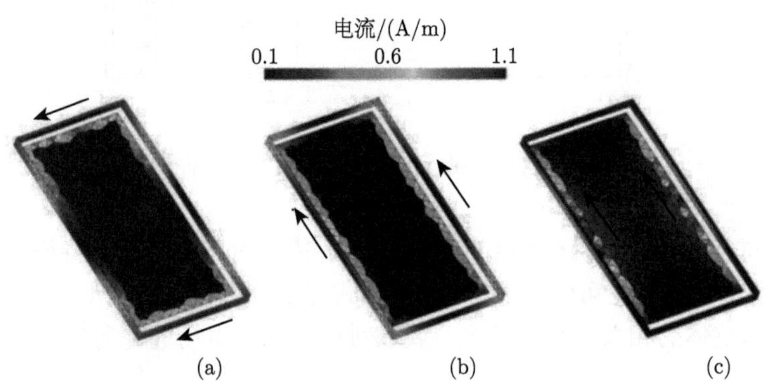

图 5.2.4　全金属边框加载的手机基板特征电流图

为了对两个模式进行匹配，需要采用自谐振的馈电结构代替 CCE 馈电单元，避免了阻抗匹配电路，也同时拓宽了带宽，如图 5.2.6(a) 所示，将激励放置在基板的短边中心处可以顺利激励模式 2、模式 3。若不考虑多天线，仅考虑带宽的情况下，若想获得更宽的带宽，可将馈电点放置在基板一角，则在激励模式 2 和模式 3 的同时，由于激励的不对称性，也可以顺利地将模式 1 部分激励出来。最终 3 个模式联合激励的反射系数如图 5.2.6(b) 所示，天线实现了 260 MHz 的 6 dB 阻抗带宽。

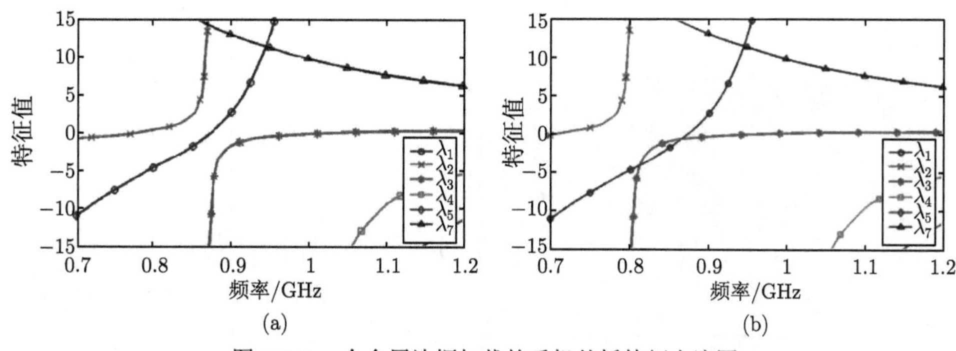

图 5.2.5 全金属边框加载的手机基板特征电流图

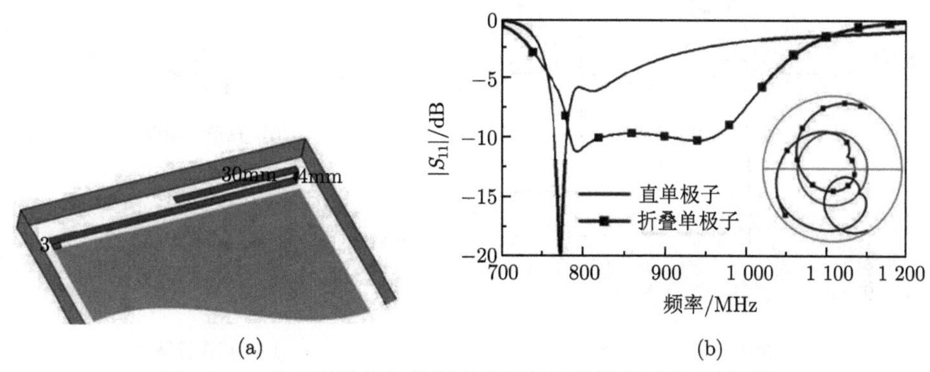

图 5.2.6 全金属边框加载的宽带手机天线结构及其反射系数

除了手机天线，还有许多天线设计用模式分析的方法来增强带宽，如图 5.2.7 所示。文献 [7] 分析了 U 形隙缝加载微带贴片天线在三种情况下的模式，分别是天线结构、天线结构加馈源、天线结构加馈源和激励，同时给出了模式变化规律。在加入馈源后，部分模式不受影响，部分模式出现模式消失、谐振点频移、高次模在低频谐振等情况。通过不同馈电方式 (直接探针馈电、L 形探针馈电)、不同馈电结构尺寸的对比，得到带宽更宽的结果，相对带宽从 35%增长到 81%，验证了馈电方式对模式的影响较大，馈电结构的引入带来了更多拓展带宽的自由度。

馈电结构可以改变模式，在天线结构上增加其他结构也可以改变模式，就像图 5.2.6 中，增加了一个翻折的枝节，从而增加了天线的模式数，为多模谐振提供了可能性。而与之不同的是，在文献 [8] 中，增加的结构不是为了增加模式数，而是为了改变已有模式的谐振点，基于传统的偶极子结构，在两侧加入与偶极子垂直但相互对称的两个臂，臂加在模式 5 的电流最小值处，可以把原本在 5.25 GHz 处谐振的模式 5 频移到 2.65 GHz 处，同时不影响在 2.95 GHz 处的模式 3，实现模式 3 和模式 5 同时谐振，增强带宽的同时还可以提高天线的定向性。除了简单的偶极子天线，该作者还用同样的方法设计了一个宽频带贴片天线 [9]，贴片天线一般用缝隙和短路点来改变模式的谐振点，设计中使用的多个短路点，使模式 5 的谐振点接近模式 3 的谐振点，实现一个较大的带宽和双极化。

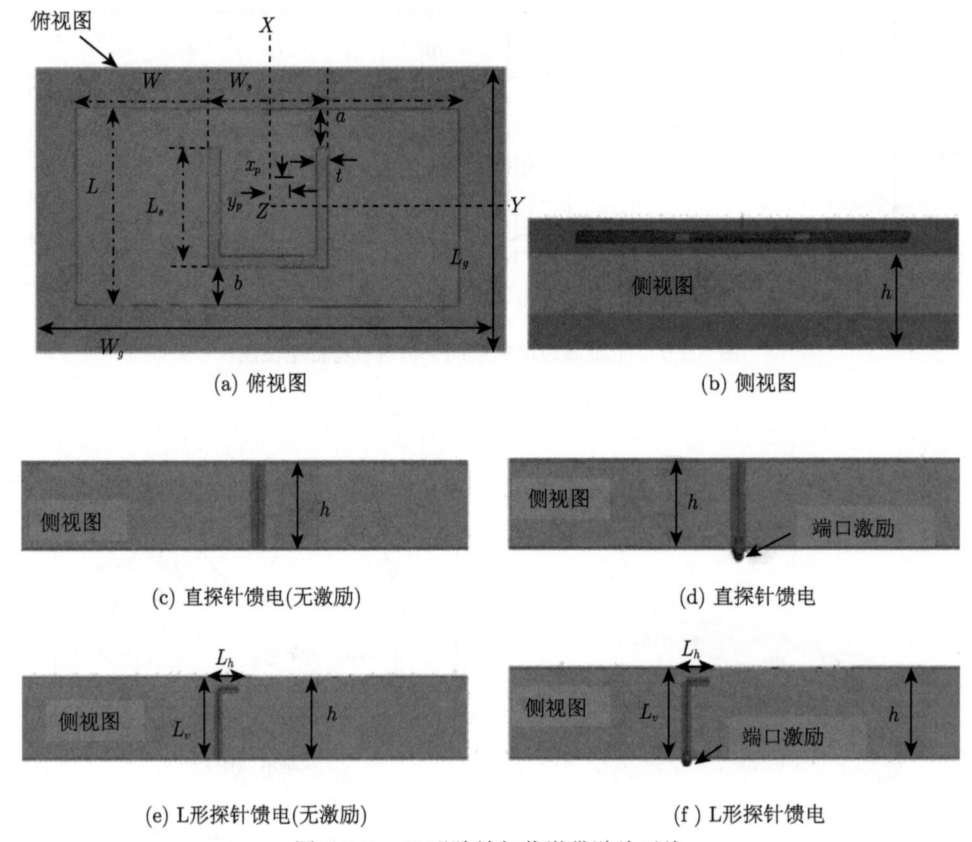

(a) 俯视图　(b) 侧视图

(c) 直探针馈电(无激励)　(d) 直探针馈电

(e) L形探针馈电(无激励)　(f) L形探针馈电

图 5.2.7　U 形隙缝加载微带贴片天线

除了传统天线外，特征模理论在新型天线上的应用也不少见，文献 [10] 中就利用特征模理论分析了超表面天线的特征模式，找到了两个相互正交的简并模，设计了一款宽频带圆极化超表面天线。由此可见，特征模理论为大部分宽频带天线设计提供了理论支撑，使宽频带天线设计不再单纯依靠经验。文献 [11] 也用特征模理论分析了用缝隙和微带线耦合馈电的超表面天线，给出了该结构在 6 GHz 的前 10 个模式的电流和远场，如图 5.2.8 所示，并和传统模式 TM 模对应。该天线设计流程分为四步，具体步骤如下：第一步，

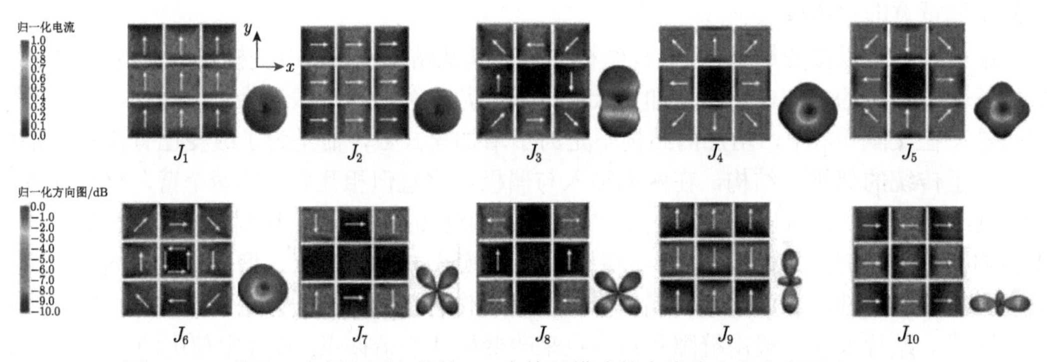

图 5.2.8　单独一个超表面上的前 10 个特征模式的电流分布和方向图 (6 GHz)

确定超表面天线的基本结构，分析模式重要性和模式电流，选中想要激励的模式，即模式 1 和模式 2，分析模式的电流和电场特点；第二步，根据电流和电场确定四个槽的位置和大小；第三步，分析槽的磁流和超表面部分的电流；第四步，通过计算各模式的远场辐射功率来验证各个模式激励的程度。

5.2.2 多频带天线设计

实现多频带的方法与实现宽频带的方法是类似的，都是通过同一个馈电激励不同的模式。与之不同的是，实现多频带需要先根据频率 1 的谐振固定馈电的位置，然后在该馈电点附近，将该频率下模式的特征电流与目标频率 2 的所有模式的特征电流进行相关性运算，以寻求在目标频率 2 中可能激励的模式。若该模式的谐振频率在目标频率 2 附近，则可以直接馈电，若其谐振频率有所偏离，则通过结构的微调将其调至谐振频率附近。

对于 T 形边框加载的手机天线，当馈电位于长边时，可以实现低频的多模谐振。在此基础上，要实现双频谐振，则需在接地点位置附近，将模式 1 和模式 2 在 0.9 GHz 的特征电流分别与 1.8 GHz 处的所有模式的特征电流进行相关性运算。结果表明，模式 2 和模式 4 在原始的馈电点处与低频的模式高度相关。然而，从图 5.2.2 可见，模式 2 和模式 4 的谐振频率都不在 1.8 GHz 附近。因此，需要进一步分析特征模式以实现多频谐振。通过分析模式电流发现，模式 4 的低频和高频处的模式电流在 T 形加载的条带上是高度不相关的，以接地点为分界点，长边对应低频谐振，短边对应高频谐振。因此，要改变 1.8 GHz 左右的谐振频率，可以通过改变接地点短边一侧的条带长度来实现 [5]。

调整条带长度后的特征值曲线如图 5.2.2 中虚线所示，可以看出，模式 4 的谐振频率从 1.4 GHz 增加到 1.8 GHz 左右，模式 2 的谐振频率也发生了变化，而低频处的特征值曲线几乎保持不变。这也验证了低频模式和高频模式在条带上的不相关性。在此基础上，保持原馈电位置不变 (如图 5.2.9(a) 中天线 1 所示)，则可以激励天线在双频工作，并且在低频处的带宽得到了拓展。天线的仿真和实验的 S 参数如图 5.2.9(b) 所示。该天线为多输入多输出天线系统，其多天线的实现原理将在 5.3 节中详细介绍。

在手机天线中，结构的改变也能改变天线的模式，比如根据 5.1.1 节中全金属边框的手机基板的特征模分析可以看出，手机天线工作于两个最低次的模式分别为沿基板长边分布的 1/2 波长偶极子，以及沿金属边框呈一个波长分布的环天线。在此基础上，在手机基板长边的中心处引入接地点，连接金属边框和基板，接地点对称分布于两侧 [12]，如图 5.2.9 所示，重新计算特征值曲线，将低频范围的前 3 个模式的特征电流示于图 5.2.10。可以看出，长边中央对称接地的全金属边框基板的模式 1、模式 2 均对应半波长的模式，该模式是由金属边框与基板形成的缝隙产生的，即原本一个波长的环模式转换成了两个半波长的缝隙模式，基板自身的模式不发生变化。事实上，从两个模式的电流相位可以看出，模式 1 接地点两边电流相位反向，而模式 2 接地点两边电流相位同向，忽略电流振幅值，也可以将两个模式看作是偶模和奇模。

类似地，分析高频部分的 1.2~3 GHz 区间，共有 7 个模式产生谐振，其中与金属的 2 倍波长和 3 倍波长相应的模式也分成了偶模和奇模两种模式，因而，接地点的引入增加了可谐振模式的数量。通过分析缝隙模式的电流分布可知，移动接地点的位置，可以分别改变低频处模式 1、模式 2 的谐振频率，通过适当地对接地点位置进行调节，可以使两个模式产生邻近的谐振频率，从而增大带宽，通过馈电点的位置调节可以调节两个模式的阻抗匹配。由于仅利用边框和接地点进行设计，可提供的自由度较少，因而，为了在更多的频段实现阻抗匹配，用电感元件代替其中一个接地点。由于电感有低通滤波的作用，因而主要影响高频部分的模式。全金属边框手机天线在有无电感情况下的反射系数如图 5.2.11(b) 所示，可以看出，加载电感后，天线在低频、高频部分的带宽分别为 805~995 MHz 和 1340~2870 MHz。值得注意的是，金属边框与手机基板的距离也很大程度上决定了天线的阻抗匹配和谐振频率，距离变窄会导致阻抗匹配变差。此外，通过在金属边框上设置断点，同样可以对高频、低频处的模式进行微调，并且按照 5.1.3 节中的方法适当地选择 ICE 或者 CCE 单元进行馈电，同样可以得到多频工作的手机天线 [6]。

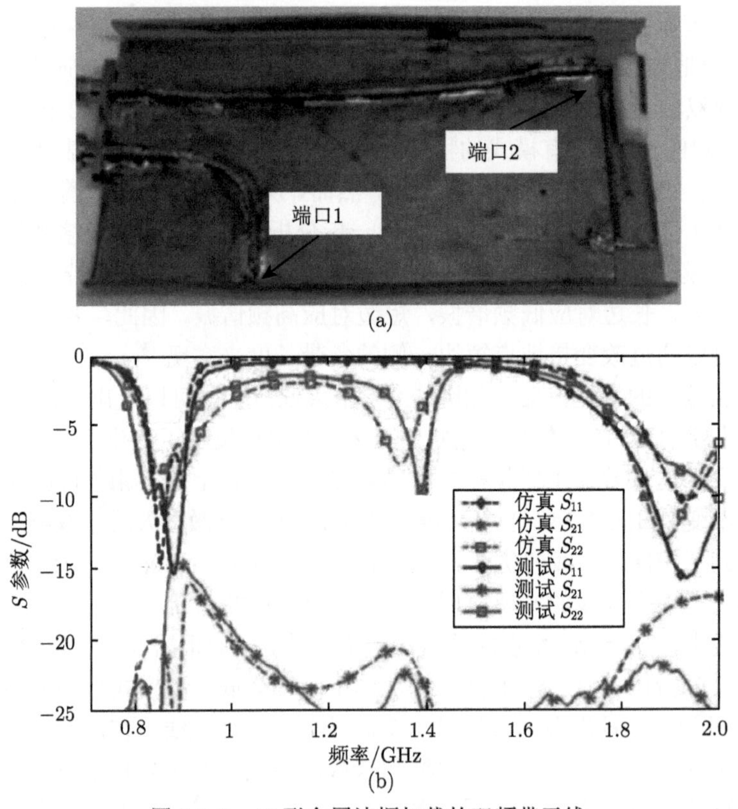

图 5.2.9　T 形金属边框加载的双频带天线

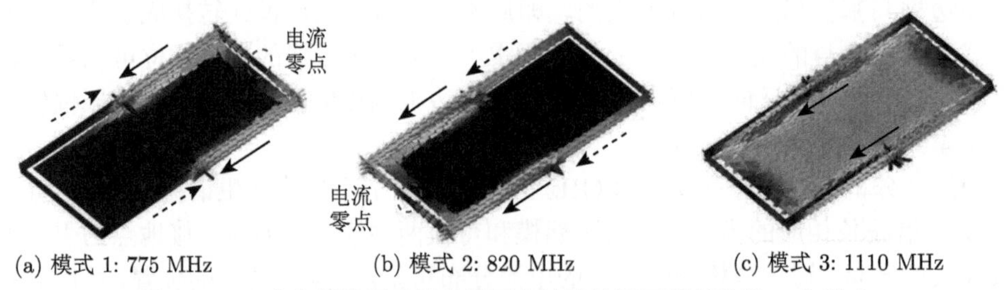

(a) 模式 1: 775 MHz　　(b) 模式 2: 820 MHz　　(c) 模式 3: 1110 MHz

图 5.2.10　全金属边框手机基板两点接地情况下低频处的 3 个模式

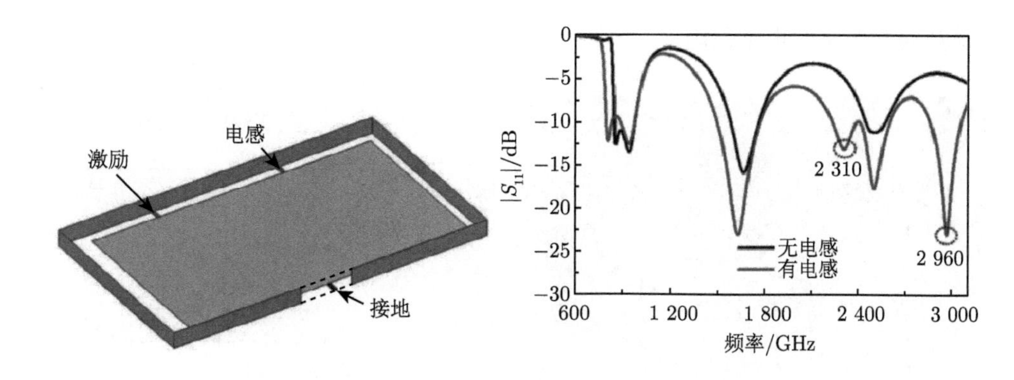

(a) 全金属边框手机天线示意图 (b) 全金属边框手机天线有无电感情况的反射系数

图 5.2.11 生金属边框手机天线及其反射系数

5.3 基于特征模的手机多天线设计

手机终端的多天线设计主要面临的挑战是有限空间带来的严重耦合，以及较高的相关系数。在低频和高频部分需要解决的问题也有所不同。对于低频而言，手机基板自身的长度相对于谐振频率而言，往往符合 1/2 波长分布，并且从图 5.1.1 可知，在低频处存在一个易被激励的主要模式，因而即使天线的类型不同，天线放置的位置不同，仍然会激励相同的模式，产生类似的辐射方向图，这就给多天线的设计带来了困难。而对于高频而言，天线自身的尺寸可以成倍地缩小，但是高频对于天线个数的要求也不断增加，从 LTE 的两天线系统，到 LTE-A 的四天线系统，以及 5G 的八天线系统，为了保证天线的总体尺寸不变，天线之间的间距不断减小，也降低了天线之间的隔离度。本节针对低频、高频天线面临的不同问题，通过特征模理论的分析，提供相应的解决方案和解决思路。

5.3.1 低频手机多天线设计

所谓的低频手机多天线指的是工作频率小于 1 GHz 的天线。从图 5.1.1 中的特征值曲线可以看出，在该频段内仅存在一个可以被激励的基板模式，该模式的电场最大值位于基板的短边，而磁场的最大值位于基板的长边中央部分。根据传统的天线设计规律，天线以 PIFA、单极子等类型为主，且通常置于基板的短边，因而，如此放置的两个天线系统必将同时激励同一个模式，产生严重的耦合。

我们以典型的天线系统为例 [13]，基板的一端放置一个位置固定的缝隙天线，另一端放置一个 PIFA，如图 5.3.1 所示。为了验证两天线之间的耦合是由共同激励基板引起的，将天线 2，即 PIFA，从基板的一端移向基板的中央。在移动过程中，两天线的物理距离不断缩小，两天线之间的相关系数变化以及分集增益如图 5.3.2 所示。可以看出，天线之间的相关系数从 0.6 下降至 0.2 左右，分集增益从 6 dB 上升至 10 dB，相应地，信道容量也从 5.5 bps/Hz 上升至 7.5 bps/Hz。这是因为当 PIFA 移到基板中央时，根据基板特征模的电场分布图，它不再能有效地激励基板的模式，而仅仅依靠自谐振，因而其与另一端有效激励基板模式的缝隙天线之间的耦合降低了。可以看到，耦合降低的同时，PIFA 的带宽也逐渐变窄，这正说明 PIFA 没有有效地激励基板的模式。由上述实验可知，基板的模式共用是导致低频耦合严重的根本原因。

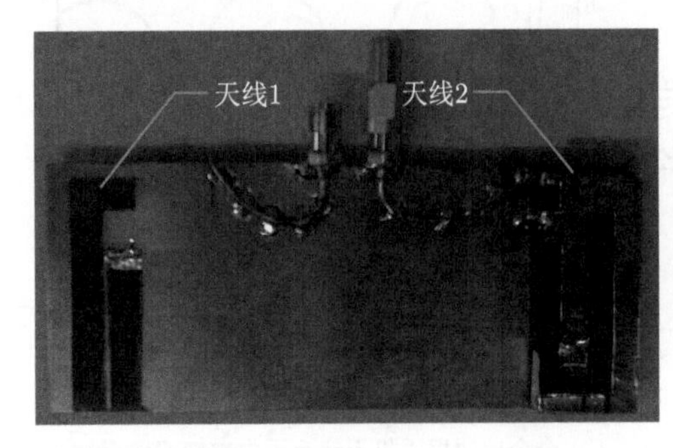

(a) 典型双天线结构及放置方式示意图

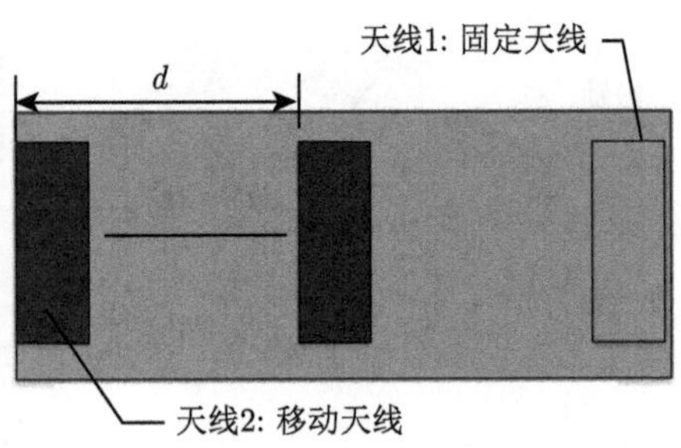

(b) PIFA 位移示意图

图 5.3.1　典型双天线结构及其位移示意图

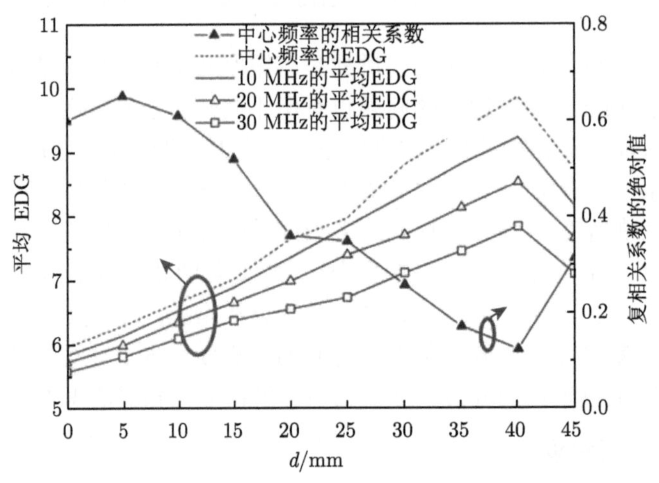

图 5.3.2　PIFA 位移过程中相关系数和分集增益的变化

既然如此，减小耦合的办法就是避免基板模式的共用。将手机天线放置在基板中央是不现实的，分析基板的特征磁场近场可知，基板短边处的特征磁场是极小的，因而可以将磁天线，如电小环，放置在基板的短边一侧，如图 5.3.3(a) 所示 [14]。电容耦合馈电的环天线和单极天线分别置于基板的两端。单极天线激励基板的模式，进而产生与半波长电偶极子类似的辐射方向图，而环天线产生与磁偶极子类似的方向图。磁偶极子和电偶极子的场是相互正交的，因而，两天线之间的隔离度非常高，大于 30 dB，如图 5.3.3(b) 所示。两天线之间既实现了极化的正交，也实现了方向图的正交，相关系数仅为 0.003。即使将两个天线同时放置在手机基板的同一短边，天线的端口隔离度也较高，天线之间仍保持较好的正交性。

避免激励基板模式的方式对于天线解耦合来说是有效的，然而，其缺点在于天线的带宽较窄，这也是由于未能有效利用基板模式导致的。为了改善天线的带宽，也更好地利用手机的金属边框，可以对手机边框的结构进行适当的调整，在 1 GHz 频率以下提供较多的模式。由图 5.1.7 可知，简单的边框加载就可以实现更多的模式，沿长边方向加载 T 形金属边框成为行之有效且简单的方式。加载 T 形金属边框可以降低基板原本的模式 2 的谐振频率，即把沿短边的半波长偶极子模式的谐振频率降至 1 GHz 以下 [15]。加载 T 形金属边框后的特征值曲线如图 5.3.4(a) 所示，可以看出，T 形金属边框加载后，3 个模式工作在 1 GHz 频率以下，并且由特征值曲线的斜率可以判断，其中两个模式的带宽都是相对较宽的。通过分析两个模式的特征近场，对于短边的半波长偶极子模式，采用 CCE 单元在长边中间位置进行馈电，对于长边的半波长偶极子，采用传统的单极天线进行馈电，进而形成两单元的多天线系统。由于模式自身的正交性，两天线之间可以实现大于 15 dB 的隔离度，同时相关系数小于 0.1。

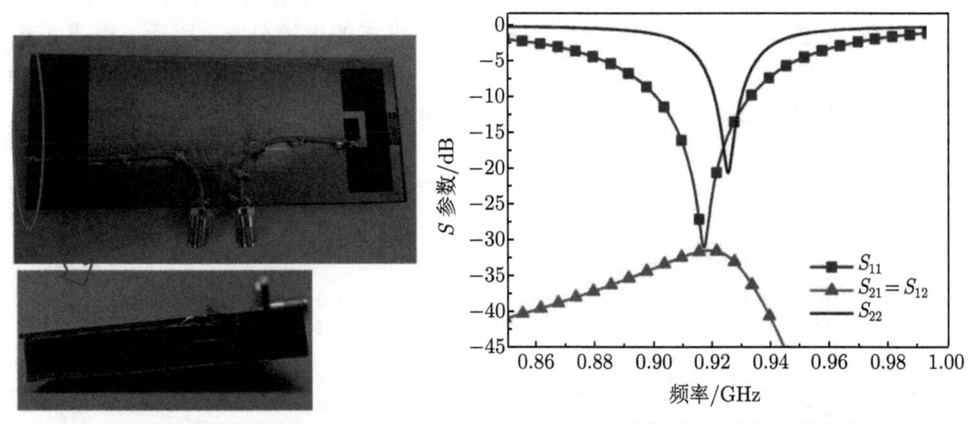

(a) 手机基板的电磁偶极子天线结构示意图 (b) 电磁偶极子天线的S参数曲线

图 5.3.3 电磁偶极子天线及其 S 参数

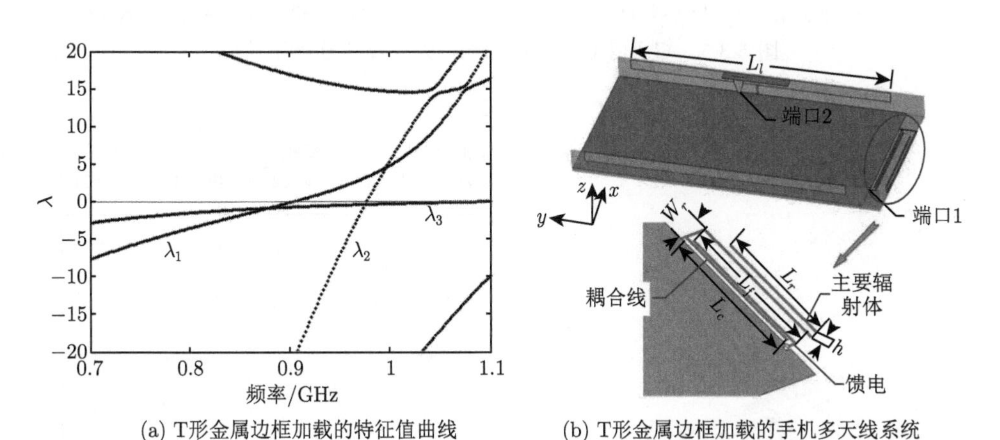

(a) T形金属边框加载的特征值曲线 (b) T形金属边框加载的手机多天线系统

图 5.3.4 T 形金属边框加载的手机多天线系统及其特征值曲线

利用相同的原理，也可以通过改变基板自身的形状并且有效利用自谐振天线在低频来实现短边的偶极子模式，如图 5.3.5(a) 所示 [16]。该基板的形状为 C 形，中间空置部分考虑放置电池，这样一来，基板的长边和短边对应的电尺寸都有所增加，短边的变化较大，同时，在短边处采用自谐振的单极天线进行馈电，进一步增加了短边方向的电长度，因而长边半波长模式和短边半波长模式对应的谐振频率都在 0.75 GHz 左右。通过调节阻抗匹配，双端口天线的 S 参数如图 5.3.5(b) 所示，可以看出，两天线之间的端口隔离度大于 20 dB，这正是模式之间的正交性形成的高隔离度。

类似地，也可以通过构造全金属边框来实现低频的多天线系统，如图 5.3.6 所示 [12]。由 5.2 节的分析可知，放置在短边的单极天线可以成功地激励模式 1、模式 2、模式 3 以形成宽带天线，因而需要对边框结构进行调整，以产生新的模式来提供多天线系统选择。如图 5.2.4 中的全金属边框的模式电流所示，由于模式 2 和模式 3 的电流最大值位置非常接近，都位于基板或者金属边框的长边中心附近，因此，在该位置将边框接地并不影响这两个模式的工作状态。为了简单，考虑只有一个短路点的情况，如图 5.3.6(a) 所示。短路点的引入位于模式 1 的电流最小值处，极大地影响了该模式的电流分布，因而，模式 1 消失了。幸运的是，短路点也引入了一个新的模式——模式 4，其特征值曲线的对比如图 5.3.6(b) 所示，模式 4 的特征值曲线斜率更小，这就意味着更宽的带宽，其谐振频率在 1.1 GHz 左右。

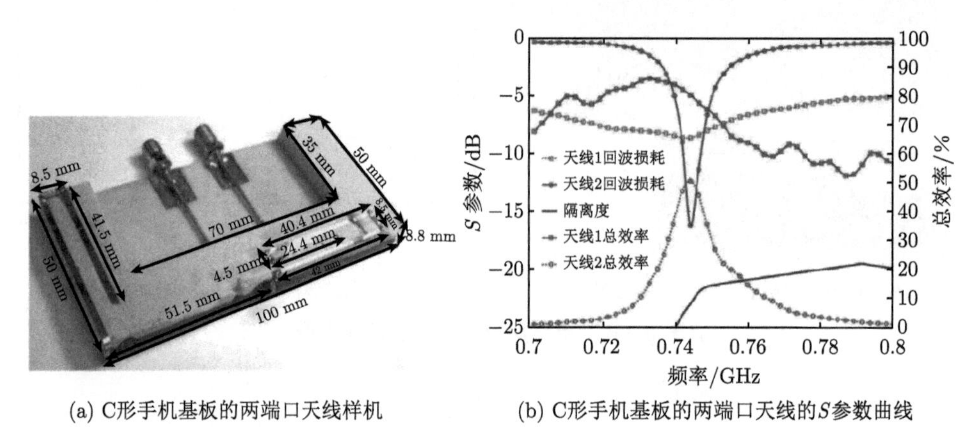

(a) C形手机基板的两端口天线样机　　(b) C形手机基板的两端口天线的S参数曲线

图 5.3.5　C 形手机基板的双端口天线及其 S 参数曲线

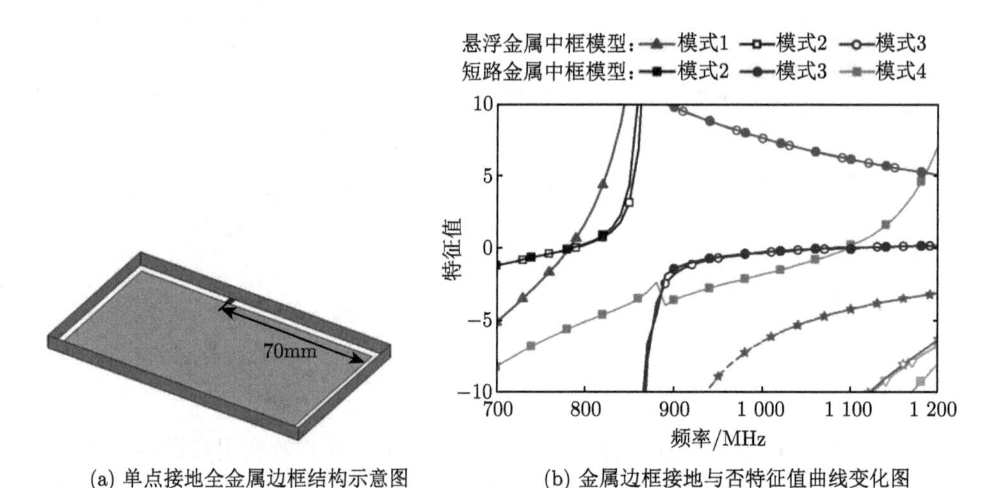

(a) 单点接地全金属边框结构示意图　　(b) 金属边框接地与否特征值曲线变化图

图 5.3.6　金属边框接地结构及其特征值曲线

为了在 1 GHz 以下形成多天线系统，需要将其谐振频率降低，因而，用电感代替接地点，再次进行模型特征值的计算时，其谐振频率下降至 0.92 GHz 附近。为形成多天线系统，将馈电放置在电感和基板之间。由于不同的端口均激励模式 3 和模式 4，其馈电时各模式系数的幅值和相位分别如图 5.3.7(a) 和 (b) 所示，可以看出两个端口均可以激励起模式 3 和模式 4，但是两个模式的相位表现不同。

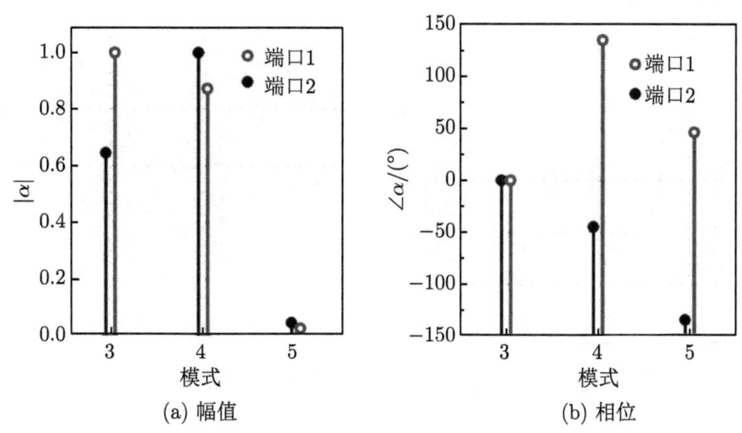

(a) 幅值　　(b) 相位

图 5.3.7　端口 1 和端口 2 馈电下模式激励系数的幅值和相位

模式 3 的激励系数在两种馈电下的相位不变，而模式 4 的激励系数在两种馈电下相位相差 180°，端口 1、端口 2 激励时，天线的表面电流分布可以表示为 [17]

$$\begin{aligned}\boldsymbol{J}_{P1} &= \alpha_3\boldsymbol{J}_3 + \alpha_4\boldsymbol{J}_4 \\ \boldsymbol{J}_{P2} &= \alpha_3'\boldsymbol{J}_3 + \alpha_4'\boldsymbol{J}_4\end{aligned} \tag{5.3.1}$$

当两个端口激励的模式系数满足 $\alpha_3' = \alpha_3, \alpha_4' = \alpha_4 \mathrm{e}^{-\mathrm{j}\pi}$，则有两个端口激励的电流互不相关：

$$\boldsymbol{J}_{P1} \cdot \boldsymbol{J}_{P2}^* = |\alpha_3|^2 - |\alpha_4|^2 = 0 \tag{5.3.2}$$

这对于减小两端口之间的耦合十分重要。实际中，每个端口会同时激励其他模式，因而电流的相关系数不为零，但是仍然较小。因此，端口之间的隔离度较高。

5.3.2　高频手机多天线设计

对于高频部分来说，可激励的模式增加了，同时激励不同的模式比低频时更容易，比如在文献 [21] 中，利用相同的辐射体、不同的馈电结构，可以激励两个极化正交的模式，一个模式类似 T 形的单极子天线，另一个模式类似偶极子天线，利用模式的正交性实现了高隔离度。对于同样的结构来说，高频部分可以实现更多模式的激励，比如对于手机基板来说，由图 5.1.1 可知，在 2 GHz 处存在 3~4 个不同的模式可以被有效激励，因而，数目较少的多天线系统可以通过激励不同的模式实现，其中需要重点关注的是如何在激励一个模式的情况下避免激励另外的模式。以 2.5 GHz 的多天线设计为例，从基板的模式分析可知，其模式 1、模式 2、模式 3 分别对应长边方向半波长偶极子模式、长边方向全波长偶极子模式以及短边方向半波长偶极子模式。通过分析各个模式的电流分布，将 ICE 单元放置在所激励模式的特征电流最大值处，如图 5.3.8 所示 [18]，模式 1 由等幅同相的放置在基板长边中央的两个 ICE 单元激励，模式 2 由 4 个基板长边的 ICE 单元激励，其中两个 ICE 单元与另外两个单元之间存在 180° 的相位差，类似地，模式 3 由放置在基板短边中央的两个等幅同相的 ICE 单元激励。

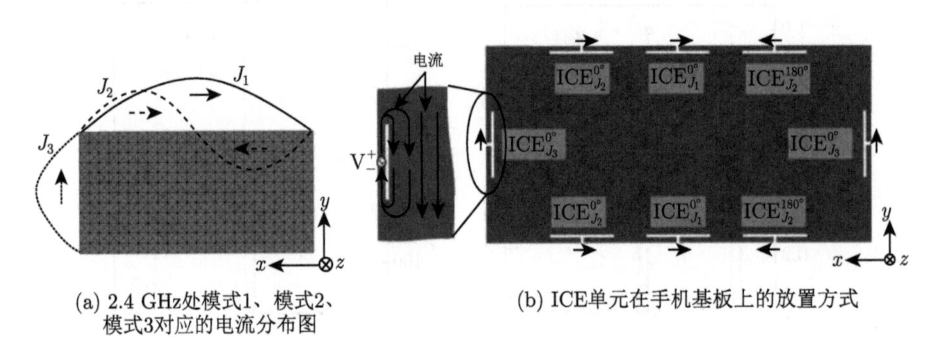

(a) 2.4 GHz处模式1、模式2、模式3对应的电流分布图　　(b) ICE单元在手机基板上的放置方式

图 5.3.8　特征电流及相应的 ICE 馈电布置

模式激励的效果通常用激励后天线的远场和模式的特征远场的相关性来评价。研究发现，3 个天线所形成的远场与 3 个特征模式远场之间的相关系数分别为 0.78，0.98，0.78，3 个模式均实现了较好的激励。然而，ICE 馈电单元处的输入电阻通常较小，而输入电抗通常较大，因而需要进一步利用阻抗匹配网络实现与同轴线的阻抗匹配，包括功分器和移向器等。通过激励这样 3 个互相正交的特征模式，实现了工作在 2.5 GHz 频段的三天线系统，天线之间的相关系数小于 0.02，端口之间的隔离度约为 3 dB。

上述方法中，ICE 单元都是对称放置的，这是为了保证模式激励的纯度，非对称放置的激励会激励出混合模式。然而，并非所有混合模式的激励都会带来强的耦合，事实上，若可以适当地选择各模式的激励相位，仍然可以保证天线的高隔离度。

如图 5.3.9 所示 [19]，利用 CCE 单元代替 ICE 单元对基板进行馈电，4 个 CCE 单元分别置于基板的 4 个角落，位于共同短边的 ICE 单元由同一馈电网络馈电，通过相移器

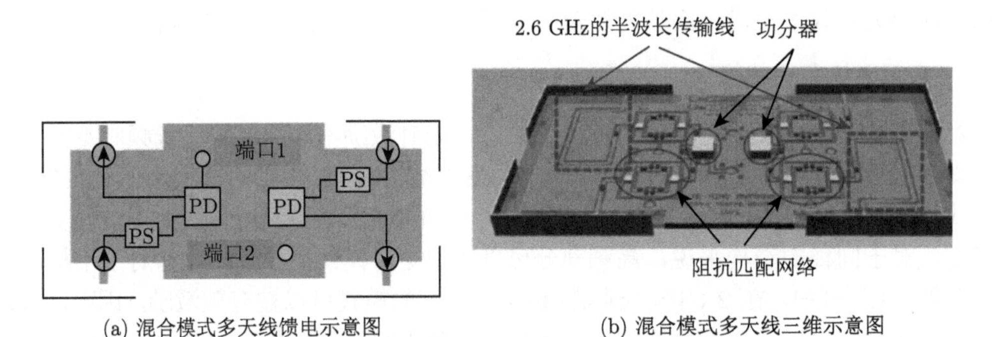

(a) 混合模式多天线馈电示意图　　(b) 混合模式多天线三维示意图

图 5.3.9　混合模式多天线馈电示意图及其三维示意图

保证两馈电相差 180°。由于 CCE 单元尺寸较大，因而将其结构纳入特征模分析，可得到如图 5.3.10 所示的模式。两个模式在接地点处均呈现较大的电流强度，因而，位于 4 个角落的接地点位置的馈电均会同时激励两个模式。此时，由于端口 1 和端口 2 的激励在基板的左右两端呈现反相，两激励之间的相关系数近似为 0。因而，利用相位关系实现混合模式激励的解耦合也是手机多天线解耦合的重要途径。利用双端口 CCE 馈电形成的天线样品如图 5.3.11(a) 所示，图 5.3.11(b) 给出了两端口的反射系数和隔离度，可以看出，模式激励的反相特性，高频、低频处两端口之间的隔离度均大于 17 dB。

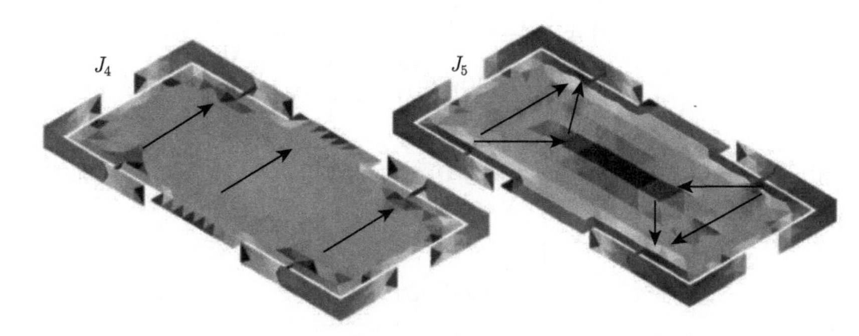

图 5.3.10　被激励的两个模式的特征电流分布图

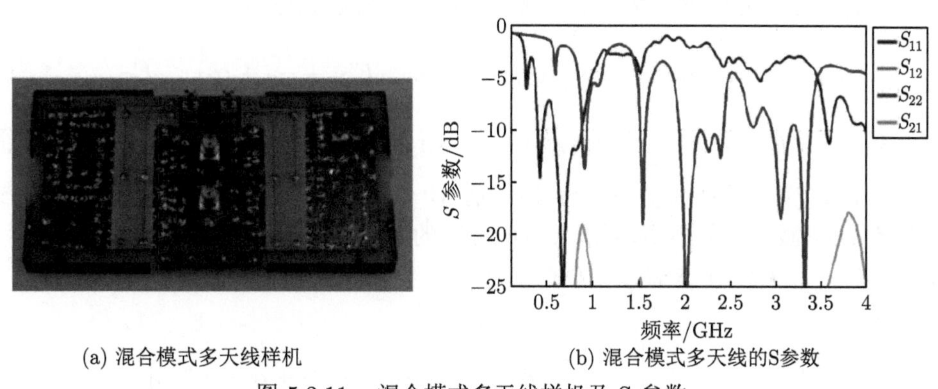

(a) 混合模式多天线样机　　(b) 混合模式多天线的S参数

图 5.3.11　混合模式多天线样机及 S 参数

对于 5G 的通信系统来说，四端口的天线系统已经不能满足传输速率的要求，天线数目需要达到 8 个。在天线数目非常多的情况下，若要每个天线激励完全不同的模式是不现实的。仍以两天线单元为例，为实现两天线之间的低相关性，两端口之间的相关性可以表示为 [20]

$$\rho(i,j)=\frac{\left|\iint[F_i(\theta,\phi)\cdot F_j^*(\theta,\phi)]\mathrm{d}\Omega\right|^2}{\iint|F_i(\theta,\phi)|^2\,\mathrm{d}\Omega\cdot\iint|F_j(\theta,\phi)|^2\,\mathrm{d}\Omega} \tag{5.3.3}$$

任何方向图都可以表示成特征场的线性叠加:

$$F_i(\theta,\phi)=\sum_{n=1}^{N}\alpha_{n,i}E_n(\theta,\phi) \tag{5.3.4}$$

且特征场之间具有式 (2.1.39) 所示的正交性，因而

$$\rho(i,j)=\frac{\left|\sum_{n=1}^{N}\alpha_{n,i}\alpha_{n,j}^{*}\right|^2}{\left(\sum_{n=1}^{N}\left|\alpha_{n,i}\right|^2\right)\left(\sum_{n=1}^{N}\left|\alpha_{n,j}\right|^2\right)} \tag{5.3.5}$$

其中，$\alpha_{n,i}$ 和 $\alpha_{n,j}$ 是第 i 个和第 j 个激励所激励出的第 n 个模式的模式加权系数。若要使天线之间不相关，则应有

$$\left|\sum_{n=1}^{N}\alpha_{n,i}\alpha_{n,j}^{*}\right|^2=0 \tag{5.3.6}$$

若端口 i 和端口 j 激励不同的模式，即模式之间没有交集，则式 (5.3.6) 为 0。然而当端口的数量增加时，其所激励的模式必然会相互重合，若仍要保持天线之间的低相关性，可以对模式进行如下的分析。两个端口激励出的电场可以表述为 [21]

$$E_{\text{port1}}=\alpha_{1,1}E_1+\cdots+\alpha_{M,1}E_M+\alpha_{C_1,1}E_{C_1}+\cdots+\alpha_{C_{N1},1}E_{C_{N1}} \tag{5.3.7}$$

$$E_{\text{port2}}=\alpha_{1,2}E_1+\cdots+\alpha_{M,2}E_M+\alpha_{D_1,1}E_{D_1}+\cdots+\alpha_{D_{N2},1}E_{D_{N2}} \tag{5.3.8}$$

观察式 (5.3.7) 和式 (5.3.8)，两个天线的前 M 个模式为两个端口激励的重合的模式。由于端口位置不同，激励系数不同，两个天线所激励的不同的模式分别用 $\{E_{C_1},E_{C_2},\cdots,E_{C_{N1}}\}$ 和 $\{E_{D_1},E_{D_2},\cdots,E_{D_{N1}}\}$ 来表示。此时，相关系数的分子可以表示为

$$\left|\sum_{n=1}^{M+N}\alpha_{n,i}\alpha_{n,j}^{*}\right|^2=\left|\alpha_{1,1}\alpha_{1,2}^{*}+\alpha_{2,1}\alpha_{2,2}^{*}+\cdots+\alpha_{M,1}\alpha_{M,2}^{*}\right|^2 \tag{5.3.9}$$

式 (5.3.9) 只余下两天线激励的相同模式的模式加权系数。若这些系数的乘积和为零，那么此时两个天线之间的包络相关系数将为零。我们将两个天线激励的相同模式分为两类，一类为同相模式，另一类为异相模式。同相模式即为两天线激励出的相同模式的模式加权系数相位也相同；异相模式即为两天线激励出的相同模式的模式加权系数具有 180° 的相位差。那么式 (5.3.9) 可以写为

$$\begin{aligned}\left|\sum_{n=1}^{P+Q}\alpha_{n,i}\alpha_{n,j}^{*}\right|^2=&\Big|\left|\alpha_{E1,1}\right|\left|\alpha_{E1,2}\right|\mathrm{e}^{\mathrm{j}\phi_1}\mathrm{e}^{-\mathrm{j}\phi_1}+\cdots+\left|\alpha_{EP,1}\right|\left|\alpha_{EP,2}\right|\mathrm{e}^{\mathrm{j}\phi_P}\mathrm{e}^{-\mathrm{j}\phi_P}\\&+\left|\alpha_{A1,1}\right|\left|\alpha_{A1,2}\right|\mathrm{e}^{\mathrm{j}\eta_1}\mathrm{e}^{-\mathrm{j}(\eta_1+\pi)}+\left|\alpha_{AQ,1}\right|\left|\alpha_{AQ,2}\right|\mathrm{e}^{\mathrm{j}\eta_Q}\mathrm{e}^{-\mathrm{j}(\eta_Q+\pi)}\Big|^2\end{aligned}$$

$$
\begin{aligned}
&= |(|\alpha_{E1,1}\alpha_{E1,2}| + \cdots + |\alpha_{EP,1}\alpha_{EP,2}|) - (|\alpha_{A1,1}\alpha_{A1,2}| + \cdots + |\alpha_{AQ,1}\alpha_{AQ,2}|)| \\
&= |EC - AC|^2
\end{aligned} \tag{5.3.10}
$$

其中模式集合 $\{E1, E2, \cdots, EP\}$ 为两个天线激励出的同相模式序号集合，模式集合 $\{A1, A2, \cdots, AQ\}$ 为两个天线激励出的异相模式序号的集合。此时提出两个参数: 同相模式系数 EC(equal-phase mode coefficient)、异相模式系数 AC(anti-phase mode coefficient)。两个系数的表达式为

$$
EC = |\alpha_{E1,1}\alpha_{E1,2}| + \cdots + |\alpha_{EP,1}\alpha_{EP,2}| \tag{5.3.11}
$$

$$
AC = |\alpha_{A1,1}\alpha_{A1,2}| + \cdots + |\alpha_{AQ,1}\alpha_{AQ,2}| \tag{5.3.12}
$$

可见，EC 为两个天线激励出的同相模式的模式加权系数的乘积和，AC 为两个天线激励出的异相模式的模式加权系数的乘积和。当参数 EC 与 AC 相等时，两天线之间的包络相关系数为零；当参数 EC 与 AC 相近时，两天线之间的包络相关系数将会很小。因此，我们在后续的天线设计当中，不需关注天线激励多少个相同的模式，只需关注参数 EC 与 AC 之间的差值大小。根据 EC 和 AC 之间的差距，通过改善同相模式或异相模式的激励程度来改善天线之间的包络相关系数。

基于这种思想，在设计 8 单元的 MIMO 天线时，采用两种不同的馈源，如图 5.3.12 所示：第一种是类似 ICE 单元的小环馈电，它主要激励的模式是特征电流与长边平行的模式；第二种是缝隙馈电单元，其电场分布如图 5.3.12(b) 所示，其主要激励的模式是特征电流与长边垂直的模式，因而这两种不同的馈源可以激励起不同类型的模式电流。按照图 5.3.12(c)，将 8 个馈电端口分别置于基板的两个长边，其中缝隙馈电单元置于基板中央，环天线馈电单元置于基板两端。在 3.5 GHz 处，许多模式的电流最大值都是分布在基板长边的各个位置，因而各个馈源都将激励数个模式。以端口 1 和端口 8 为例，其各个模式的模式系数的激励情况如图 5.3.13 所示，由于两个端口对称分布在基板的两侧，因而对各个模式的激励系数的模值相同，然而对于各模式的激励相位却不完全相同，分成了同相的和反相的，即上述提到的同相模式和异相模式。将结果代入式 (5.3.10)，得到两个端口的相关系数小于 0.02。

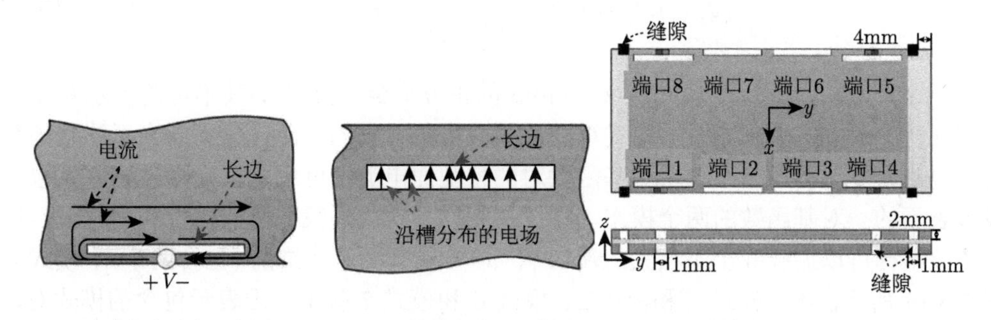

(a) 电感耦合馈电示意图　(b) 槽馈电单元示意图　(c) 混合模式多天线三维示意图

图 5.3.12　混合模式多天线馈电示意图

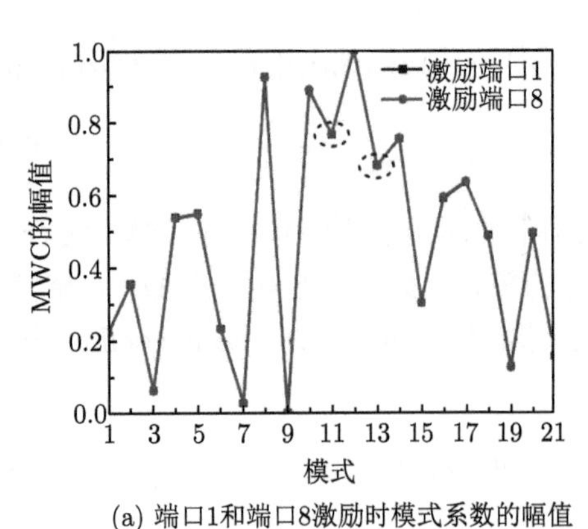

(a) 端口1和端口8激励时模式系数的幅值

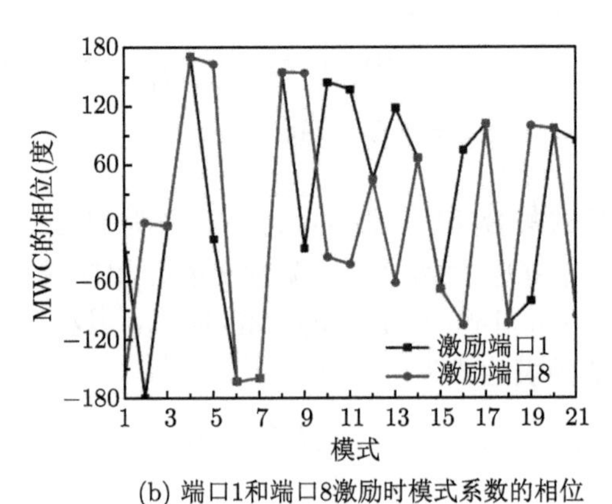

(b) 端口1和端口8激励时模式系数的相位

图 5.3.13　不同端口激励情况下模式系数的幅值与相位

这样的分析设计方法不仅适合手机多天线设计，对于其他天线结构同样适用。因为对于特征模分析来说，天线结构的选取至关重要，所以接下来我们从简单结构出发，分析什么样的结构更适合设计多天线以及如何加载馈源 [22]。文献 [22] 提出，在天线工程中遇到的大多数对称物体都有有限数量的对称运算，相应的对称群称为有限群。对于有限群，存在有限数量的所谓最小维的不可约表示，所有其他表示都可以从这些表示中导出 [23]，所以我们用不可约表示来代表一类模式。这个概念可以更直观地描述多天线设计的端口上限。文献 [22] 还指出，应用对称性分析，可以预测可行的不相关天线端口的数目，进而介绍如何选择结构和加载不相关的端口。

得到结构的不可约表示之后，需要去激励这些不可约表示，一般是使入射场和要激励的不可约表示的电流相关性最大，如式 (5.3.13)。一般用相关系数来衡量面电流的相似性，常常把馈源对称地放置在电流局部最大值和零点上，如果不对称地施加入射电场，则属于不同表示的多个特征模将被激发，从而减少可以实现的不相关天线端口的数量。不同的不可约表示的电流密度之间是正交的，在二维表示法中属于不同行的电流密度也是相互正交的，属于同一表示的电流密度是相关的。因此，不相关的天线端口数量受不可约表示的数量和维数控制，即在多模天线上实现不相关天线端口存在一个上界。利用这个上界，我们可以设计尽可能多的不相关端口。

$$\left\langle \boldsymbol{J}_n(r), \boldsymbol{E}^{\mathrm{i}}(r) \right\rangle = \iint_{S'} \boldsymbol{J}_n(r) \cdot \boldsymbol{E}^{\mathrm{i}}(r) \mathrm{d}\boldsymbol{S'} \tag{5.3.13}$$

基于这个方法，分析了 40 mm × 40 mm 的正方形金属板 [22]，其不可约表示有 4 个一维的和 1 个二维的可以被激励 (模式重要性系数大于 0.707)，而作为不同表示法基函数的特征面电流密度与构成二维表示法基函数对的特征面电流密度相互正交，二维表示包含了构成该表示的一对基函数的两个模态，特征值相同，也就是我们之前所说的简并模，这就决定了该结构可以加载 6 个不相关的端口 [4 个一维的，1 个二维的 (包含两个)]，模式电流如图 5.3.14 所示，图中模式 1 和模式 2、模式 6 和模式 7 就是二维表示包含的模式对，它们具有相同的特征值和模式重要性系数，模式 3、模式 4、模式 5、模式 8 是正方形金属板不同一维表示法的基函数的模式电流。模式和不可约表示之间的对应关系如表 5.3.1 所示。

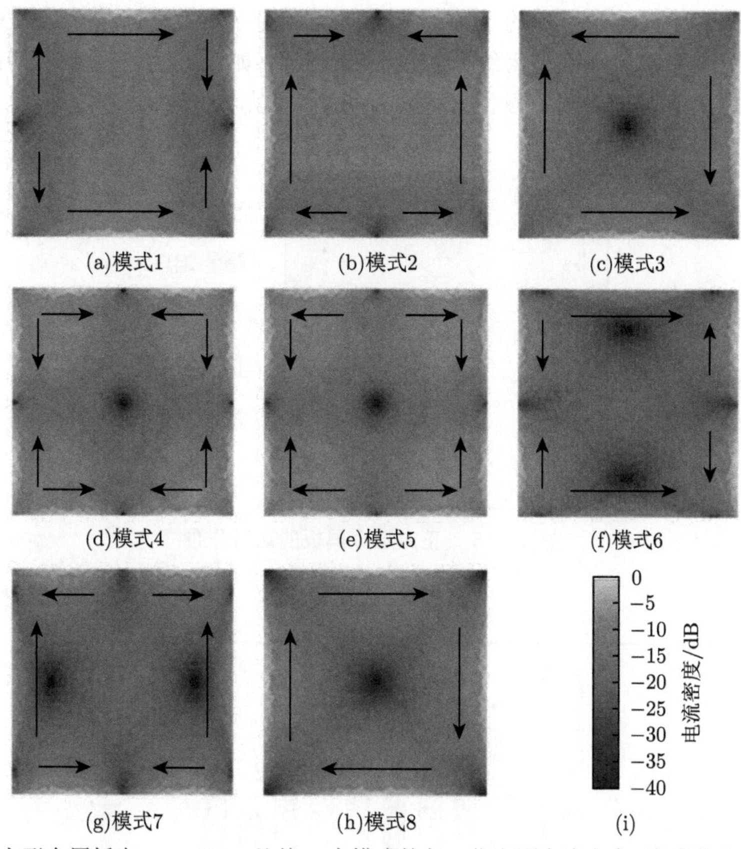

图 5.3.14 正方形金属板在 7.25 GHz 处前 8 个模式的归一化表面电流密度 (主电流方向用箭头表示)

表 5.3.1 不可约表示和模式对应表

不可约表示	模式
$\Gamma^{(1)}$	4; 12
$\Gamma^{(2)}$	8; 13; 17
$\Gamma^{(3)}$	5; 11
$\Gamma^{(4)}$	3; 16; 18
$\Gamma^{(5)}$	1—2; 6—7; 9—10; 14—15

确定了该结构可以加载 6 个不相关的端口，可以根据该表示的电流分布，利用对称性分析设计模式的激励，如图 5.3.15 所示。一个天线端口由几个电压源组成，这些电压源被放置在平板上，使它们满足各自表示的对称性要求，所有的电压源用相同的振幅，相位用图中箭头方向表示，可以看到电压源是有重合的，这样的重合可以减少一些电压源，也就是说，一个电压源为多个端口使用。

为了评估由前面定义的各个端口激励哪些特征模式，想要激励的模式有没有被成功激励，我们计算了各个端口和模式电流之间的归一化模式加权系数。如图 5.3.16 所示，各个端口激励的模式都不同，这样就可以实现端口之间的正交性，也就是高隔离度，而且各个端口激励的模式和表 5.3.1 所示的基本一致，证明利用不相关表示来代表一类模式是可行的。根据上述正交模式设计的多天线系统及其馈电网络如图 5.3.17 所示。最终的仿真结果也证明 (图 5.3.18)，这样的端口设计可以实现 80 dB 以上的高隔离度。

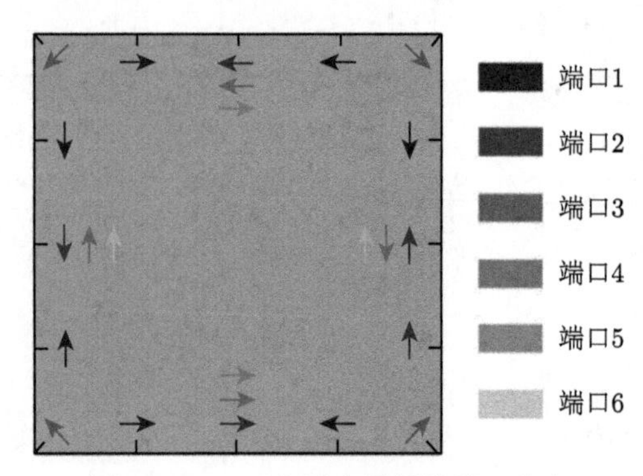

图 5.3.15　正方形金属板的端口分布

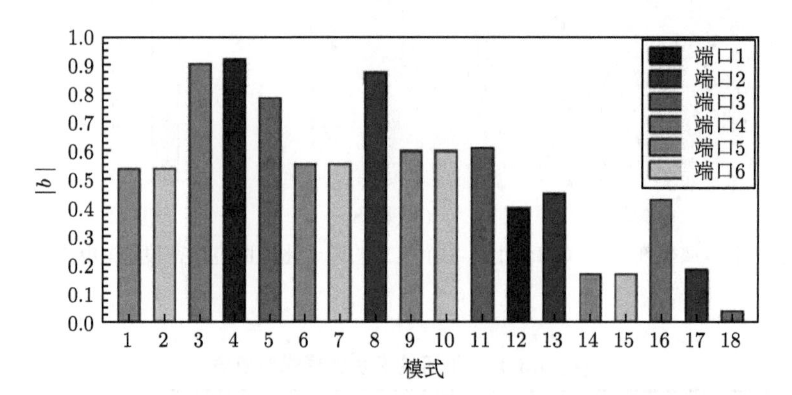

图 5.3.16　在 7.25 GHz 激励下正方形金属板归一化模态加权系数的绝对值

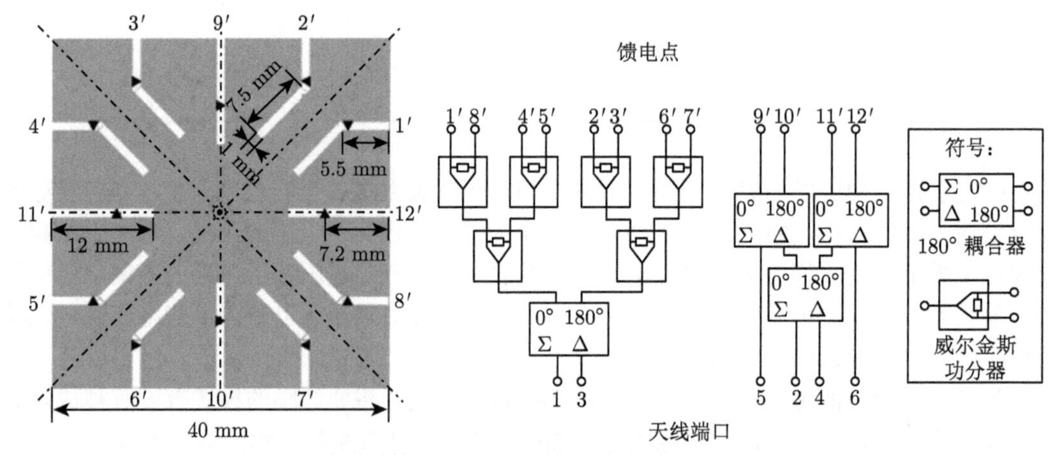

图 5.3.17　带激励槽的正方形金属板的实际端口分布和馈电网络

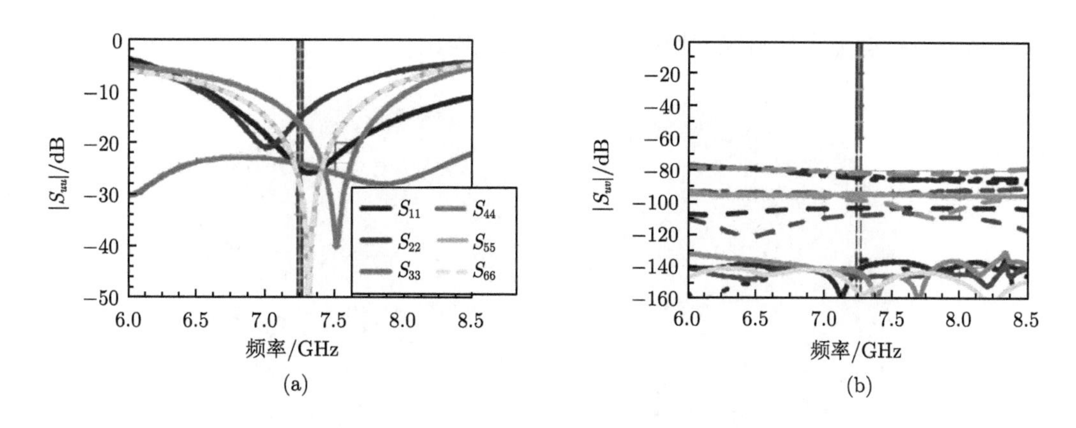

图 5.3.18 带激励槽和馈电网络的方形 PEC 板的 S 参数

和手机天线类似，智能手表天线所面临的挑战也越来越大，现在的智能手表不仅要求能打电话，还要有连接蓝牙、WiFi 等功能，所以需要的天线也越来越多，要在有限的体积内增加天线数量，就需要考虑隔离度的问题，所以也有部分研究者利用特征模理论去设计智能手表上的天线，实现了高隔离度和高增益 [24]。

手表结构的特征角曲线以及特征近场分别如图 5.3.19 和图 5.3.20 所示。模式 1 和模式 2 是一对在 2.5 GHz 处谐振的简并模，模式 3 是非谐振的环模式，模式 4 和模式 5 是一对在 5.0 GHz 处谐振的简并模。为了在 WLAN 频段实现 MIMO 天线，选择激励相互正交的模式 1 和模式 2。

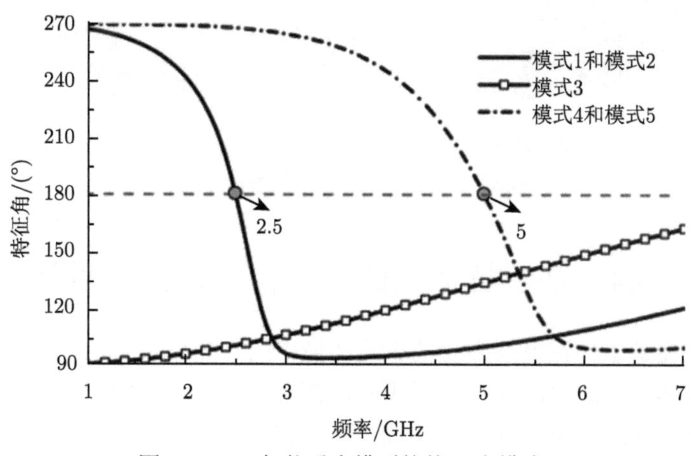

图 5.3.19 智能手表模型的前 5 个模式

对于特征电场分布，模式 1 在 A, C 处有最大值，模式 2 在 B, D 处有最大值，因而，在 A 和 B 点上，利用两个 T 形耦合馈电结构作为电容耦合馈电，即可实现对模式的有效激励，如图 5.3.20 所示。考虑到智能手表的实际部署，从金属框架上切下 3 个槽，馈电结构置于圆形地平面上方，与外环之间的缝隙为 0.88 mm，如图 5.3.21 所示。三个槽对模式特征角的影响可以忽略不计，但馈电结构的电容性会略微降低两个模式的谐振频率。该终端多天线系统在有无人体情况下均可保持稳定的性能。

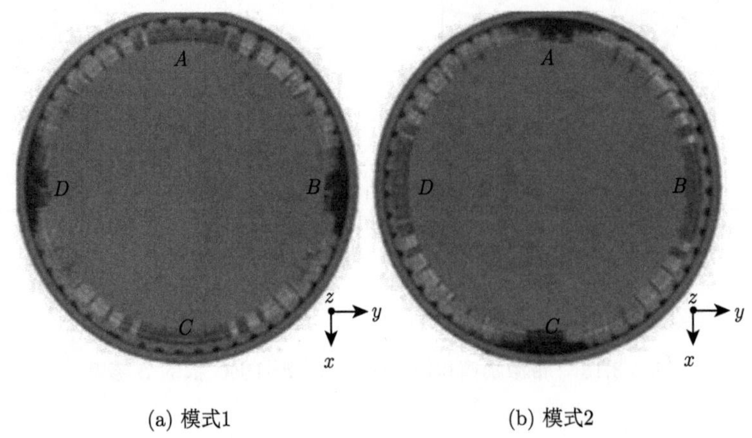

(a) 模式1 (b) 模式2

图 5.3.20 2.5 GHz 处的电场分布

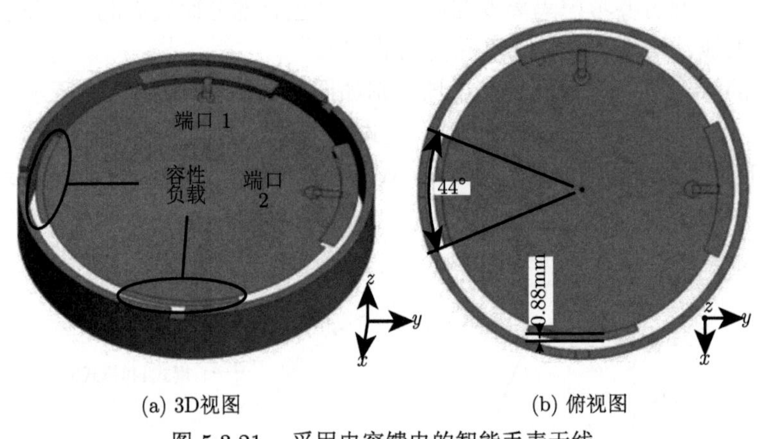

(a) 3D视图 (b) 俯视图

图 5.3.21 采用电容馈电的智能手表天线

5.4 基于特征模的可重构手机天线设计

手机天线往往是工作在复杂多变的无线环境中的，随着位置的不断移动、手持方式的变化，以及与人体之间距离的变化，无线信道都会发生变化。如果手机天线可以随着环境的变化实现频率以及方向图的可重构，则可以实时优化信道容量，极大提高无线通信的效率。

由于不同特征模式之间的远场是相互正交的，因而可以形成不同的方向图以实现可重构。实现可重构的方式之一是在合适的位置加载可调的阻抗，如图 5.4.1 所示 [25]。对于一个双端口天线，要相对两个端口都实现方向图可重构，则共需实现 4 个方向图。根据图 5.1.5 的基板的电场近场分布可知，将一个 CCE 单元放置在基板的角落能激励起基板更多的模式，因而，首先将激励放置在图中所示的角落 1 和 2 所示的位置。与激励模式的原理类似，将任何寄生 CCE 单元放置在某个模式的电流最小值处，即近场电场的最大值处，都可以对该模式产生影响。相反地，将其放置在电流最大值处，则不会对该模式产生影响。

为实现对不同模式的控制，考虑加入寄生单元，首先将寄生单元放置在图 5.4.1 所示的位置处，并比较其特征模式与未放置寄生单元情况下的特征值的变化，由于两个寄生单元放置在图 5.4.1(b) 中所示的模式 2、模式 3 的电流零点处，因而其主要对这两个模式产生影响。

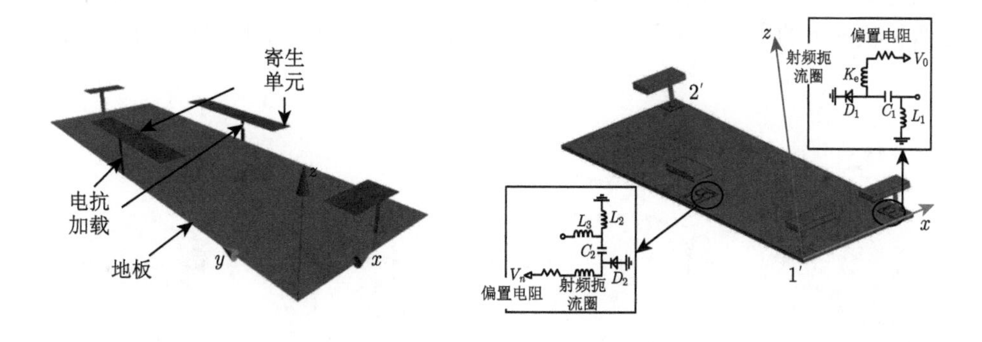

(a) 手机基板加载馈电单元和寄生单元示意图　　(b) 手机基板加载馈电单元和寄生单元天线结构图

图 5.4.1　加载馈电和寄生单元的手机结构图

图 5.4.2　加载馈电和寄生单元的手机基板在 2.28GHz 处的特征电流

为使寄生单元发挥较大作用，采用不对称的放置方式，将寄生单元分别放置在图 5.4.2 中的位置，即其中一个寄生单元移至基板的角落，因而该寄生单元将对该结构的所有模式产生影响。对于双端口天线，为了增加天线之间的隔离度，要求天线之间的互阻抗 $Z_{12}=0$。将图 5.4.2 中的结构作为四端口网络，端口 3、端口 4 即为阻抗加载的寄生结构，因而有

$$V_3/I_3=-Z_{L3}, V_4/I_4=-Z_{L4} \tag{5.4.1}$$

由互阻抗为 0 可以得到如下关系：

$$Z_{L4}=\frac{1}{Z_{12}(Z_{L3}+Z_{33})-Z_{32}Z_{13}}\times[(Z_{L3}+Z_{33})(-Z_{12}Z_{44}+Z_{42}Z_{41})$$

$$+ (Z_{32}Z_{13}Z_{44} + Z_{12}Z_{34}^2 - Z_{42}Z_{34}Z_{13} - Z_{32}Z_{34}Z_{14})] \quad (5.4.2)$$

考虑集总元件的加载不能以牺牲天线效率为代价，因而加载的阻抗实部为 0。求解上述公式,可以得到两组满足条件的解：$Z_{L3} = \mathrm{j}68.25\Omega$, $Z_{L4} = \mathrm{j}124\Omega$ 以及 $Z_{L3} = \mathrm{j}114.8\Omega$, $Z_{L4} = \mathrm{j}107\Omega$。这两组解都可以保证两个端口之间的高隔离度，分别记为状态 1 和状态 2。这两种状态下两个天线端口的三维辐射方向图如图 5.4.3 所示，方向图有很大差异，很好地实现了方向图的可重构。端口 1 馈电时，这两种状态下的方向图相关系数为 0.03，端口 2 馈电时，这两种状态下的方向图相关系数为 0.37，与此同时，两个端口之间的相关系数也小于 0.3。

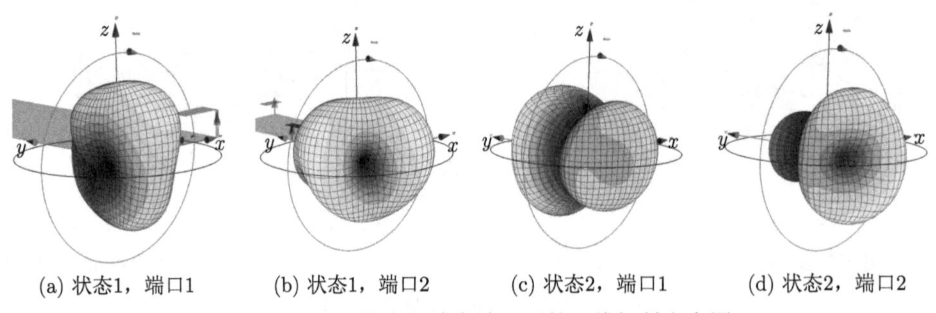

(a) 状态1，端口1　(b) 状态1，端口2　(c) 状态2，端口1　(d) 状态2，端口2

图 5.4.3　不同状态和馈电端口下的三维辐射方向图

除了加载寄生单元外，也可以通过直接控制馈电 CCE 单元的相位进行方向图的调整，尤其是调整其零度对准的方位 [26-27]。从前述的馈电分析可以得知，将 CCE 单元放置在某个模式的特征电流最小值处，即可能激励该模式。我们以平面手机基板为例，基于模式数量的需求，将 2.45 GHz 处的前 8 个模式的特征电流示于图 5.4.4 中。

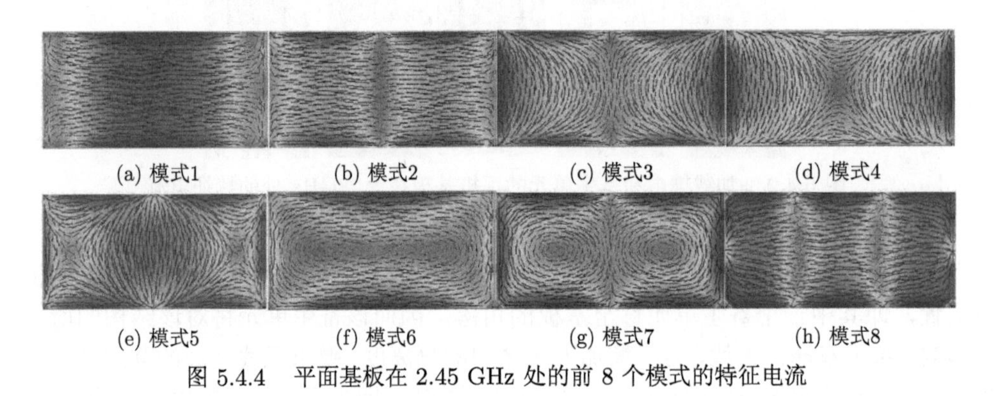
(a) 模式1　(b) 模式2　(c) 模式3　(d) 模式4

(e) 模式5　(f) 模式6　(g) 模式7　(h) 模式8

图 5.4.4　平面基板在 2.45 GHz 处的前 8 个模式的特征电流

若将两个 CCE 单元分别置于基板短边的中央，由模式的特征电流分布可知，CCE 单元将激励模式 2 和模式 8，而若将 CCE 单元放置在基板长边的中央，则其可以激励模式 2 和模式 5。将激励程度量化，计算各个激励对于各个模式的激励系数，可得到如图 5.4.5(b) 所示的柱状图，由于基板的完全对称以及 CCE 单元的对称放置，端口 1 和端口 2 对各模式的激励系数的幅值是相同的，端口 3 和端口 4 对各模式的激励系数的幅值也是相同的。虽然如此，它们对各模式的激励相位是不同的，例如，端口 1 和端口 2 激励模式 2 时是同相的，而激励模式 8 时是反向的。类似地，端口 3 和端口 4 激励模式 2 时是同相的，而激励模式 5 时是反向的。端口 1 和端口 3 对于模式 2 的激励也是反向的。

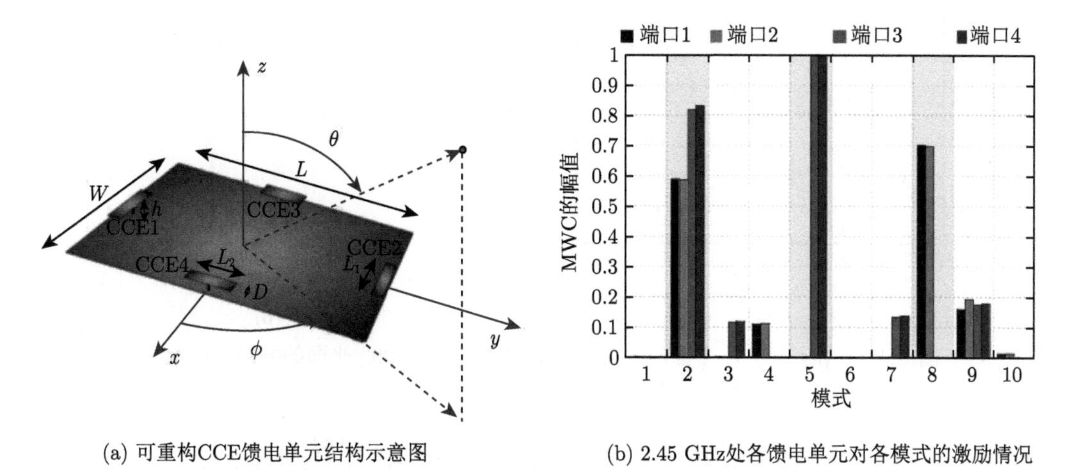

(a) 可重构CCE馈电单元结构示意图　　(b) 2.45 GHz处各馈电单元对各模式的激励情况

图 5.4.5　可重构 CCE 馈电单元及其对特征模式的激励

由前述讨论可知，激励系数的相位变化对于方向图来说也是至关重要的，通过调整激励的振幅和相位可以调节方向图的变化。各 CCE 单元振幅和相位调节对于模式激励的影响可以表示为

$$
\begin{cases}
J_{\text{CCE1}} \cong X_1\alpha_2^{(1)}J_2 + X_1\alpha_8^{(1)}J_8 \\
J_{\text{CCE2}} \cong X_2\alpha_2^{(2)}J_2 + X_2\alpha_8^{(2)}J_8 \\
J_{\text{CCE3}} \cong X_3\alpha_3^{(3)}J_2 + X_3\alpha_5^{(3)}J_5 \\
J_{\text{CCE4}} \cong X_4\alpha_2^{(4)}J_2 + X_4\alpha_5^{(4)}J_5
\end{cases}
\tag{5.4.3}
$$

其中，α_k^i 表示归一化的第 i 个 CCE 单元单独激励时，对第 k 个模式产生的激励系数；X_i 表示实际第 i 个 CCE 单元的振幅和相位，是方向图可重构的关键。

手机基板上形成的总的电流分布可以表示为

$$
\begin{aligned}
J_{\text{total}} &= J_{\text{CCE1}} + J_{\text{CCE2}} + J_{\text{CCE3}} + J_{\text{CCE4}} \\
&= [X_1\alpha_2^{(1)} + X_2\alpha_2^{(2)} + X_3\alpha_3^{(3)} + X_4\alpha_2^{(4)}]J_2 \\
&\quad + [X_3\alpha_5^{(3)} + X_4\alpha_5^{(4)}]J_5 + [X_1\alpha_8^{(1)} + X_2\alpha_8^{(2)}]J_8
\end{aligned}
\tag{5.4.4}
$$

通过控制 X_i 的振幅和相位即可控制电流的分布。事实上，X_1 和 X_2 的振幅和相位主要控制 y 方向的方向图，而 X_3 和 X_4 的振幅和相位用来控制 x 方向的方向图。

考虑到实际器件无法控制振幅和相移使其任意可调，采用以 10° 为步长的相移器，在 $\phi = 0°$ 和 $\phi = 90°$ 两个平面上实现的方向图可重构如图 5.4.6 所示，可以看出，在两个正交的平面上，都可以通过控制激励的振幅和相位实现方向图零点的可调。实际上，在整个三维空间中，方向图零点的方位都可以实现较精确的控制。

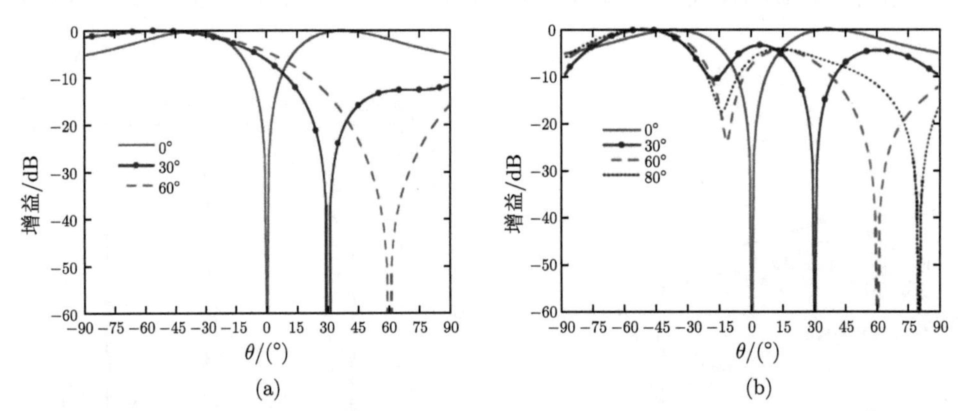

图 5.4.6 (a) $\phi = 0°$ 平面的方向图可重构；(b) $\phi = 90°$ 平面的方向图可重构

5.5 基于特征模的天线与人体相互作用研究

与其他终端天线相比，手机天线的工作环境是多变的。其中不仅包括终端移动带来的多径的影响，也包括天线与人体之间的相互作用：一方面，人体组织的介电常数非常高，因而其会对天线的工作频率以及阻抗匹配产生影响，一般来说，工作频率会向低频方向移动，同时匹配变差；另一方面，人体组织的电导率较高，因而会产生热损耗，降低天线的辐射效率，同时天线的辐射也会对人体产生影响，产生比吸收率 (specific absorption rate, SAR)。因而，如何减少人体对天线的影响以及降低人体的比吸收率，是研究手机天线的重要问题之一。目前，通过特征模的方式研究手机天线与人体的相互作用主要有两种方案：第一种方案是将人体组织 (尤其是头、手) 模型纳入特征模理论的计算，分析这种情况下的特征模式的特征值、特征场，选择特征电流在人体组织上较小的模式进行激励。这种方案从天线设计的角度更加全面和系统，然而面临的问题是有损介质下的特征模计算是比较困难的，存在诸多的伪模式需要去除，且特征值和特征电流本身的物理意义并不明确。第二种方案是通过对比天线结构在有无人体组织情况下模式的变化，从而得出变化较小的模式，通过激励这些模式的组合设计受人体组织影响较小的天线。

5.5.1 基于损耗媒质特征模分析的手机天线设计

目前，基于特征模分析的手机天线设计主要是基于手机金属基板以及边框的，并未考虑介质的加载。有损媒质加载的特征模分析本身就是很重要的研究课题，在本节中不进行系统的介绍，仅针对手机天线的手模分析对相应的理论进行阐述。为了计算有损媒质中的特征模式，特征方程变为

$$(X_v + X_m)(\boldsymbol{J}_n) = \lambda_n (R_v + R_m)(\boldsymbol{J}_n) \tag{5.5.1}$$

其中，$\boldsymbol{J}_n$ 为特征电流，X_v 和 R_v 分别是与天线形状相关的阻抗的虚部和实部，类似地，X_m 和 R_m 分别是与其他物理量相关的虚部和实部。在解式 (5.5.1) 时，需要将非正交模式以及不可激励的模式一一排除。首先，通过网格扰动的方法 [28] 将模式中不可激励的模式排除；其次，对其余各个模式的特征远场之间进行相关系数的计算，相关系数非常高的模式被认定为同一模式，只保留其中一个，通常来说，辐射能量最大的模式被保留下来。最终，远场效率最高的模式是我们希望激励的模式，然而这样的模式有可能对于手机天线而言是不可激励的，例如，这样的模式的大电流刚好位于人体组织部分，而非手机天线部分。为了激励受人体影响较小的手机天线，需要寻求电流主要分布在手机上，而非人体组织上的模式，效率高且可激励性强。

如图 5.5.1 所示，将 CITA 标准的手模与尺寸为 136 mm × 66 mm 的手机基板协同进行特征模分析，在 850 MHz 处选取特征值在 $-20 \sim 20$ 之间的模式进行分析。初始时，可以看到 76 个模式，根据上述 3 个步骤进行模式的筛选，模式的数量初步减小到 14 个，其中有 6 个模式的相关性是较大的，因而最终选取了 8 个模式进行分析，并且按照电流分布在手模上的百分比进行排序，在手模上电流分布比例最小的模式被命名为模式 1，以此类推。

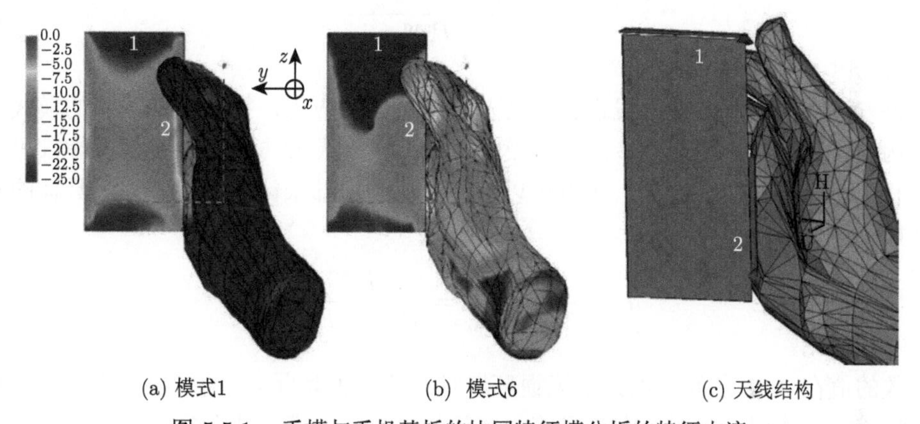

(a) 模式1 (b) 模式6 (c) 天线结构

图 5.5.1 手模与手机基板的协同特征模分析的特征电流

如图 5.5.1 所示，模式 1 在手模上的电流分布比例小于 20%，而模式 6 在手模上的电流分布比例达到 60%。因而，天线优先激励的模式应为较低的模式。按照 5.1 节中的方法，分析特征模式 1 的近场分布，得出可用基板短边中央的 CCE 单元激励模式 1，即图 5.5.1(a) 中所示的位置 1，对于单天线来说，这就是最佳的馈源位置。然而放置在此位置的馈源也较容易同时激励起模式 2。为了降低端口之间的耦合，端口 2 考虑激励模式 3。通过特征近场的分析，得到模式 3 可与模式 1 同时被激励而不引起较大的耦合，其激励的位置如图 5.5.1(a) 中位置 2 所示，激励的方式为沿着长边的 CCE 单元。

根据特征模分析设计的天线如图 5.5.1(c) 所示，在 CTIA 手模的作用下，两天线均工作在 824.894 MHz 频带范围内，其频带内的平均效率分别为 52%和 29%，相比普通手模下的天线效率有一定的提高。

另外一种方法是通过定义和求解损耗媒质各模式的效率，确定模式的激励 [29]。利用特征模理论分析损耗结构的主要挑战之一是将损耗功率从存储功率和辐射功率中分离出来。而这种基于面积分算子计算损耗介质特征模式的新方法，成功地将损耗功率从存储功率和辐射功率中分离出来，而且提出了复特征值与损耗功率、存储功率、辐射功率的关系。在这个方法中，通过 M 算子，结合特征模理论公式来分析理想导体和损耗介质共存结构的特征模式，传统的特征模理论用于分析只有理想导体的特征模式，加入 M 算子可以用于计算损耗介质以及理想导体与损耗介质共存结构的特征模式。以下是 M 算子和传统特征模理论公式：

$$M=\begin{bmatrix} \mathrm{Re}(\eta_1 T_{CC}^{(1)}) & \mathrm{Re}(\eta_1 T_{CD}^{(1)}) & -i\mathrm{Im}(K_{CD}^{(1)}) \\ \mathrm{Re}(\eta_1 T_{DC}^{(1)}) & \mathrm{Re}(\eta_1 T_{DD}^{(1)}) & -i\mathrm{Im}(K_{DD}^{(1)}) \\ i\mathrm{Im}(K_{DC}^{(1)}) & i\mathrm{Im}(K_{DD}^{(1)}) & \mathrm{Re}\left(\dfrac{1}{\eta_1}T_{DD}^{(1)}\right) \end{bmatrix} \tag{5.5.2}$$

$$L[J]=(1-i\lambda)M[J] \tag{5.5.3}$$

加入推广的 M 算子求解出来的特征值为复数，其虚部与损耗功率有关，公式如下：

$$\lambda_n=\frac{P_n^{\mathrm{reac}}+iP_n^{\mathrm{diss}}}{P_n^{\mathrm{rad}}} \tag{5.5.4}$$

在该方法中，针对实际天线设计中涉及损耗结构的应用，提出了一些新的模式参数来研究结构的模式特性。第一个参数——模式效率。根据式 (5.5.4)，特征值的虚部可以由损耗功率和辐射功率的比值得到，所以可以由特征值的虚部来计算模式效率。具体的模式效率定义如下：

$$\eta_n=\frac{1}{1+\mathrm{Im}\lambda_n}=\frac{P_n^{\mathrm{rad}}}{P_n^{\mathrm{rad}}+P_n^{\mathrm{diss}}} \tag{5.5.5}$$

这个参数的值在 0~1 之间，当处于无损环境时，模式效率为 1。为了描述理想导体和损耗介质上模式相互作用的强弱，定义了第二个新的参数——模式结合参数，定义如下：

$$K_n=\frac{\mathrm{Re}(\eta_2)\displaystyle\int_{S_D}\|J_n\|^2\,\mathrm{d}S+\frac{1}{\mathrm{Re}(\eta_2)}\int_{S_D}\|M_n\|^2\,\mathrm{d}S}{\mathrm{Re}(\eta_1)\displaystyle\int_{S_C}\|J_n\|^2\,\mathrm{d}S} \tag{5.5.6}$$

这个参数与损耗介质的模式电流和理想导体的模式电流比值有关：如果 K_n 小于 1，则理想导体上的电流为主导；如果 K_n 大于 1，则损耗介质上的电流为主导。

接下来举一个简单实例来证明该方法的可行性。

取一个长宽为 150 mm × 75 mm 的理想导体薄片和一个长宽高为 100 mm × 150 mm × 20 mm 的损耗介质结构，损耗介质结构的复介电常数选用手模的参数。针对理想导体薄片和损耗介质结构单独的模式分析不再赘述。如图 5.5.2 所示，深色为理想导体薄片，浅色为损耗介质薄片，理想导体和损耗介质之间的缝隙为 5mm，利用上述方法对混合结构进行模式分析，图 5.5.3 和图 5.5.4 为模式 1、模式 2 对应的电流分布、电荷分布和模式远场。计算得到，在模式 1 中，模式结合参数 K_1 很小，理想导体上的电流占主导，理想导体和损耗介质之间的相互作用较小。在模式 2 中，模式结合参数 K_2 接近于 1，理想导体和损耗介质上的电流分布差不多，理想导体和损耗介质之间的相互作用较大。

这种方法可以用来计算规则的理想导体和规则的损耗介质之间的相互作用大小，但是对于手模这种形状比较复杂的损耗介质，还需要进一步研究。

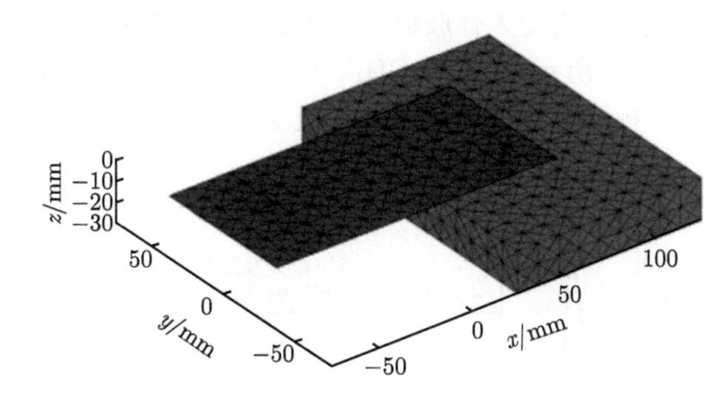

图 5.5.2 理想导体薄片和损耗介质结构

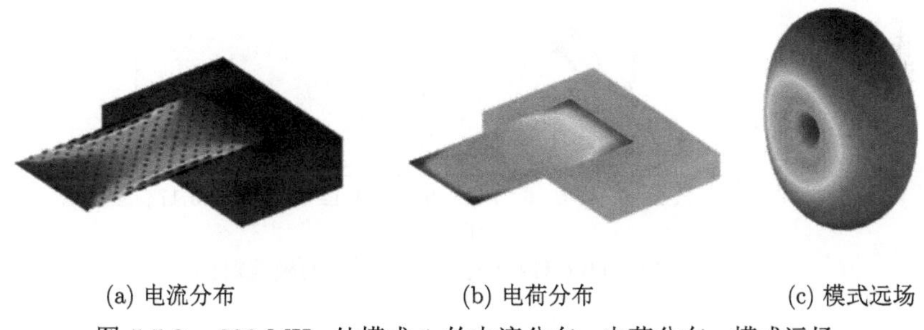

(a) 电流分布 (b) 电荷分布 (c) 模式远场

图 5.5.3 800 MHz 处模式 1 的电流分布、电荷分布、模式远场

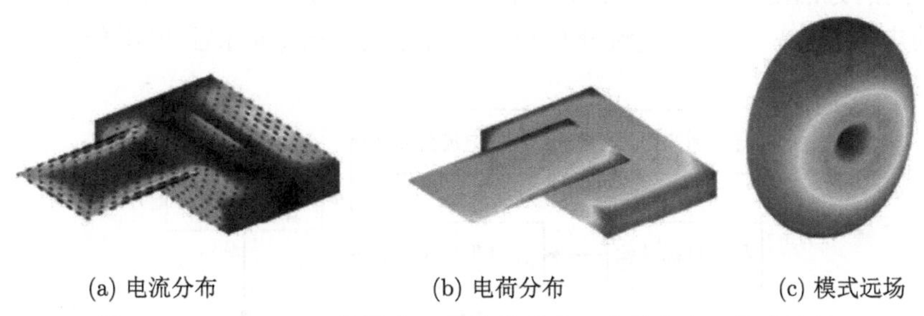

(a) 电流分布 (b) 电荷分布 (c) 模式远场

图 5.5.4 800 MHz 处模式 2 的电流分布、电荷分布、模式远场

5.5.2 基于模式对比的手机天线设计

如果已知具有某种特性的方向图受人体影响较小，进而有选择地设计手机天线使其方向图具备这样的特性，则可以减小手机天线受人体肢体的影响，有效地提高无线通信的质量和效率。

该方法面临的第一个问题 (关键问题) 是如何找到受人体肢体影响小的模式。该问题可通过模式映射的方法来解决 [30]。首先，对某一天线结构进行馈电，把该天线结构在自由空间中的辐射远场映射到每一个模式，即得到在自由空间下，每一个模式在总辐射中所作的贡献；然后，把该天线结构再加入人体模型时的辐射远场映射到每一个模式，和自由空间中的映射作对比，得到每一个模式的模式重要性系数变化，取每个模式重要性系数的相对变化率来表示系数的变化，每个模式的模式重要性系数变化就体现了人体肢体对每一个模式的影响，变化较大的模式即为受人体肢体影响大的模式，变化较小的模式即为受人体肢体影响小的模式。如图 5.5.5 所示，在 0.9 GHz，模式 5 在加入左、右手模后，模式的相关系数模值变化较小，所以模式 5 就是受左、右手模影响小的模式。

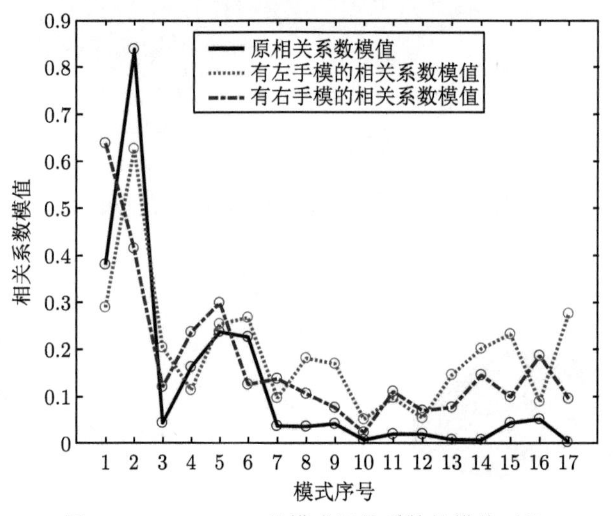

图 5.5.5　0.9 GHz 处模式相关系数的模值对比

第二个问题是找到受人体肢体影响小的模式后，如何激励该模式。激励指定辐射方向的模式，用到的方法是方向图综合法，流程图如图 5.5.6 所示 [31]，根据所需的辐射远场图，得到对应的电流分布，然后用电流分布和结构对应的阻抗矩阵得到电压分布。这样计算出

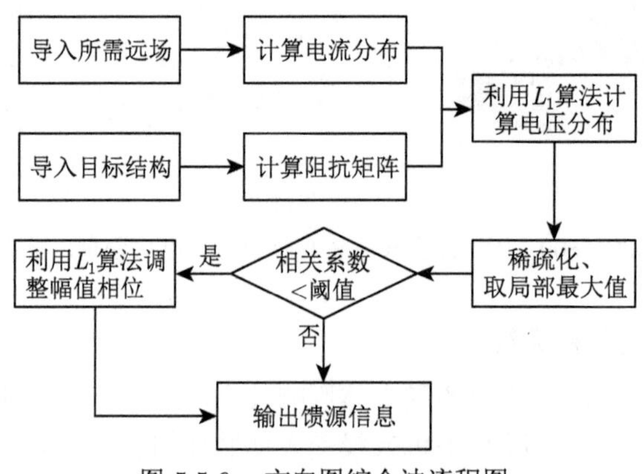

图 5.5.6　方向图综合法流程图

来的电压分布存在大量的非零点，进一步对电压分布作一些稀疏化、取局部最大值的处理之后，得到最终的馈源信息，在仿真软件中实现该馈电。接下来举两个利用前述方法设计天线的实例。

1. 例 1：基于手机基板，实现基板平面全向辐射

首先，以平面手机基板本身为研究对象，选择模式 3 为目标辐射远场，如图 5.5.7(a) 所示，手机基板位于 xOy 平面上，激励该模式能够实现辐射沿手机基板平面全向分布，在垂直方向产生辐射零点。然后以模式 3 的辐射方向图为目标，利用辐射远场图得到电流分布，随后通过矩阵运算计算馈电的信息，得到馈电和相应的方向图，得到的方向图与预期的基本一致，但计算出的馈电信息是分布广泛而且存在诸多的非零值，如图 5.5.7(b) 所示 (图中非蓝色的点都为非零值)，于是考虑将馈电向量通过压缩感知的算法进行稀疏化；通过求取局部最大值的算法进一步减少馈电向量中的非零值数量，最终图 5.5.7(b) 中的馈电抽象成 4 个馈电点，实现的辐射远场如图 5.5.7(c) 所示，其与模式 3 辐射远场图的相关系数为 0.2613+0.8866i，证明了上述方法的可行性。

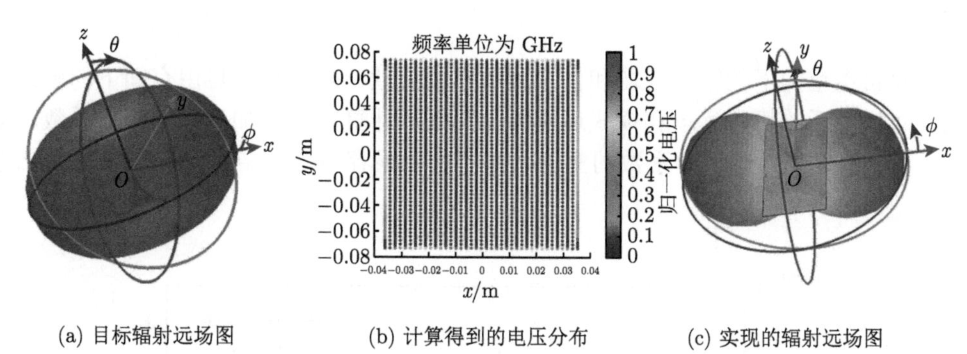

(a) 目标辐射远场图　(b) 计算得到的电压分布　(c) 实现的辐射远场图

图 5.5.7　特征方向图综合的目标方向图、电压分布及综合后的方向图

2. 例 2：基于短边单极子加载天线，实现垂直方向的辐射零点

进一步提高结构的复杂性，在手机基板周围加入金属边框，短边一侧加入单极子天线，如图 5.5.8 所示，然后在时域进行仿真，得到自由空间下的辐射远场，加入手模后进行仿真，得到加入左右手后的辐射远场。

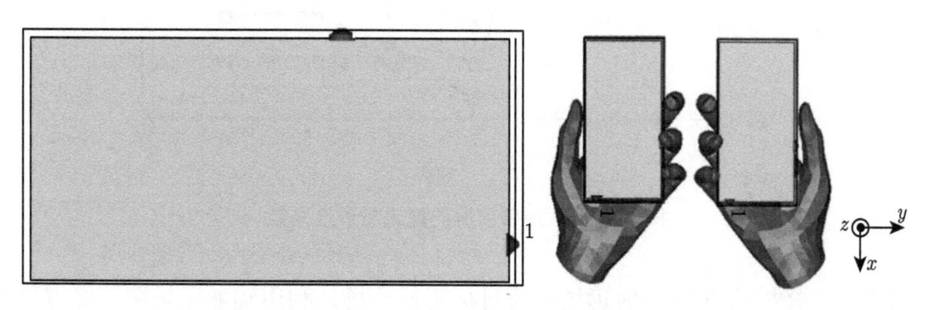

(a) 短边单极子加载天线结构　(b) 加手后的天线

图 5.5.8　短边单极子加载天线结构及手握情况示意图

下一步对结构进行模式分析，得到 0.9 GHz 处的前 6 个模式的模式重要性系数和模式远场，如图 5.5.9 所示。

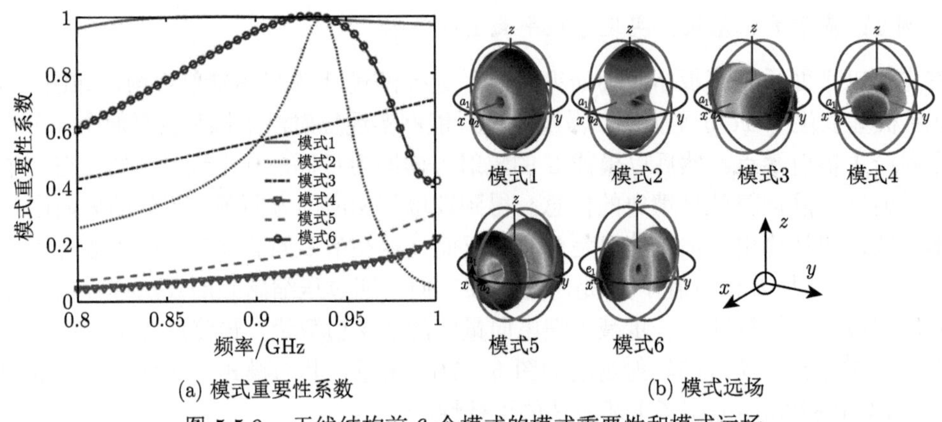

图 5.5.9　天线结构前 6 个模式的模式重要性和模式远场

然后对自由空间下的辐射远场和模式远场作相关性计算，得到自由空间下的模式重要性系数，对加手后的辐射远场和模式远场做相关系数计算，得到加手后的模式系数，如图 5.5.10 所示，根据模式重要性系数的变化，我们可以很容易得出结论，模式 5 受手的影响更小。

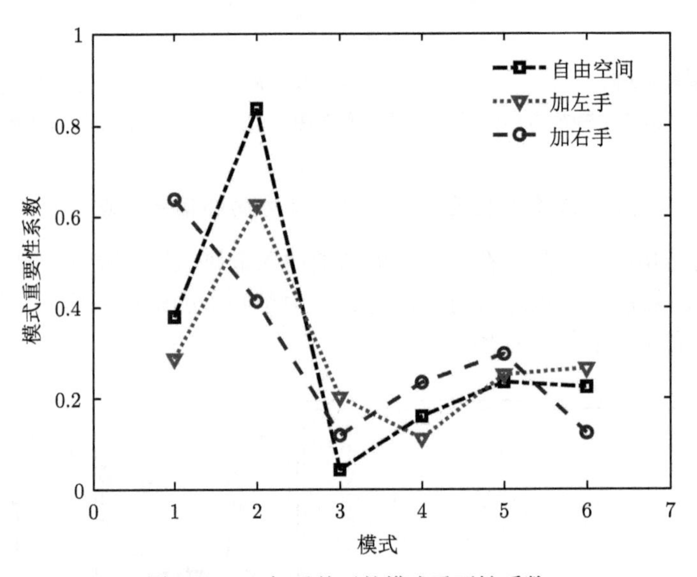

图 5.5.10　加手前后的模式重要性系数

所以我们选择模式 5 的辐射远场作为目标辐射远场，利用辐射远场图计算得到电流分布，随后通过电流分布和结构的阻抗矩阵计算出电压分布，再经过稀疏化算法、局部最大值算法抽象馈源，如图 5.5.11 所示，馈源 1、馈源 2、馈源 3、馈源 4 被选中，实现的远场和模式 5 的相关系数是 0.81。但是在实际的设计中，一个天线不能加载 4 个馈源，所以我们进一步减少馈源，最终实现的天线结构和辐射远场图如图 5.5.12 所示，馈源数量减少到了 1 个，其他 3 个馈源的断点被保留，保证天线的主要辐射方向是 x 方向。

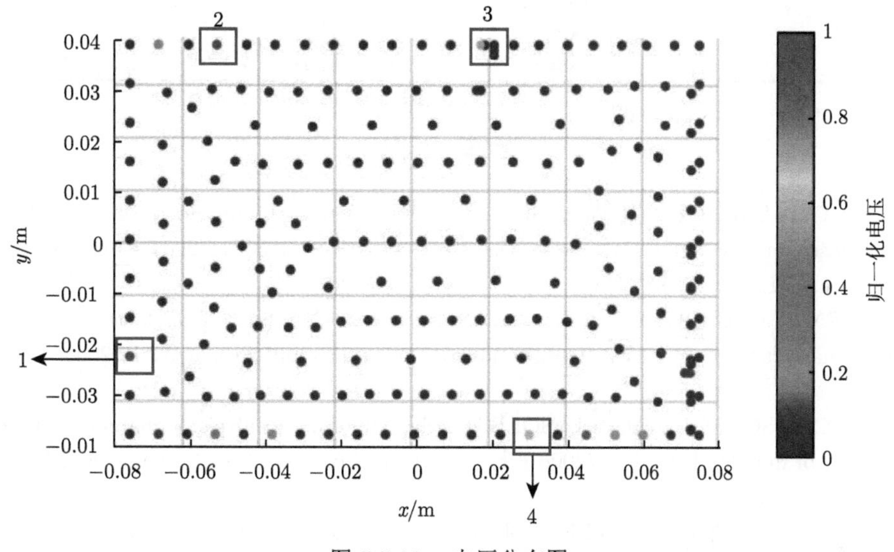

图 5.5.11 电压分布图

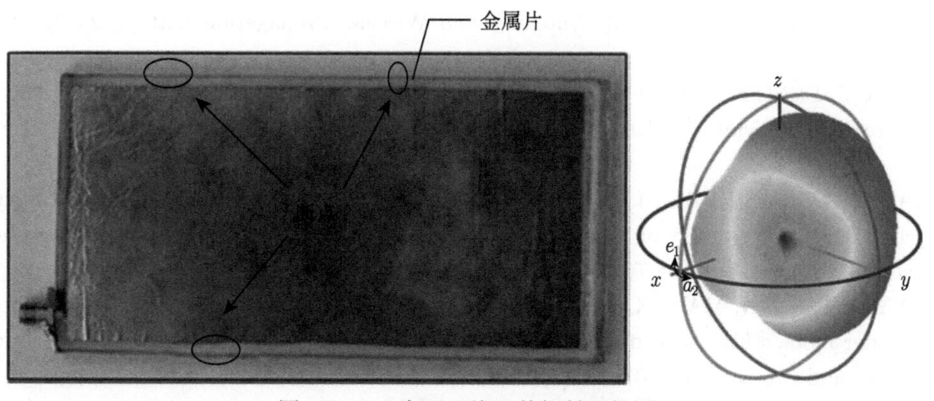

图 5.5.12 实际天线及其辐射远场图

为了验证人体对天线影响的大小，我们对天线加手前后进行时域仿真，仿真结果如表 5.5.1 所示，其中的对比天线是为了减小馈源位置改变对结果的影响而加入的，馈源位置和设计的天线馈源位置相同，但边框没有开槽。可以证明，设计的天线不管是与原天线进行比较，还是与对比天线进行比较，加手之后的辐射效率都有所提高，证明了方法的有效性。

表 5.5.1　加手前后的辐射效率表

频率/GHz	天线	加入左手后的辐射效率/%	加入右手后的辐射效率/%
0.93	原天线	10.84	10.7
	对比天线	27.01	15.59
	设计天线	67.13	68.48
1.8	原天线	3.2	40.43
	对比天线	29.11	44.27
	设计天线	60.38	57.5

参 考 文 献

[1] FAMDIE C T, SCHROEDER W L, SOLBACH K. Optimal antenna location on mobile phones chassis based on the numerical analysis of characteristic modes[C]//2007 European Microwave Conference. IEEE, 2007: 987-990.

[2] VILLANEN J, OLLIKAINEN J, KIVEKAS O, et al. Coupling element based mobile terminal antenna structures[J]. IEEE Transactions on Antennas and Propagation, 2006, 54(7): 2142-2153.

[3] FAMDIE C T, SCHROEDER W L, SOLBACH K. Numerical analysis of characteristic modes on the chassis of mobile phones[C]//2006 First European Conference on Antennas and Propagation. IEEE, 2006: 1-6.

[4] MARTENS R, SAFIN E, MANTEUFFEL D. Selective excitation of characteristic modes on small antennas[J]. Proceedings of the 5th European Conference on Antennas and Propagation (EuCAP). IEEE, 2011: 2639-2643.

[5] MIERS Z, LI H, LAU B K. Design of bandwidth-enhanced and multiband MIMO antennas using characteristic modes[J]. IEEE Antennas and Wireless Propagation Letters, 2013, 12: 1696-1699.

[6] DENG C J, FENG Z H, HUM S V. MIMO mobile handset antenna merging characteristic modes for increased bandwidth[J]. IEEE Transactions on Antennas and Propagation, 2016, 64(7): 2660-2667.

[7] KHAN M, CHOWDHURY M. Analysis of modal excitation in wideband slot-loaded microstrip patch antenna using theory of characteristic modes[J]. IEEE Transactions on Antennas and Propagation, 2020, 68(11): 7618-7623.

[8] LUO Y, CHEN Z N, MA K X. Enhanced bandwidth and directivity of a dual-mode compressed high-order mode stub-loaded dipole using characteristic mode analysis[J]. IEEE Transactions on Antennas and Propagation, 2019, 67(3): 1922-1925.

[9] LUO Y, CHEN Z N, MA K X. A single-layer dual-polarized differentially fed patch antenna with enhanced gain and bandwidth operating at dual compressed high-order modes using characteristic mode analysis[J]. IEEE Transactions on Antennas and Propagation, 2020, 68(5): 4082-4087.

[10] GAO X, TIAN G W, SHOU Z Y, et al. A low-profile broadband circularly polarized patch antenna based on characteristic mode analysis[J]. IEEE Antennas and Wireless Propagation Letters, 2021, 20(2): 214-218.

[11] LIN F H, CHEN Z N. Resonant metasurface antennas with resonant apertures: characteristic mode analysis and dual-polarized broadband low-profile design[J]. IEEE Transactions on Antennas and Propagation, 2021, 69(6): 3512-3516.

[12] DENG C J, XU Z, REN A D, et al. TCM-based bezel antenna design with small ground clearance for mobile terminals[J]. IEEE Transactions on Antennas and Propagation, 2019, 67(2): 745-754.

[13] LI H, TAN Y, LAU B K, et al. Characteristic mode based tradeoff analysis of antenna-chassis interactions for multiple antenna terminals[J]. IEEE Transactions on Antennas and Propagation, 2012, 60(2): 490-502.

[14] LI H, LAU B K, YING Z N, et al. Decoupling of multiple antennas in terminals with chassis excitation using polarization diversity, angle diversity and current control[J]. IEEE Transactions on Antennas and Propagation, 2012, 60(12): 5947-5957.

[15] LI H, MIERS Z T, LAU B K. Design of orthogonal MIMO handset antennas based on characteristic mode manipulation at frequency bands below 1 GHz[J]. IEEE Transactions on Antennas and Propagation, 2014, 62(5): 2756-2766.

[16] SZINI I, TATOMIRESCU A, PEDERSEN G F. On small terminal MIMO antennas, harmonizing characteristic modes with ground plane geometry[J]. IEEE Transactions on Antennas and Propagation, 2015, 63(4): 1487-1497.

[17] KISHOR K, HUM S V. A two-port chassis-mode MIMO antenna[J]. IEEE Antennas and Wireless Propagation Letters, 2013, 12: 690-693.

[18] MARTENS R, MANTEUFFEL D. Systematic design method of a mobile multiple antenna system using the theory of characteristic modes[J]. IET Microwaves, Antennas & Propagation, 2014, 8(12): 887-893.

[19] SAFIN E, MANTEUFFEL D. Manipulation of characteristic wave modes by impedance loading[J]. IEEE Transactions on Antennas and Propagation, 2015, 63(4): 1756-1764.

[20] JENSEN M A, RAHMAT-SAMII Y. Performance analysis of antennas for hand-held transceivers using FDTD[J]. IEEE Transactions on Antennas and Propagation, 1994, 42(8): 1106-1113.

[21] LIU Y, REN A D, LIU H, et al. Eight-port MIMO array using characteristic mode theory for 5G smartphone applications[J]. IEEE Access, 2019, 7: 45679-45692.

[22] PEITZMEIER N, MANTEUFFEL D. Upper bounds and design guidelines for realizing uncorrelated Ports on multimode antennas based on symmetry analysis of characteristic modes[J]. IEEE Transactions on Antennas and Propagation, 2019, 67(6): 3902-3914.

[23] CORNWELL J F, BOCK W W. Group theory in physics: an introduction[J]. Physics Today, 1988.

[24] WEN D L, HAO Y, WANG H Y, et al. Design of a MIMO antenna with high isolation for smartwatch applications using the theory of characteristic modes[J]. IEEE Transactions on Antennas and Propagation, 2019, 67(3): 1437-1447.

[25] KISHOR K, HUM S V. A pattern reconfigurable chassis-mode MIMO antenna[J]. IEEE Transactions on Antennas and Propagation, 2014, 62(6): 3290-3298.

[26] DICANDIA F A, GENOVESI S, MONORCHIO A. Advantageous exploitation of characteristic modes analysis for the design of 3-D null-scanning antennas[J]. IEEE Transactions on Antennas and Propagation, 2017, 65(8): 3924-3934.

[27] DICANDIA F A, GENOVESI S, MONORCHIO A. Null-steering antenna design using phase-shifted characteristic modes[J]. IEEE Transactions on Antennas and Propagation, 2016, 64(7): 2698-2706.

[28] MIERS Z, LAU B K. Post-processing removal of non-real characteristic modes via basis function perturbation[C]//2016 IEEE International Symposium on Antennas and Propagation (APSURSI). IEEE, 2016: 419-420.

[29] YLÄ-OIJALA P, LEHTOVUORI A, WALLÉN H, et al. Coupling of characteristic modes on PEC and lossy dielectric structures[J]. IEEE Transactions on Antennas and Propagation, 2019, 67(4): 2565-2573.

[30] LI H, WU M, LI W C, et al. Reducing hand effect on mobile handset antennas by shaping radiation patterns[J]. IEEE Transactions on Antennas and Propagation, 2021, 69(8): 4279-4288.
[31] LI H, SUN S N, LI W C, et al. Systematic pattern synthesis for single antennas using characteristic mode analysis[J]. IEEE Transactions on Antennas and Propagation, 2020, 68(7): 5199-5208.

6 基于特征模的低剖面圆极化微带天线设计

由于良好的传播特性，圆极化天线被应用于卫星通信等诸多领域。为了满足高速通信的需求，非常有必要增加圆极化天线的带宽。此外，对于某些应用，如卫星通信，还要求天线尺寸紧凑、剖面低，以减少费用。

通过采用微扰的方法可以得到一款传统的圆极化微带天线 [1-2]，这种天线结构紧凑、剖面低，但阻抗带宽和轴比带宽都比较窄。为了改善带宽，可以考虑 3 种方法：第一种是增加天线的电尺寸 [3-6]，第二种是增高天线剖面 [7-11]，第三种是引入馈电网络 [12-14]。通常来说，更大的尺寸和更高的剖面可以得到更大的带宽。很难说这 3 种方法哪种最好，具体采用哪种方法取决于实际需求。

在本章中，我们通过使用两块扇形寄生贴片来增加圆极化微带天线的带宽，这两块寄生贴片是用来在较高工作频段内减小 E_θ 同时增大 E_φ。虽然已经有文献报道使用寄生贴片增加带宽的方法，但本章所使用方法的工作机理与传统方法截然不同。在这些文献中，被直接馈电的贴片负责在较低工作频段辐射圆极化波，而寄生贴片则负责在较高工作频段辐射另一个圆极化波，这就是为什么寄生贴片要么与馈电贴片形状类似 [9]，要么由 4 块顺序旋转放置的贴片构成 [10]。本章所提出来的天线只用了两块寄生贴片，根本无法靠自己辐射出圆极化波，两块寄生贴片上的感应电流只能对天线电场的两个正交分量 E_θ 和 E_φ 进行调节。

本章包含以下内容：6.1 节介绍了一款新型圆极化微带天线的具体结构 [15]，随后对其进行特征模分析，说明了加载寄生贴片可以引入寄生模式，通过调节寄生模式的谐振点和极化方向 [16]，能够有效增加天线阻抗带宽和轴比带宽。在 6.2 节中进行了参数分析，研究了优化天线圆极化特性和阻抗匹配的具体方法。6.3 节给出了天线的测试结果及分析。

6.1 天线设计及其机理分析

图 6.1.1 给出了一款新型圆极化微带天线的具体布局。天线采用 FR4 基板，其损耗角正切是 0.02，相对介电常数 ε_r 是 4.4，厚度是 1.6mm。馈电贴片是带有两个槽口的圆形贴片，这是非常传统的圆极化微带天线的结构，其谐振频率可以通过式 (6.1.1) 估算 [1]：

$$f_0 = \frac{1.8412c}{2\pi R_d \varepsilon_r^{1/2}} \tag{6.1.1}$$

其中，c 是自由空间光速，R_d 是圆形贴片半径。

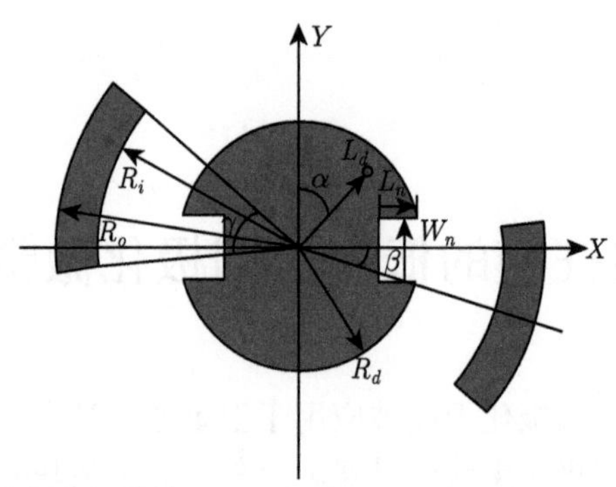

图 6.1.1　新型圆极化微带天线的几何结构，$R_d = 13.5$ mm, $D = 5.5$ mm, $R_i = R_d +$ D, $R_o = 25$ mm, $L_d = 7$ mm, $L_n = 2.2$ mm, $W_n = 3$ mm, $\alpha = 45°$, $\beta = 25°$, $\gamma = 63°$

这个天线的新颖之处在于引入了两块扇形寄生贴片，它们用于改善所需频段 (3.0~3.1GHz) 内的圆极化特性，以增加轴比带宽。寄生贴片的初始尺寸可以通过式 (6.1.2) 估算：

$$\frac{\gamma}{180}(R_i + R_o)\pi = \frac{c}{c_0 f_0 \left(\dfrac{\varepsilon_r + 1}{2}\right)^{1/2}} \tag{6.1.2}$$

其中，c_0 是个常数，经验值是 $c_0 = 1.3$。

6.1.1　特征模式分析

图 6.1.2 给出了天线前 4 个特征模式的 MS 曲线，可以看出，在所考虑的频段内，有 4 个重要模式 (MS> 0.707)。图 6.1.3 给出了这些模式在各自谐振频率处的电流分布，可以观察到，CM1 和 CM2 在圆形馈电贴片上电流较强，CM4 则较弱一些，而 CM3 在馈电贴片上几乎没有电流，因此 CM3 不会被激励出来，无须考虑。此外，CM1/2/4 在两块寄生贴片上的电流方向相同，而 CM3 的情况则相反，因此，CM3 的边向辐射很弱。

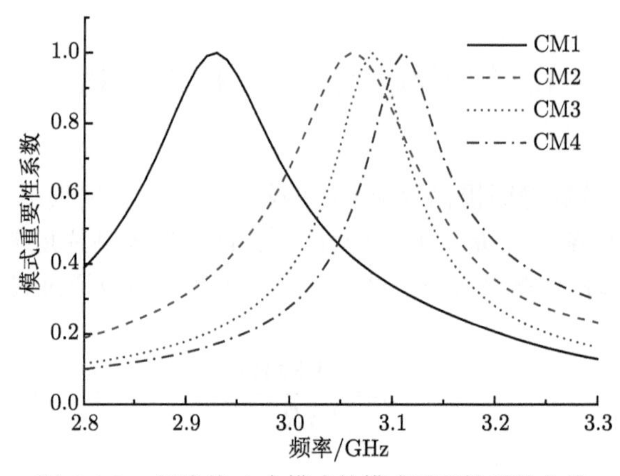

图 6.1.2　天线前 4 个模式的模式重要性系数曲线

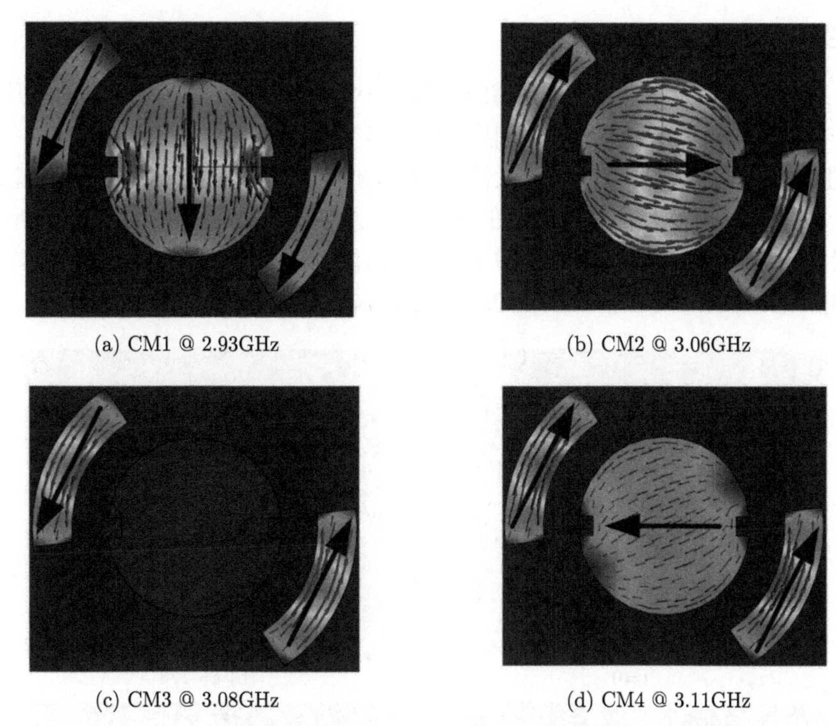

(a) CM1 @ 2.93GHz (b) CM2 @ 3.06GHz

(c) CM3 @ 3.08GHz (d) CM4 @ 3.11GHz

图 6.1.3 天线前 4 个特征模式在各自谐振频率处的归一化电流分布

由于 CM3 和 CM4 在寄生贴片上电流较强，可以认为 CM3 和 CM4 均是由寄生贴片带来的，我们不妨称之为寄生模式。寄生模式主要贡献寄生贴片上的感应电流。相反地，CM1 和 CM2 分别主要贡献圆形馈电贴片上的 Y 和 X 方向的电流。

图 6.1.4 给出了 CM1/2/4 的特征角及其差值，可以发现，在 3.025GHz 处，CM1 和 CM2 的特征角相差 90°。随着频率升高，两者特征角之差小于 90°，且越来越小，但 CM1 和 CM4 的特征角之差则从大于 90° 到越来越接近 90°，直到在 3.1GHz 处等于 90°。可以推测，在 3.025~3.1GHz 范围内，天线圆极化性能较好。

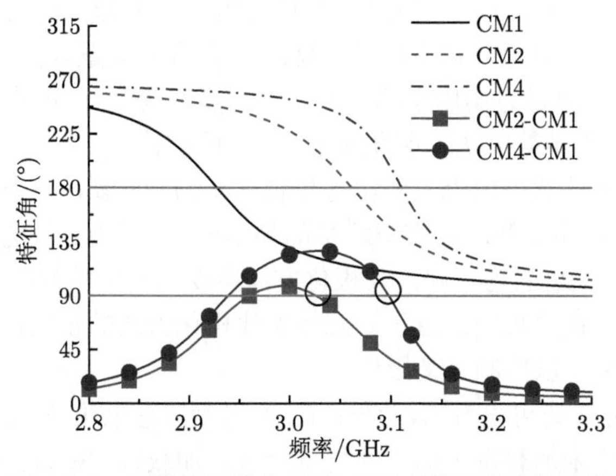

图 6.1.4 天线特征模式 CM1/2/4 的特征角及其差值

6.1.2 寄生贴片感应电流的作用

图 6.1.5 给出了贴片电流分布的仿真结果，频率是 3.06 GHz。可以看到，从 $t = 0$ 到 $t = 3T/4$，电流沿着逆时针方向旋转，因此在上半空间产生右旋圆极化波。

为了进一步研究寄生贴片对圆极化性能的影响，图 6.1.6 给出了天线辐射电场两个正交分量 E_θ 和 E_φ 的幅度以及它们之间的相位差。从图 6.1.6(a) 可以看到，在所需频段内，寄生贴片上的感应电流减小了 E_θ 但增强了 E_φ，因此两者幅度变得更加接近。同时，从图 6.1.6 (b) 可以看到，两者相位差在 90° 上下的波动也变小了。

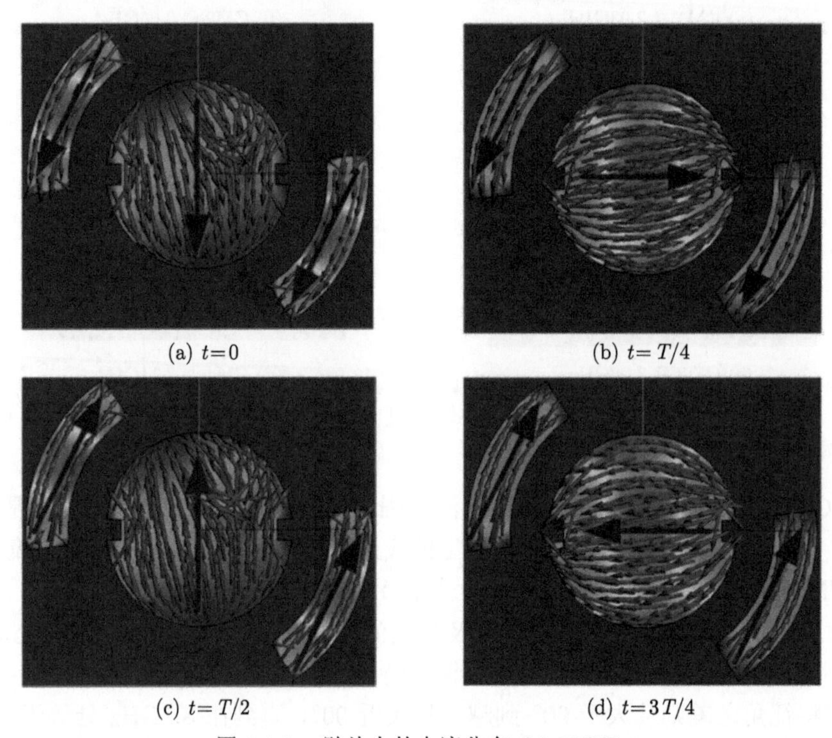

(a) t=0　(b) t= T/4　(c) t= T/2　(d) t=3T/4

图 6.1.5　贴片上的电流分布 @3.06GHz

感应电流对电场的影响可以由图 6.1.5 中的电流分布解释。从图 6.1.5(a) 和 (c) 可见，圆形馈电贴片上电流的 y 分量与寄生贴片上感应电流的 y 分量方向相同，但从图 6.1.5(b) 和 (d) 可见，它们的 x 分量方向则是相反的。进一步考虑到 x 分量的电流产生 E_θ，而 y 分量的电流产生 E_φ，不难得出 E_θ 减弱而 E_φ 增强的结论。

考虑到寄生贴片上的感应电流主要由寄生模式 CM4 贡献，可以得出结论：寄生模式 CM4 的引入是天线阻抗带宽和轴比带宽增加的根本原因。注意：从电流分布可知，CM4 的极化方向与 CM1 和 CM2 的均不同，其极化方向主要由寄生贴片的旋转角度 β 决定，这与线极化天线情况不一样。我们知道，若想拓展线极化天线的带宽，则新引入模式必须与原有模式极化方向一致，以抑制交叉极化。

此外，从图 6.1.6(a) 还可以看出，加载寄生贴片后，总电场 E_{t} 在低频变强，而在高频变弱，这意味着相比于未加载寄生贴片的传统天线，加载寄生贴片后新型天线的增益将在低频增大而在高频减小。

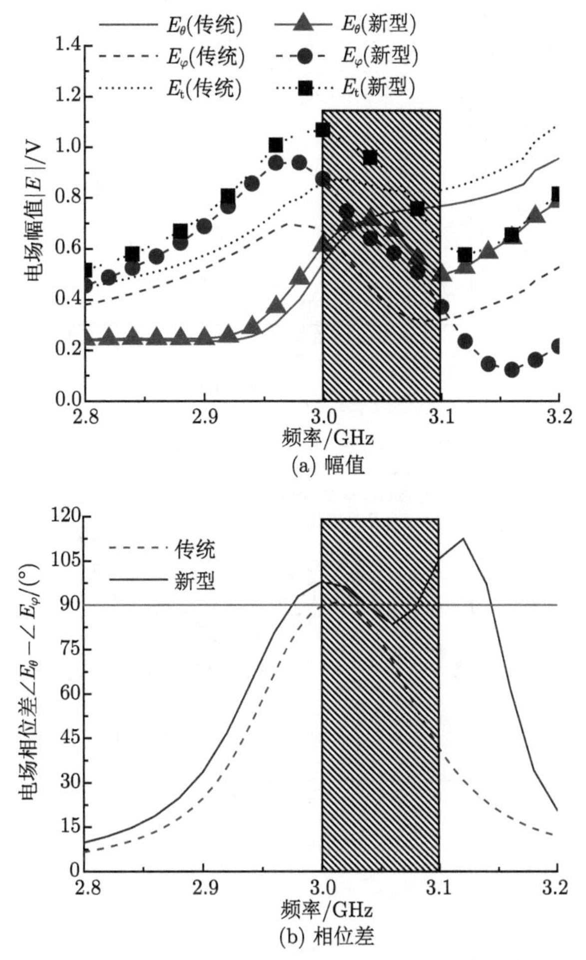

(a) 幅值

(b) 相位差

图 6.1.6 辐射电场两个正交分量的幅值和相位差

6.2 参数分析

下面我们利用 FEKO 软件对天线进行参数分析，在软件中我们设置地板为无穷大，重点关注 E_θ 和 E_φ 是如何被控制的。

6.2.1 寄生贴片尺寸的影响

从图 6.2.1(a) 可见，随着 R_o 从 24 mm 增加到 25 mm，轴比曲线的低频极点保持不变，但其高频极点则向低频移动。这可以通过图 6.2.1(b) 解释，随着 R_o 增加，E_θ 和 E_φ 幅度曲线高频相交点向下移动，低频相交点几乎不动。此外，从图 6.2.1(c) 还可以观察到，电场相位差曲线在两个峰值点间的波动也变小，这直接导致圆极化性能变好。

将 γ 从 61° 增加到 63°，或者将圆形馈电贴片和寄生贴片之间的距离 D 从 3.5mm 增加到 5.5mm，也可以观察到类似的结果。注意：改变 R_o，γ，D，都是为了改变 CM4 的谐振频率。

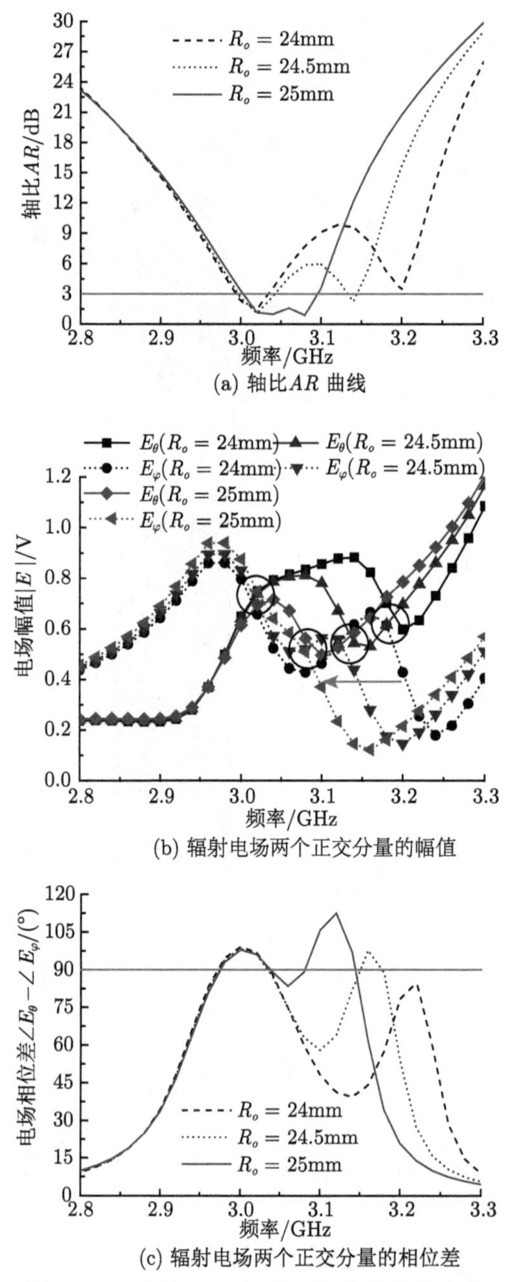

(a) 轴比AR 曲线

(b) 辐射电场两个正交分量的幅值

(c) 辐射电场两个正交分量的相位差

图 6.2.1　参数 R_o 对天线圆极化性能的影响

6.2.2 寄生贴片旋转角度的影响

容易想到改变 β 会改变寄生电流的 x 和 y 分量，进而 E_θ 和 E_φ 也会发生改变。但与前面讨论的其他参数不同，当 β 改变时，轴比曲线的两个极点变动不大，只可以调节两个极点之间的轴比，如图 6.2.2 (a) 所示。从图 6.2.2(b) 可见，当 β 从 10° 增加到 40° 时，E_θ 和 E_φ 的幅度在所需频段 (3.0~3.1 GHz) 内变得相互接近。从图 6.2.2(c) 可见，当 β 等于 25° 时，两者的相位差最接近 90°，此时天线的圆极化特性最好。

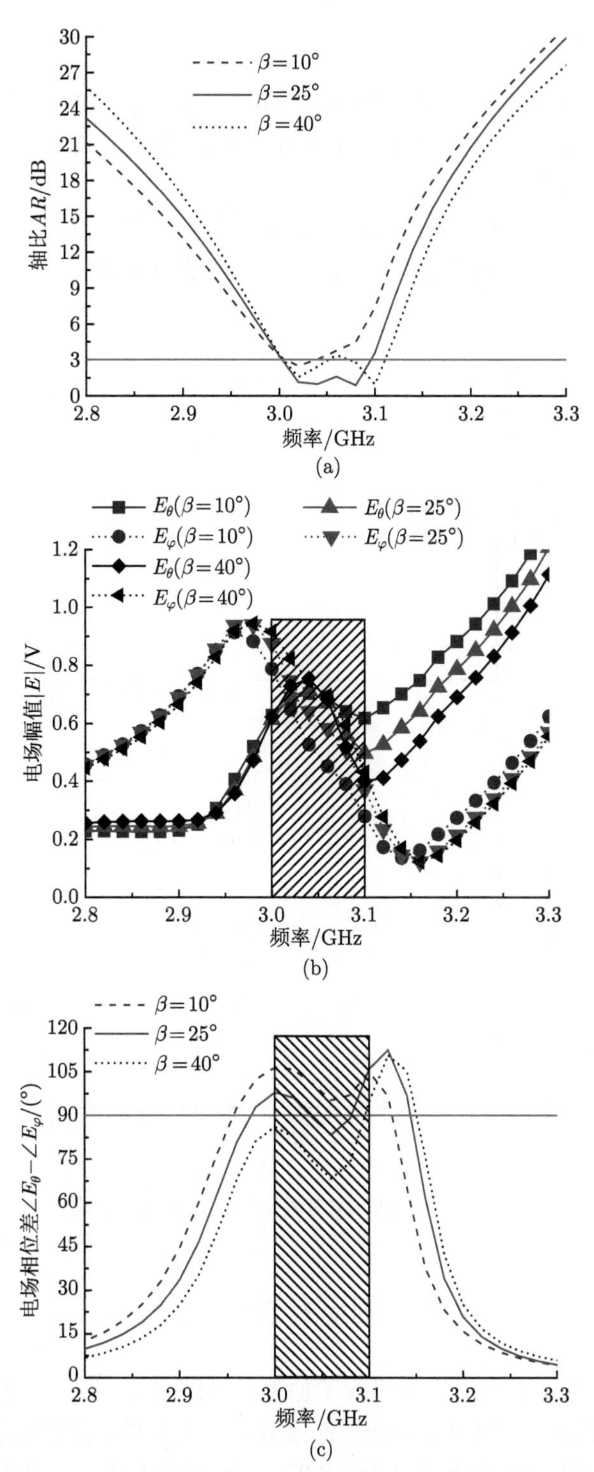

图 6.2.2 寄生贴片旋转角度 β 对天线圆极化性能的影响

注意：改变 β，实际上是在改变 CM4 的极化方向。

6.2.3 馈电点位置的影响

众所周知，随着馈电点与圆形贴片中心的距离 L_d 的增加，天线的输入电阻也会增加 [1]。此外，我们还发现 L_d 对天线轴比特性的影响很小，因此，L_d 可以用于单独调节天线的阻抗匹配，如图 6.2.3 所示。

总而言之，天线的轴比和阻抗匹配都可以很容易被调节，这是该天线的优点。在优化过程中，我们应该首先调节天线的轴比，然后才是调节阻抗匹配。

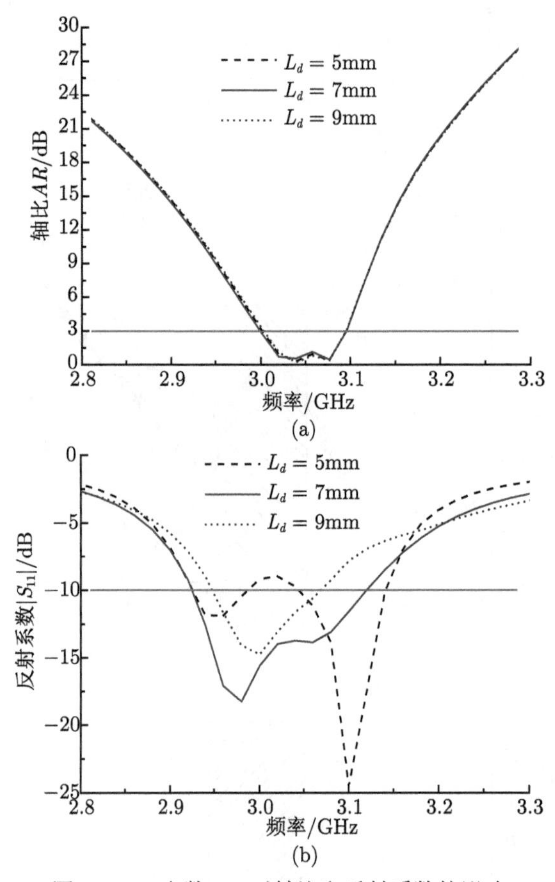

图 6.2.3 参数 L_d 对轴比和反射系数的影响

6.3 测试结果及分析

为了验证设计方法，我们对天线进行了加工，如图 6.3.1 所示，地板大小为 150mm×150mm。图 6.3.2—图 6.3.4 给出了天线反射系数、轴比和增益的仿真和测量结果。由于引入了寄生贴片，−10dB 阻抗带宽从 4.3%(2.97~3.10 GHz) 增加到 6.0%(2.93~3.11 GHz)，3dB 轴比带宽从 1.3%(2.99~3.03 GHz) 增加到 3.3%(3.00~3.10 GHz)。与不加寄生贴片的传统天线相比，边射增益在低频段增大，但在高频段减小，正如在 6.1.2 节中所预料的。在轴比带宽内，测量到的最大增益是 3.7dBic，增益变动在 3dB 内。

图 6.3.1 新型圆极化微带天线加工原型

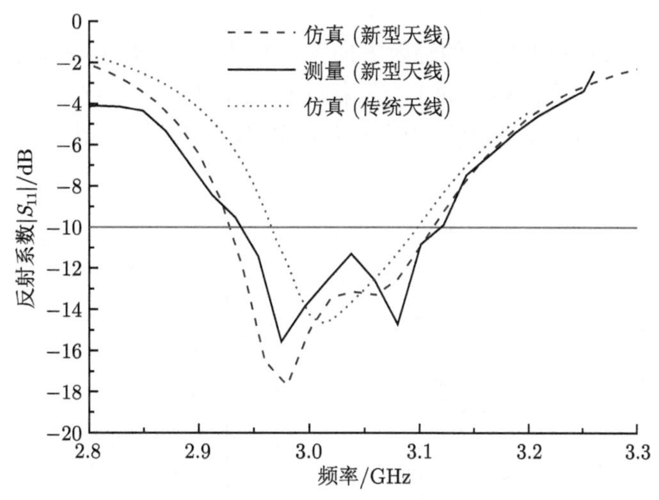

图 6.3.2 反射系数的仿真和测量结果

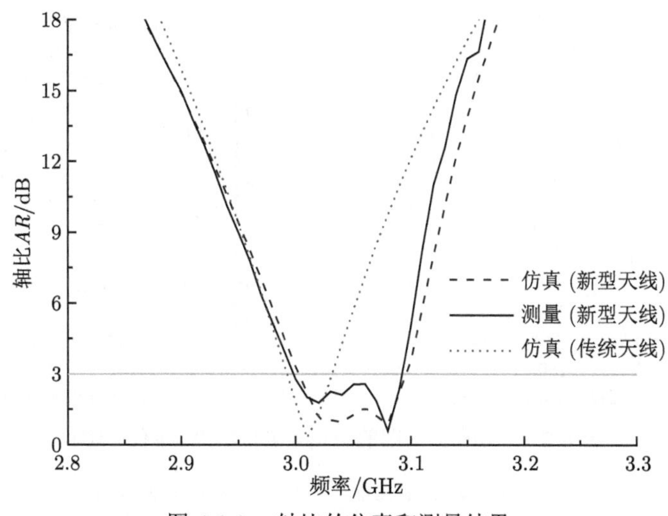

图 6.3.3 轴比的仿真和测量结果

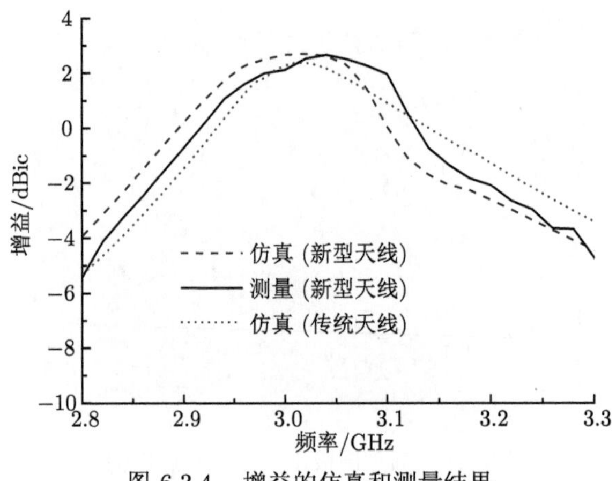

图 6.3.4　增益的仿真和测量结果

图 6.3.5 比较了仿真和测量到的辐射方向图，可以看出，天线辐射右旋圆极化波。所有方向图测量结果均显示，在边射方向上交叉极化比大于 15dB。注意：方向图仿真结果显示天线在下半空间内没有辐射，这是因为在仿真时我们设定地板无限大。总体来说，仿真与测量结果较为吻合。

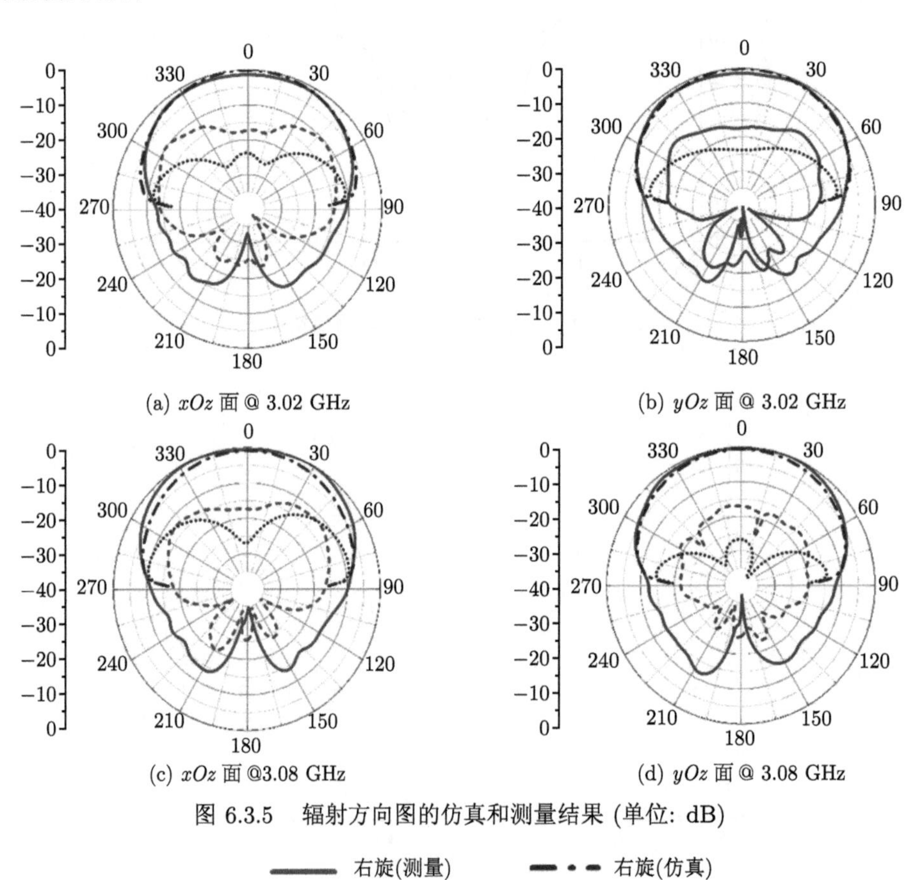

(a) xOz 面 @ 3.02 GHz　　(b) yOz 面 @ 3.02 GHz

(c) xOz 面 @3.08 GHz　　(d) yOz 面 @ 3.08 GHz

图 6.3.5　辐射方向图的仿真和测量结果 (单位: dB)

为了更好地比较，我们又设计了一款宽带圆极化微带天线作为参照，其所采用的寄生单元是 4 块顺序旋转放置的贴片 [10]，如图 6.3.6 所示。图 6.3.7 显示寄生贴片上的感应电

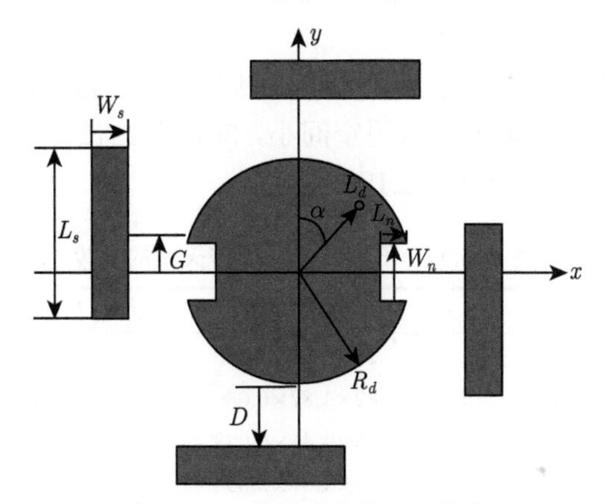

图 6.3.6 参照天线的几何结构

$R_d = 13.5$ mm, $D = 5.5$ mm, $G = 6$ mm, $L_s = 24.5$ mm, $W_s = 6$ mm, $L_d = 7$ mm, $L_n = 2.7$ mm, $W_n = 3$ mm, $\alpha = 45^\circ$

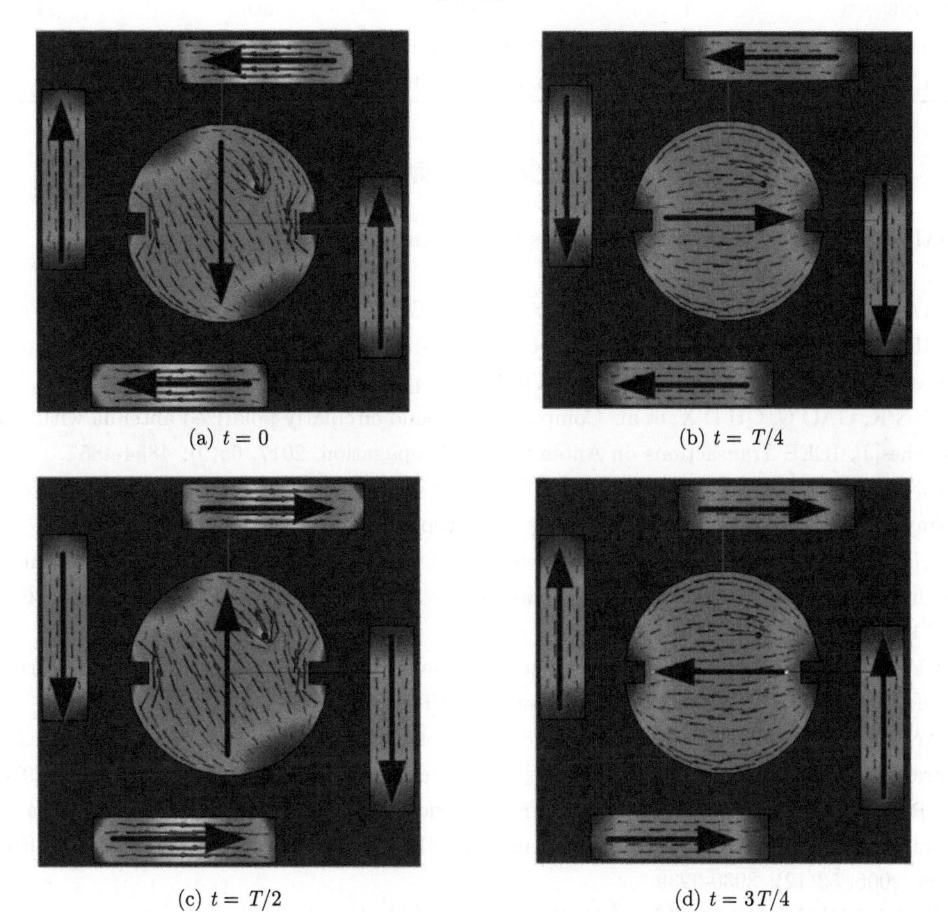

(a) $t = 0$ (b) $t = T/4$

(c) $t = T/2$ (d) $t = 3T/4$

图 6.3.7 参照天线贴片上的电流分布 @3.06GHz

流沿逆时针方向旋转，与馈电贴片上的电流旋转方向一致，因此，感应电流自己就可以辐射圆极化波。然而，图 6.1.1 中的天线仅有两块扇形寄生贴片，这两块寄生贴片不可能自己辐射圆极化波。表 6.3.1 中的最后两行显示，虽然后者尺寸减小了将近一半，但是其轴比带宽几乎与前者一样。

从表 6.3.1 可以看出，与之前的工作相比，我们所提出的天线尺寸是最小的，剖面是最低的，因此，它非常适用于要求天线占用空间小，3dB 轴比带宽在 3.3%以下的应用，如北斗卫星导航系统的 B3 频段 [(1268.52±10.23)MHz]。

表 6.3.1　不同圆极化微带天线的比较

不同天线	层数	尺寸 (λ_0^3)	10dB 阻抗带宽/%	3dB 轴比带宽/%
传统	1	0.27×0.27×0.016	4.3	1.3
文献 [5] 天线	1	1.82×1.82×0.036	>19	12.7
文献 [6] 天线	1	1.45×1.45×0.028	15.8	11.8
文献 [7] 天线	2	1.67×1.67×0.058	6.0	6.8
文献 [8] 天线	2	0.8×0.8×0.3	70	43.3
文献 [9] 天线	1	0.736×0.736×0.26	38	>30
文献 [10] 天线	1	0.63×0.63×0.13	49.8	24
图 6.3.6 参照天线	1	0.5×0.5×0.016	7.8	3.5
图 6.1.1 新型天线	1	0.5×0.27×0.016	6.0	3.3

参 考 文 献

[1] BALANIS A C. Antenna theory-analysis and design, 3rd ed[M]. New York: John Wiley & Sons, Inc., 2005.

[2] KRAUS J D. Antennas, 2nd ed[M]. New York: McGraw-Hill, 1988.

[3] CHEN A X, ZHANG Y J, CHEN Z Z, et al. A Ka-band high-gain circularly polarized microstrip antenna array[J]. IEEE Antennas and Wireless Propagation Letters, 2010, 9: 1115-1118.

[4] DING K, GAO C, QU D X, et al. Compact broadband circularly polarized antenna with parasitic patches[J]. IEEE Transactions on Antennas and Propagation, 2017, 65(9): 4854-4857.

[5] DENG C J, LI Y, ZHANG Z J, et al. A wideband sequential-phase fed circularly polarized patch array[J]. IEEE Transactions on Antennas and Propagation, 2014, 62(7): 3890-3893.

[6] DING K, GAO C, YU T B, et al. Gain-improved broadband circularly polarized antenna array with parasitic patches[J]. IEEE Antennas and Wireless Propagation Letters, 2017, 16: 1468-1471.

[7] LI Y, ZHANG Z J, FENG Z H. A sequential-phase feed using a circularly polarized shorted loop structure[J]. IEEE Transactions on Antennas and Propagation, 2013, 61(3): 1443-1447.

[8] YANG W W, ZHOU J Y. Wideband circularly polarized cavity-backed aperture antenna with a parasitic square patch[J]. IEEE Antennas and Wireless Propagation Letters, 2014, 13: 197-200.

[9] LI R L, DEJEAN G, LASKAR J, et al. Investigation of circularly polarized loop antennas with a parasitic element for bandwidth enhancement[J]. IEEE Transactions on Antennas and Propagation, 2005, 53(12): 3930-3939.

[10] WU J J, YIN Y Z, WANG Z D, et al. Broadband circularly polarized patch antenna with parasitic strips[J]. IEEE Antennas and Wireless Propagation Letters, 2015, 14: 559-562.

[11] MALEKABADI S A, ATTARI A R, MIRSALEHI M M. Compact and broadband circular polarized Microstrip Antenna with wideband Axial-Ratio bandwidth[C]//2008 International Symposium on Telecommunications. IEEE, 2008: 106-109.

[12] KHIDRE A, LEE K F, YANG F, et al. Wideband circularly polarized E-shaped patch antenna for wireless applications [wireless corner[J]. IEEE Antennas and Propagation Magazine, 2010, 52(5): 219-229.

[13] LIN W, WONG H. Wideband circular polarization reconfigurable antenna[J]. IEEE Transactions on Antennas and Propagation, 2015, 63(12): 5938-5944.

[14] MAO C X, GAO S S, WANG Y, et al. Compact broadband dual-sense circularly polarized microstrip antenna/array with enhanced isolation[J]. IEEE Transactions on Antennas and Propagation, 2017, 65(12): 7073-7082.

[15] LIN J F, CHU Q X. Enhancing bandwidth of CP microstrip antenna by using parasitic patches in annular sector shapes to control electric field components[J]. IEEE Antennas and Wireless Propagation Letters, 2018, 17(5): 924-927.

[16] LIN J F, ZHU L. A modal method to enhance AR bandwidth: exemplified by A CP crossed dipole antenna[C]//2020 IEEE Asia-Pacific Microwave Conference (APMC). IEEE, 2020: 239-241.

7 基于特征模的宽带缝隙天线设计

缝隙天线有着广泛的应用，得益于低剖面和共形优势，特别适用于最近蓬勃发展的无人驾驶飞机。为了满足日益增长的通信需求，需要增加缝隙天线的带宽。很多文献提出了各种不同的宽带缝隙天线 [1-2]，但这些天线的地板都是电小尺寸的，天线特性关于地板大小很敏感，这损害了缝隙天线的共形优势。文献 [3] 提出了一款线形缝隙天线，它的地板是无限大或电大尺寸的，通过加载缝隙枝节来增加带宽。但是对于具有任意形状的缝隙天线，尚未存在一种普遍的模式分析方法来指导天线设计。

文献 [4] 提供了一些设计规则来指导缝隙天线特征模式的激励，但缝隙所在的地板并不是电大尺寸的，特征模式都是纯电流类型的，而且电流都分布在地板上。对于具有无限大地板的缝隙天线，我们是无法计算其电流模式的，而对于具有电大地板的缝隙天线，计算其电流模式需要较大的计算机内存和较长的计算时间。针对具有无限大地板的缝隙天线，Harrington 基于等效定理 [5] 提出了磁流模式理论 [6]，也就是说，对于这类天线，不存在通常的纯电流模式，但存在纯磁流模式。文献 [7] 和文献 [8] 探讨了纯磁流模式在孔径耦合中的应用，最近文献 [9] 基于二重性原理 [5] 又进一步深入研究了纯磁流模式及其应用。此外，针对同时包含电介质和磁材料的天线，Harrington 等 [10] 和 Chang 等 [11] 还提出了一种混合模式，其既包含电流，也包含磁流。

经过深入的调查，我们发现目前很少有文献利用纯磁流模式来拓展缝隙天线的带宽。这是因为与纯电流模式不同，纯磁流模式的谐振点与缝隙天线输入阻抗的低阻 (串联) 谐振点并不一致，而是与高阻 (并联) 谐振点一致。所以在不引入额外的阻抗匹配电路的前提下，很难实现纯磁流模式与 50Ω 标准源阻抗的匹配，更别说带宽调节。但是，我们发现如果把缝隙天线的馈电探针也考虑进来，那么特征模式就不再是纯磁流类型了，实际上，它们变成了混合模式，其在馈电探针上是电流，在缝隙上则是磁流，而且混合模式的谐振点与输入阻抗的低阻 (串联) 谐振点一致。

本章利用混合特征模式成功设计了两款带宽增加的环形缝隙天线 [12-13]，它们均具有电大地板，天线特性关于地板大小不敏感，共形性强。本章的核心思想是通过加载缝隙枝节或寄生缝隙圆环来引入新的混合模式，通过观察这些新模式的磁流分布找到控制其谐振频率的方法，从而调节带宽。

7.1 混合特征模式介绍

7.1.1 三种模式的关系

混合模式理论最早由文献 [10] 和文献 [11] 提出来，一开始主要用于分析同时包含电介质和磁材料的辐射体，文献 [14] 根据改进的 Poggio–Miller–Chan–Harrington–Wu–Tsai (PMCHWT) 公式 [15] 对混合模式理论作了进一步的发展。PMCHWT 公式与混合场积分

方程 (combined field integral equation, CFIE) 有关，其原来形式中阻抗矩阵是不对称的，改进形式采用了对称阻抗矩阵，改进后的 PMCHWT 公式可以写成

$$[Z]\begin{bmatrix} \boldsymbol{J}_{\mathrm{t}} \\ \mathrm{j}\boldsymbol{M}_{\mathrm{t}} \end{bmatrix} = \begin{bmatrix} \boldsymbol{E}^{\mathrm{i}} \\ \mathrm{j}\boldsymbol{H}^{\mathrm{i}} \end{bmatrix} \tag{7.1.1}$$

其中，$\begin{bmatrix} \boldsymbol{J}_n & \mathrm{j}\boldsymbol{M}_n \end{bmatrix}^{\mathrm{T}}$ 表示天线上的总电流和总磁流，$\begin{bmatrix} \boldsymbol{E}^{\mathrm{i}} & \mathrm{j}\boldsymbol{H}^{\mathrm{i}} \end{bmatrix}^{\mathrm{T}}$ 表示入射电场和磁场，对称阻抗矩阵 $[Z]$ 为

$$[Z] = \begin{bmatrix} \left[Z_{mn}^{+} + Z_{mn}^{-}\right] & \mathrm{j}\left[\beta_{mn}^{+} + \beta_{mn}^{-}\right] \\ \mathrm{j}\left[\beta_{mn}^{+} + \beta_{mn}^{-}\right] & \left[Y_{mn}^{+} + Y_{mn}^{-}\right] \end{bmatrix} \tag{7.1.2}$$

其中，$\left[Z_{mn}^{\pm}\right]$、$\left[Y_{mn}^{\pm}\right]$ 和 $\left[\beta_{mn}^{\pm}\right]$ 的定义参见文献 [14]。

混合模式 (combined modes) 由如下的广义特征值方程来定义：

$$[X]\begin{bmatrix} \boldsymbol{J}_n \\ \mathrm{j}\boldsymbol{M}_n \end{bmatrix} = \lambda_n^{\mathrm{c}}[R]\begin{bmatrix} \boldsymbol{J}_n \\ \mathrm{j}\boldsymbol{M}_n \end{bmatrix} \tag{7.1.3}$$

其中，λ_n^{c} 和 $\begin{bmatrix} \boldsymbol{J}_n & \mathrm{j}\boldsymbol{M}_n \end{bmatrix}^{\mathrm{T}}$ 表示第 n 个混合模式对应的特征值和特征流，$[R]$ 和 $[X]$ 表示 $[Z]$ 的实部和虚部。

注意：混合模式的命名是为了与混合场积分方程保持一致。

天线上总电流和总磁流可以用混合模式展开为

$$\begin{bmatrix} \boldsymbol{J}_{\mathrm{t}} \\ \mathrm{j}\boldsymbol{M}_{\mathrm{t}} \end{bmatrix} = \sum_n \alpha_n \begin{bmatrix} \boldsymbol{J}_n \\ \mathrm{j}\boldsymbol{M}_n \end{bmatrix} = \sum_n \frac{\left\langle \begin{bmatrix} \boldsymbol{J}_n \\ \mathrm{j}\boldsymbol{M}_n \end{bmatrix}, \begin{bmatrix} \boldsymbol{E}^{\mathrm{i}} \\ \mathrm{j}\boldsymbol{H}^{\mathrm{i}} \end{bmatrix} \right\rangle}{1+\mathrm{j}\lambda_n^{\mathrm{c}}} \begin{bmatrix} \boldsymbol{J}_n \\ \mathrm{j}\boldsymbol{M}_n \end{bmatrix} \tag{7.1.4}$$

其中，α_n 是模式加权系数 (modal weighting coefficient, MWC)。

如果天线上只存在电流或磁流，则混合模式简化为纯电流或纯磁流模式。

对于所有三种模式，都可以定义模式重要性系数、模式特征角以及模式谐振频率如下：

$$\mathrm{MS}_n^u = 1/\left|1+\mathrm{j}\lambda_n^u\right| \tag{7.1.5a}$$

$$\mathrm{CA}_n^u = 180^\circ - \arctan\left(\lambda_n^u\right) \tag{7.1.5b}$$

$$\lambda_n^u(f_{\mathrm{res},n}^u) = 0 \tag{7.1.5c}$$

其中，u 指代 e, m, c，它们分别表示纯电流、纯磁流和混合模式，$f_{\mathrm{res},n}^u$ 表示谐振频率。

7.1.2 三种模式与输入阻抗的关系

为了论证使用混合模式分析缝隙天线的必要性，先考虑一个简单的线形缝隙天线，如图 7.1.1 所示，其地板为无限大。缝隙的长宽比应该大于 20 : 1，以使其可以视为窄缝隙 [16]，这里长宽分别设置为 82mm 和 3mm，馈电探针的半径则设置为 0.46mm。

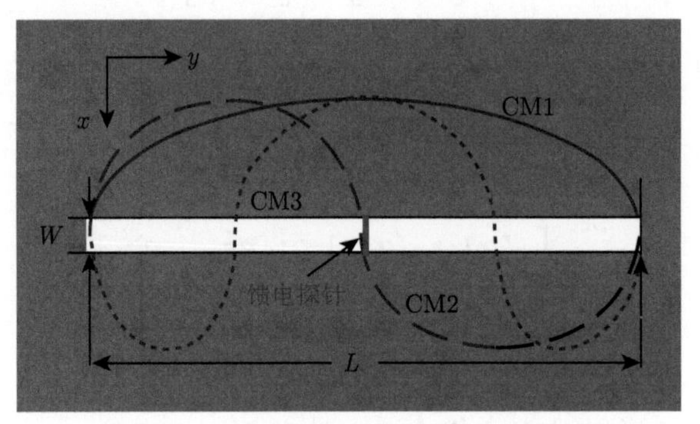

图 7.1.1 中心探针馈电的线形缝隙天线

此处利用 FEKO 软件计算特征模式，为了建立具有无限大地板的缝隙天线模型，需要先设置一个平面多层基底 (planar multilayer substrate)，并且指定地板和缝隙的位置，同时还需要将缝隙设置为平面格林函数孔径 (planar Green's function aperture) 来求解。更多细节参看 FEKO 软件的使用手册 [17]。

图 7.1.2 给出了特征模式的 MS 曲线。当不考虑馈电探针时，特征模式是纯磁流的，磁流分布在缝隙上面，如图 7.1.1 所示。根据二重性原理，缝隙天线的纯磁流模式与导体振子的纯电流模式特征值完全相同。然而，一旦将馈电探针考虑在内，特征模式就不再是纯磁流的。实际上，特征模式在探针上是电流，在缝隙上是磁流。从图 7.1.2 可以看出，引入

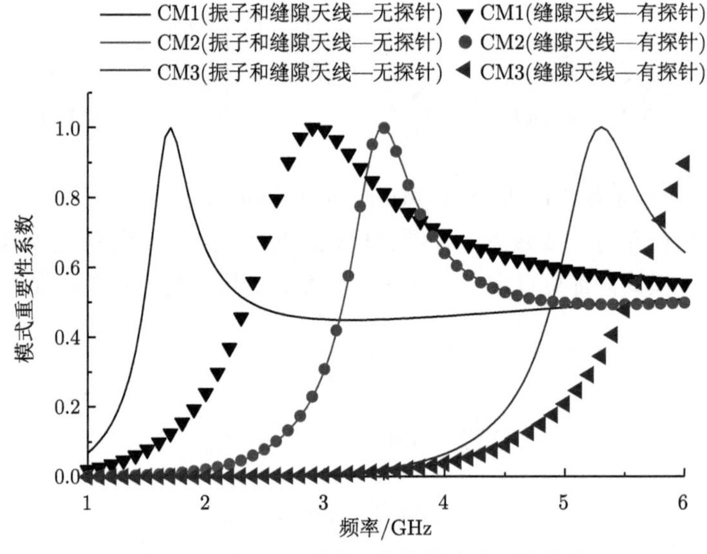

图 7.1.2 振子和缝隙天线的模式重要性曲线

探针后，CM1 和 CM3 的特征值改变了很多，模式重要性曲线向高频移动，模式谐振频率增加。并且在缝隙中间处，由于探针的短路作用，它们的模式电场变弱，相应地，它们的磁流强度在此处也会变得弱一些。相反，CM2 的特征值几乎不变，这是因为 CM2 的磁流在探针处非常微弱，引入探针对其影响不大。

图 7.1.3 给出了线性缝隙天线和导电振子天线的输入阻抗，可以看到，在所考虑的频段内有 3 个谐振点。对于缝隙天线来说，第一个和第三个是高阻 (并联) 谐振点，第二个是低阻 (串联) 谐振点；导电振子的情况刚好反过来。从表 7.1.1 可以看出，混合模式的谐振点对应缝隙天线输入阻抗的低阻 (串联) 谐振点，而纯磁流或纯电流模式的谐振点则对应其高阻 (并联) 谐振点。相比于高阻谐振点，低阻谐振点更容易与 50Ω 标准源阻抗相匹配，而无须引入额外的阻抗匹配电路。容易想到，移动混合特征模式的谐振点，实际上是在移动缝隙天线输入阻抗的低阻 (串联) 谐振点，这可以拓展缝隙天线的带宽。

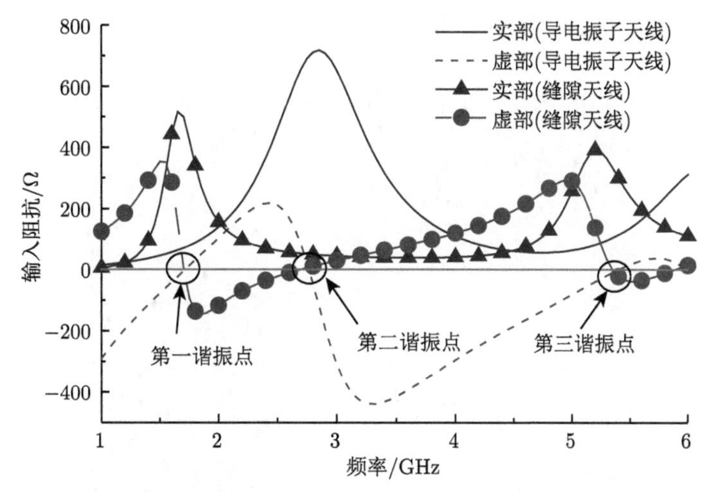

图 7.1.3 线形缝隙天线和导电振子天线的输入阻抗比较

表 7.1.1 特征模式和输入阻抗谐振点的关系

谐振点 (ResF)	第一个 (1.70GHz)	第二个 (2.70GHz)	第三个 (5.35GHz)
导电振子天线	低阻 (串联)	高阻 (并联)	低阻 (串联)
线形缝隙天线	高阻 (并联)	低阻 (串联)	高阻 (并联)
特征模式 (CM) 类型	$f_{\text{res},1}^{\text{e/m}}$	$f_{\text{res},1}^{\text{c}}$	$f_{\text{res},3}^{\text{e/m}}$

在下面的内容中，我们将利用混合特征模式设计两款环形缝隙天线，这两款天线都是直接采用探针馈电，无须额外的阻抗匹配电路，因此馈电结构非常简单。

7.2 加载缝隙枝节

图 7.2.1 展示了加载缝隙枝节后天线的结构，其中，$R_i = 20\text{mm}(0.18\lambda_g)$，$W = 3\text{mm}$ $(0.027\lambda_g)$，$L_s = 28.5\text{mm}(0.257\lambda_g)$，$\theta = 35°$。采用厚度 h 为 0.8mm，相对介电常数 ε_r 为

4.4，损耗角正切为 0.02 的 FR4 介质基板。该天线直接用探针馈电，其中心工作频点设定在 2.485GHz($\lambda_0 = 120.7$mm) 处，−10dB 阻抗带宽为 2.15~2.7GHz。注意波导波长 λ_g 的计算公式为 [18]

$$\begin{aligned}\frac{\lambda_g}{\lambda_0} =& 0.9217 - 0.277\ln\varepsilon_r + 0.0322\frac{W}{h}\left[\frac{\varepsilon_r}{0.435+\dfrac{W}{h}}\right] \\ & - 0.01\times\left[4.6 - \frac{3.65}{\varepsilon_r^2\left(9.06 - 100\dfrac{W}{\lambda_0}\right)\sqrt{\dfrac{W}{\lambda_0}}}\right]\ln\frac{h}{\lambda_0}\end{aligned} \tag{7.2.1}$$

将相关参数代入上式，得到计算结果为 $\lambda_g \approx 0.92\lambda_0 = 111.1$mm。

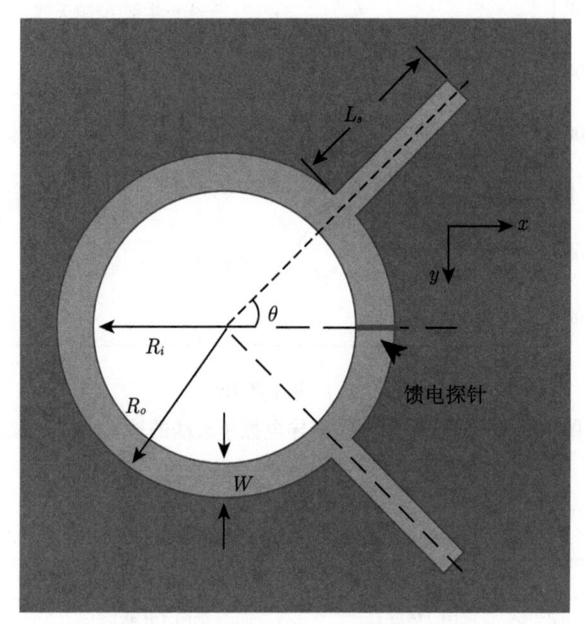

图 7.2.1　探针馈电的环形缝隙天线，在圆环上加载了两个缝隙枝节

7.2.1　模式分析

图 7.2.2 给出了天线混合模式的模式重要性曲线，可以看出，在所考虑的频段内，当没有加载枝节时，有 CM1，CM2 和 CM3 三个主要模式，当加载枝节后，多了一个新的模式 CM0。

图 7.2.3—图 7.2.5 展示了混合模式的磁流和电流分布。注意磁流分布在缝隙上，而电流分布在馈电探针上。从图 7.2.3 和图 7.2.4 可以清楚地看到，加载枝节后，引入了新的模式 CM0，这是天线带宽增加的关键原因。下面我们只考虑加载枝节后的情况。

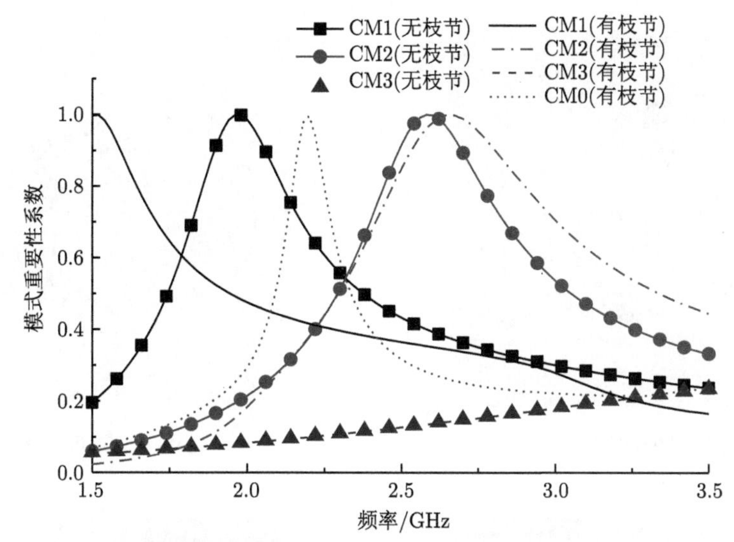

图 7.2.2 环形缝隙天线有无加载缝隙枝节情况下的混合模式重要性曲线

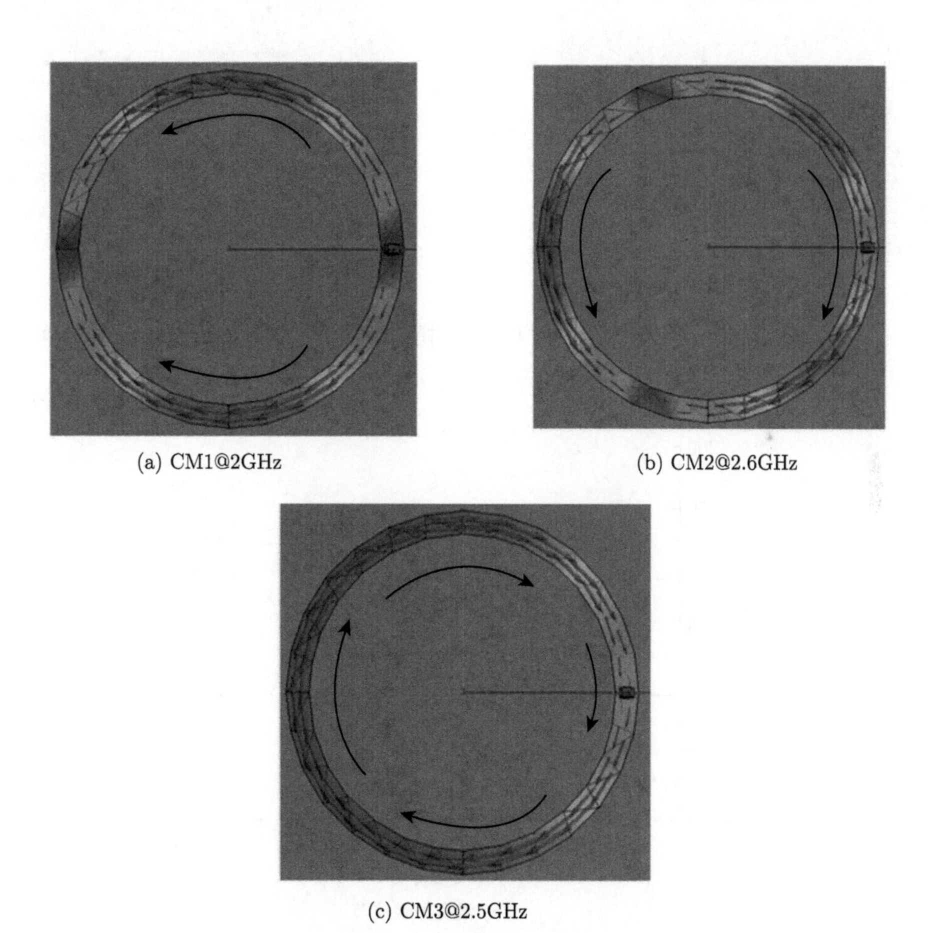

(a) CM1@2GHz

(b) CM2@2.6GHz

(c) CM3@2.5GHz

图 7.2.3 环形缝隙天线前 3 个混合模式的磁流分布 (没有加载枝节)

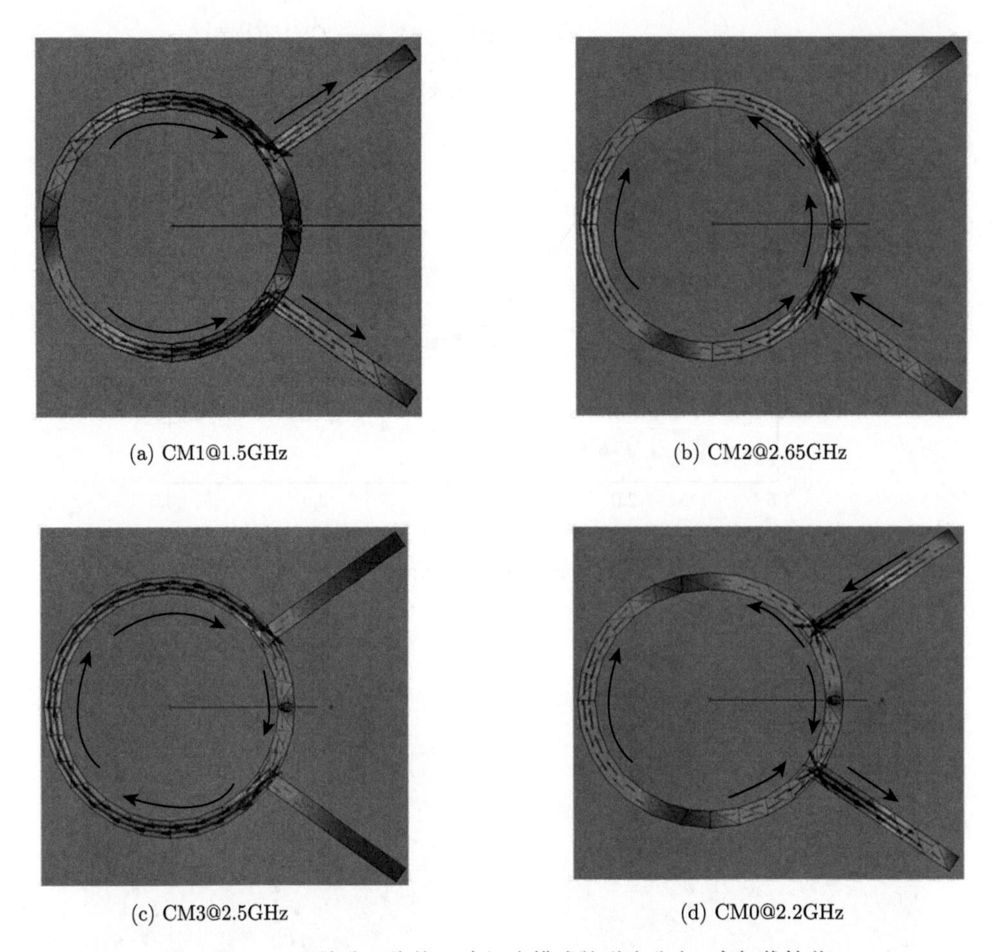

(a) CM1@1.5GHz　(b) CM2@2.65GHz

(c) CM3@2.5GHz　(d) CM0@2.2GHz

图 7.2.4　环形缝隙天线前 4 个混合模式的磁流分布 (有加载枝节)

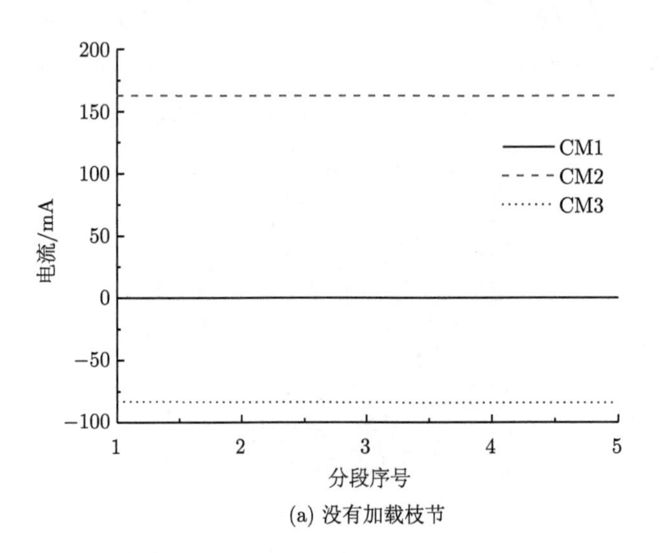

(a) 没有加载枝节

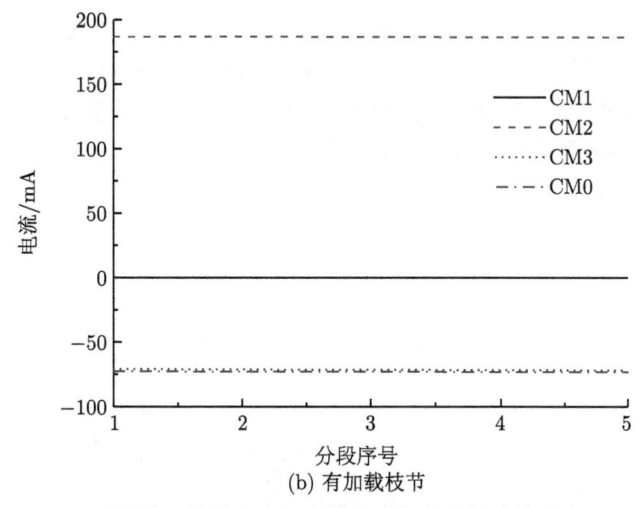

(b) 有加载枝节

图 7.2.5　环形缝隙天线前几个混合模式在探针上的电流分布 @2.5GHz

图 7.2.6 给出了前 4 个混合模式的加权系数曲线，可以看到，CM1 没有被激励出来，这是因为其在馈电探针上的电流为零 (图 7.2.5)。此外还可以看到，在所考虑频段内，CM0 和 CM2 是被有效激励出来的模式。虽然 CM3 也被激励出来了，但是其在所考虑频段内并不谐振，加权系数远比 CM0 和 CM2 小。因此对天线进行分析时，可以忽略 CM3，只需考虑 CM0 和 CM2 就足够了。

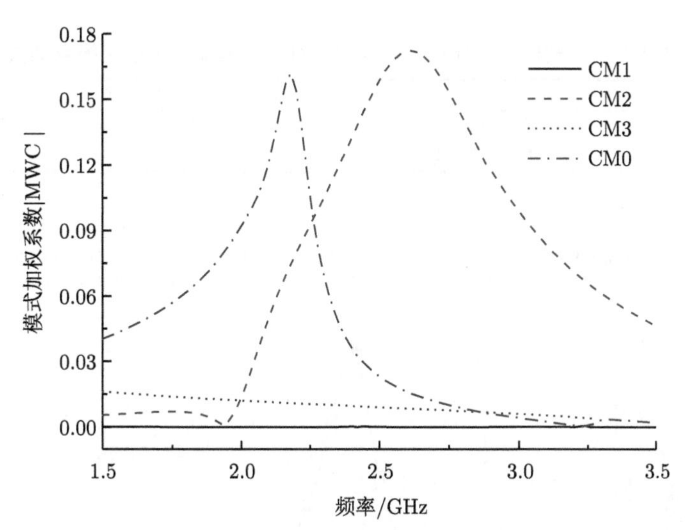

图 7.2.6　加载枝节后环形缝隙天线前 4 个混合模式的加权系数曲线

现在考虑带宽的优化方法。从图 7.2.7 和表 7.2.1 可以清楚看出，天线输入阻抗的第一个和第三个低阻谐振点分别由 CM0 和 CM2 带来，至于第二个低阻谐振点，则是由 CM0 和 CM2 的相互作用 [19] 引入的。

图 7.2.7 和表 7.2.1 可以解释为什么带宽可以通过缝隙枝节的长度来调节。从图 7.2.4(b) 和 (d) 可见，CM0 的磁流在缝隙枝节上面较强，而在环形缝隙上面则较弱，说明通过调节

枝节长度，可以调节第一个低阻谐振点的位置，同时保持第三个低阻谐振点几乎不动。如图 7.2.8 和图 7.2.9(a) 所示，当 L_s 减小时，反射系数曲线的低频极点 (由 CM0 带来) 向高频移动，而其高频极点 (由 CM2 带来) 几乎不动。一旦 L_s 减小到 23.5mm，CM0 和 CM2 的谐振点靠得太近，导致反射系数曲线只剩下一个极点。

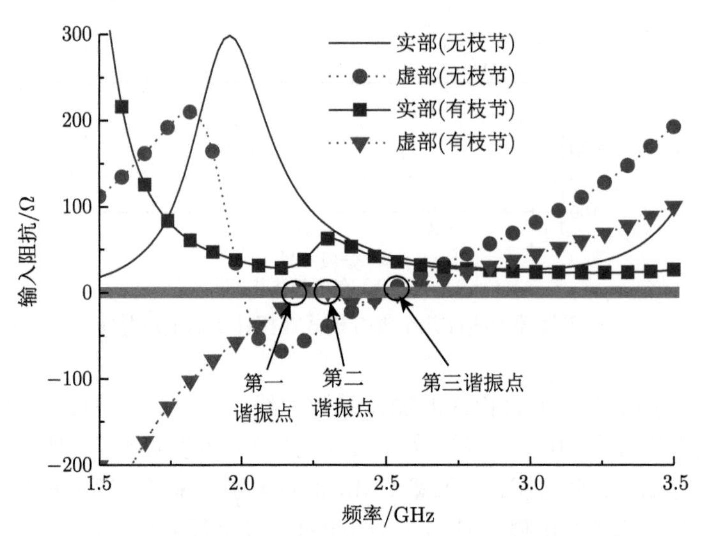

图 7.2.7　有无加载枝节情况下环形缝隙天线的输入阻抗

表 7.2.1　加载枝节后环形缝隙天线特征模式和输入阻抗谐振点的关系

输入阻抗低阻谐振点	第一个 (2.2GHz)	第二个 (2.3GHz)	第三个 (2.55GHz)
混合模式的谐振点	CM0(2.2GHz)	CM0+CM2	CM2(2.65GHz)
纯磁流模式的谐振点	CM0(2.28GHz)	—	CM2(1.44GHz)

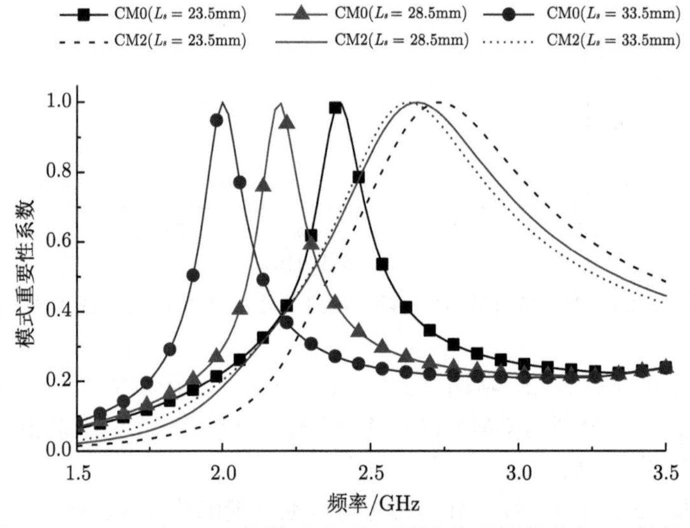

图 7.2.8　CM0 和 CM2 的模式重要性系数与加载枝节长度 L_s 的关系

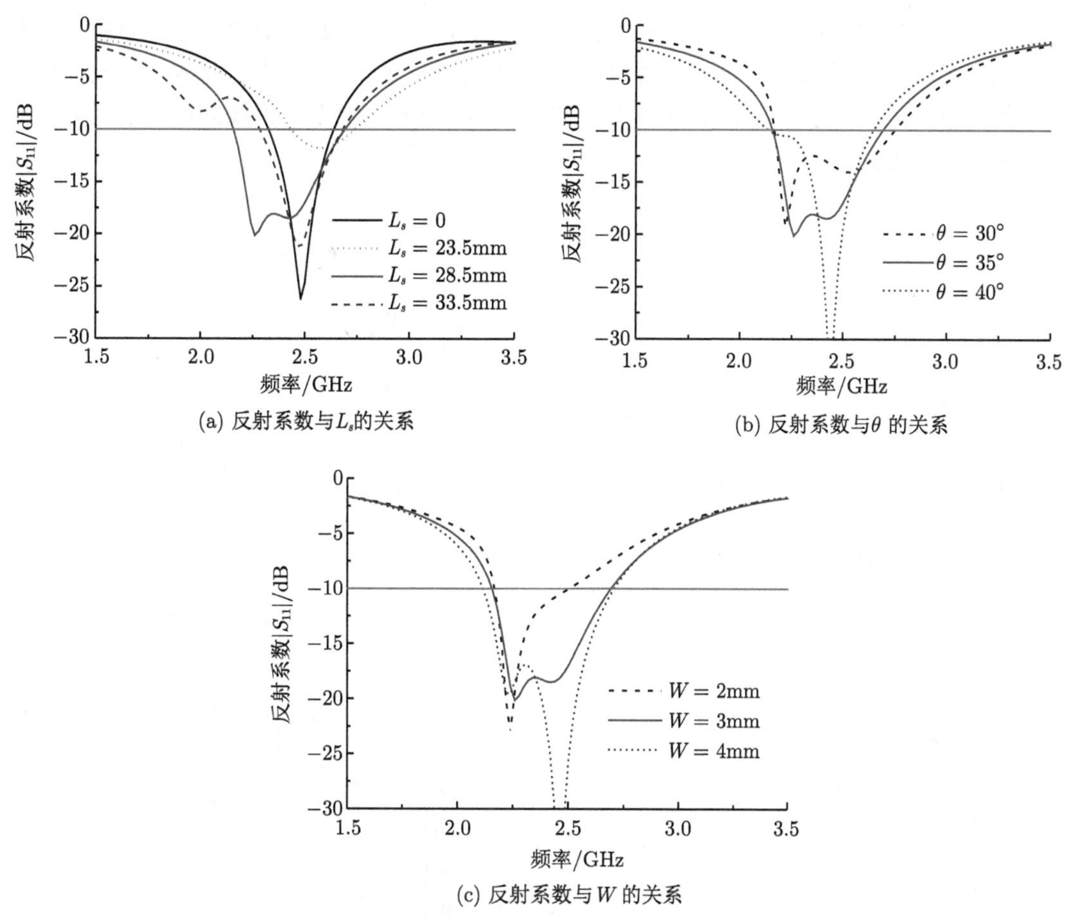

(a) 反射系数与L_s的关系

(b) 反射系数与θ 的关系

(c) 反射系数与 W 的关系

图 7.2.9 反射系数与参数 L_s，θ 和 W 的关系

经过研究发现，θ 和 W 对 CM0 和 CM2 的谐振点影响很小，但这两个参数却对阻抗匹配有影响。从图 7.2.9(b)、(c) 可见，当 $\theta = 35°$，$W = 3$mm 时，阻抗匹配达到最佳，同时缝隙天线尺寸最紧凑。

综合以上分析，带宽优化方法可以总结如下：通过 L_s 来调节 CM0 谐振点的位置，此时 CM2 谐振点的位置保持不变。这样一来可以获得较大的潜在带宽。为了实现这个潜在带宽，还需要利用参数 θ 和 W 来调节阻抗匹配。通过调节这三个参数，我们就可以实现较大带宽。

从前面的讨论可以清楚看出混合模式相对于纯磁流模式的优势，传统上调节缝隙天线的带宽是比较困难的，缺乏明确的理论指导。但是，由于混合模式的谐振点与天线输入阻抗的低阻谐振点紧密联系在一起，这使得我们可以很好地解决这个问题，即通过观察混合模式的磁流分布来找到调节其谐振点的方法。

图 7.2.10 展示了 CM0 和 CM2 的特征方向图，在高频 2.65GHz 处，天线的方向图主要由 CM2 决定，由于 CM2 的最大辐射出现在上下边射方向 ($\varphi = 0°, \theta = 0°$ 以及 $\varphi = 0°, \theta = 180°$)，可以预测天线的最大辐射也将出现在边射方向上。然而，在 xOz 面内 CM0 最

大辐射并不在边射方向上，随着频率降低，CM0 的作用越来越大 (从图 7.2.6 中的加权系数曲线可见)，天线在边射方向上的辐射趋向恶化。此外，CM0 和 CM2 在各个方向上辐射电场的相位也不同，这导致 CM0 和 CM2 的辐射电场在叠加之后，天线的最大辐射方向会偏离上下边射方向。

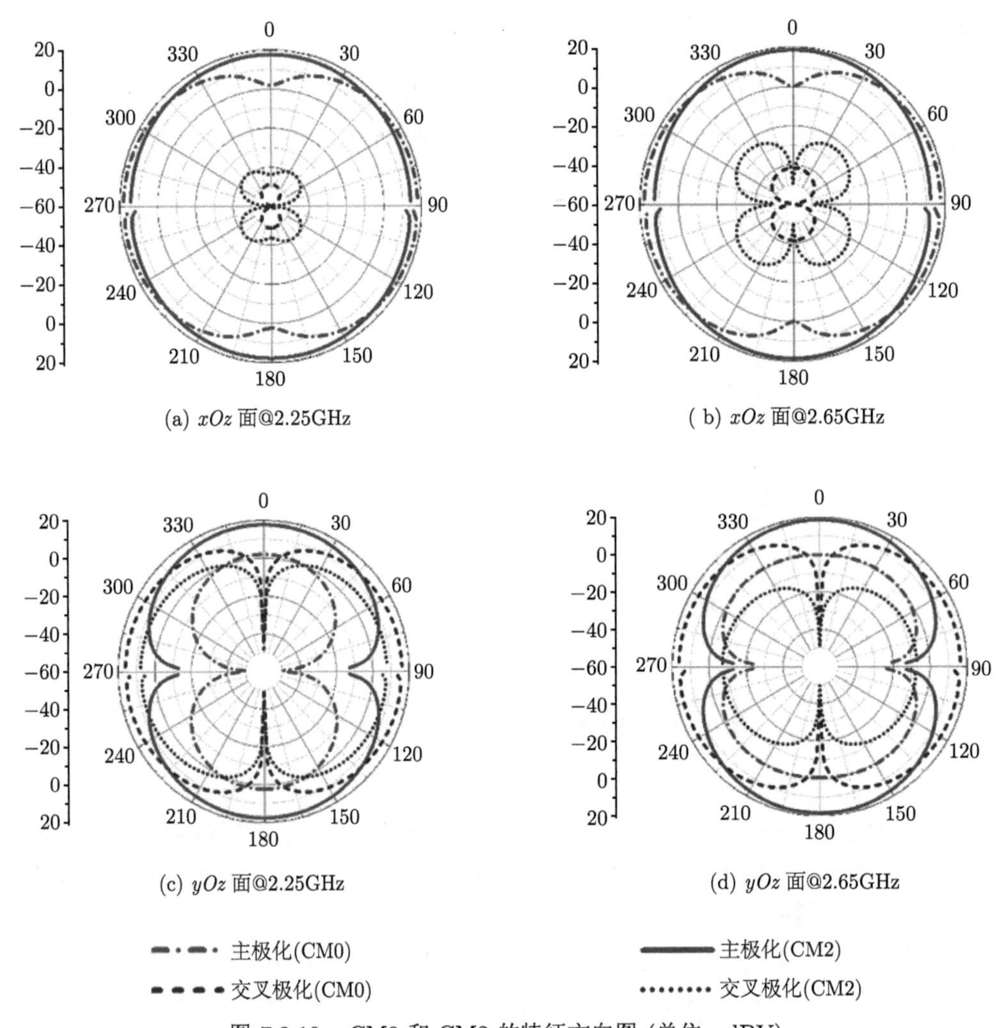

图 7.2.10 CM0 和 CM2 的特征方向图 (单位：dBV)

从图 7.2.10 可见，在 xOz 面内，CM0 和 CM2 的交叉极化 (x-pol) 都很小，但在 yOz 面内，两者的交叉极化要大一些。可以预测，天线在 yOz 面内的交叉极化会比 xOz 面大得多。天线没有加载枝节时的情况也一样。

通过观察图 7.2.4(d) 中 CM0 在两个枝节上的磁流分布，可以发现其 x 分量沿着相反的方向，y 分量则沿着相同的方向，因此，x 分量磁流产生的辐射将在上下边射方向相互抵消。进一步考虑到交叉极化和主极化辐射分别是由 x 分量和 y 分量的磁流产生，可以推知，CM0 主要对天线的主极化而非交叉极化做出了贡献，CM2 的情况类似。事实上，图

7.2.10 显示，在上下边射方向上，CM0 和 CM2 的交叉极化电平均低于 −40dBV，这显示天线在整个工作频段内拥有良好的极化纯度。

7.2.2 测试结果及分析

为了验证设计方法的正确性，我们加工出了缝隙天线，如图 7.2.11 所示，缝隙天线用具有 50Ω 特性阻抗的同轴线馈电。地板的大小为 150mm×150mm($1.35\lambda_g \times 1.35\lambda_g$)。

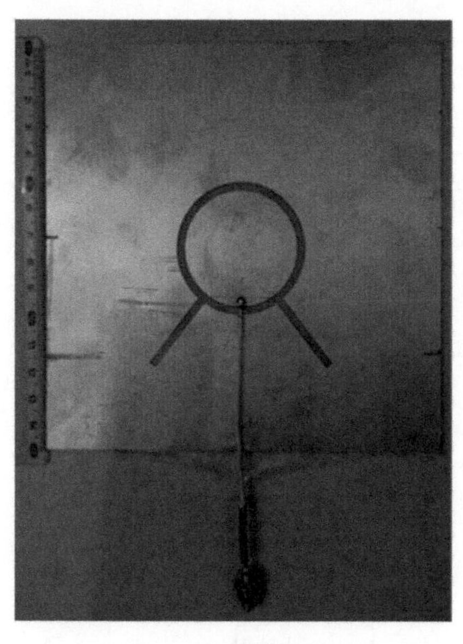

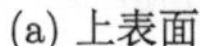

(a) 上表面

(b) 下表面

图 7.2.11 同轴探针馈电的天线加工原型

从图 7.2.12(a) 可以看出，反射系数的测量结果和仿真结果相匹配，10dB 阻抗带宽为 2.15~2.7GHz。借助于加载缝隙枝节的方法，天线分数阻抗带宽从 12.5%显著增加到 22.6%。

从图 7.2.12(b) 可以看出，在频段 2.25~2.70GHz 范围内，上下边射方向的增益变动均小于 3dB，而当频率低于 2.25GHz 时，由于之前讨论过的 CM0 的影响，边射方向的增益迅速恶化。在中心频率 2.485GHz 处，上下边射方向的增益分别为 4.89dBi 和 4.97dBi，比单个半波长缝隙天线的增益高，这是因为环的周长大概等于一个波长，环形缝隙天线的辐射大致等于两个半波长缝隙天线辐射的叠加。此外，由于介质基板和馈电同轴线带来的不对称性，上下边射方向的增益有一点不一样。

图 7.2.13 给出了天线辐射方向图的仿真和测量结果。注意：为了得到更精确的方向图仿真结果，我们重新在 HFSS 软件 [20] 中建模，并将地板设置为有限大，即 150mm×150mm。从图 7.2.13 可见，测量出来的结果与 HFSS 仿真出来的结果基本一致。由于馈电探针的寄生辐射，测量结果的交叉极化要比仿真结果大，尤其是在 xOz 面内。yOz 面的交叉极化要比 xOz 面大得多。即便如此，所有测量结果都显示，在边射方向上，天线的交叉极化比大于 20dB，这表明天线的极化纯度高。观察 xOz 面内的方向图，可以看出，在低频 2.25GHz 处，天线最大辐射偏离了边射方向，证实了图 7.2.10 的预测。

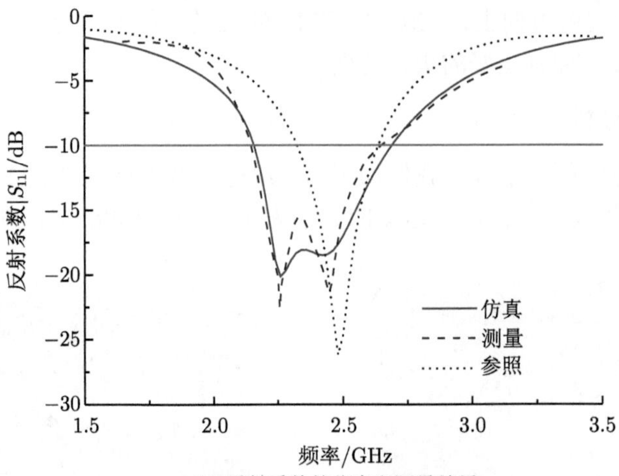

(a) 反射系数的仿真和测量结果，
参照结果指的是没有加载枝节的情况

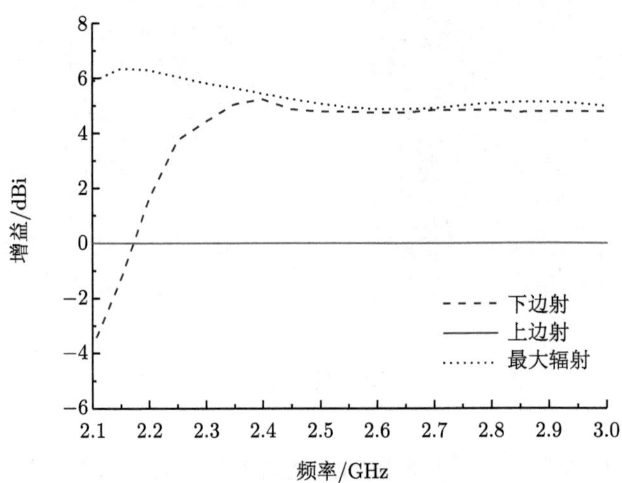

(b) 上下两个边射方向($\varphi=0°$, $\theta=0°$和$\varphi=0°$, $\theta=180°$)
和最大辐射方向的增益(均为测量结果)

图 7.2.12　反射系数与增益频率变化曲线

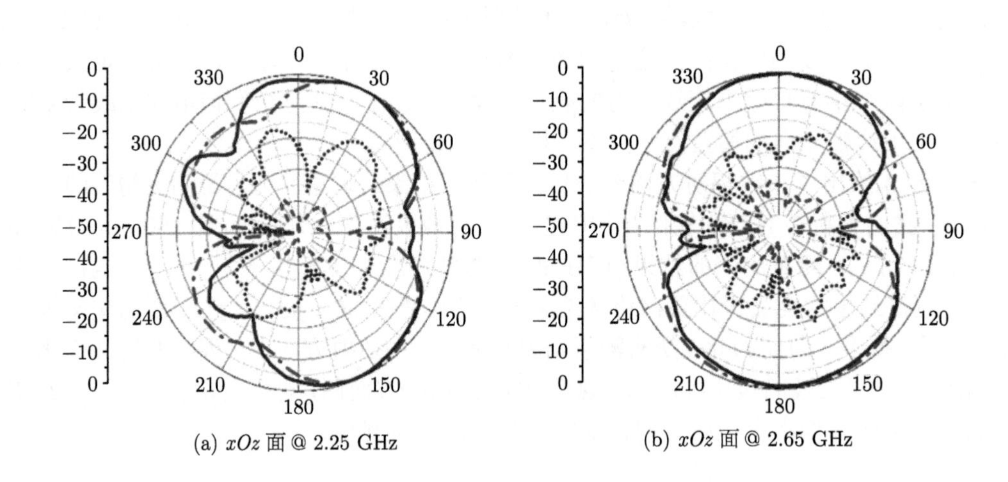

(a) xOz 面 @ 2.25 GHz　　(b) xOz 面 @ 2.65 GHz

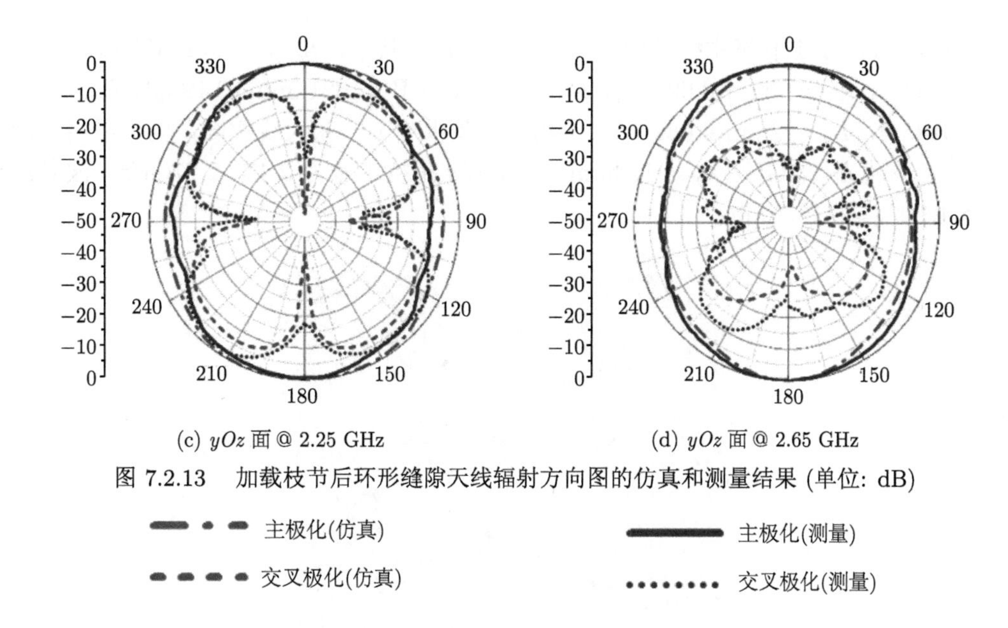

(c) yOz 面 @ 2.25 GHz (d) yOz 面 @ 2.65 GHz

图 7.2.13 加载枝节后环形缝隙天线辐射方向图的仿真和测量结果 (单位: dB)

表 7.2.2 比较了有无加载枝节情况下天线的带宽和辐射效率，可以看出，加载枝节后，重叠带宽从 12.5%增加到 18.2% 。

注意：本节所提出来的天线具有无限大或电大尺寸的地板，而在已经发表的文献中，相关的宽带缝隙天线几乎都具有电小尺寸的地板 [21-22]，天线特性对地板大小很敏感，不利于共形。

表 7.2.2 还给出了天线的辐射效率，这里已经将基板介质损耗和馈电损耗考虑进去了。可以看出，加不加载枝节对天线辐射效率几乎没有影响。

表 7.2.2 有无加载枝节情况下环形缝隙天线的带宽和效率

	10dB 阻抗带宽	3dB 辐射带宽	天线重叠带宽	天线辐射效率
加载枝节	2.15～2.70GHz	2.25～3.60GHz	2.25～2.70GHz (18.2%)	88.6%～96.7%
没有加载枝节 (参照)	2.33～2.64GHz	2.05～2.90GHz	2.33～2.64GHz(12.5%)	88.2%～98.1%

由于带宽覆盖频段 2.25～2.7GHz，该缝隙天线可以应用于 LTE40/41 频段 (2.30～2.69GHz)，或者其他要求分数带宽在 18.2%以下的场合。由于具备双向辐射特性，该天线特别适合安装在长长的巷子或街道里。而且由于其具有良好的共形特性，人们很难发觉天线的存在，具有良好的隐蔽性，降低了天线的安装成本。

7.3 加载寄生缝隙圆环

上面介绍的枝节加载方法成功拓展了带宽，但是方向图在工作频段内并不稳定，低频时主瓣倾斜，最大辐射偏离了上下边射方向。在本节中我们将提出一种新的方法，不仅能够拓展带宽，还能够保证在工作频段内方向图保持稳定。

图 7.3.1 展示了加载寄生缝隙圆环后天线的结构，其中，$R_p = 17.5\text{mm}(0.16\lambda_g)$，$G = 1\text{mm}(0.009\lambda_g)$，$W_d = 3\text{mm}(0.027\lambda_g)$，$R_d = R_p + G + W_d = 21.5\text{mm}(0.19\lambda_g)$，$W_p = W_s = 2\text{mm}(0.018\lambda_g)$，$L_s = 9\text{mm}(0.082\lambda_g)$。所用介质基板与上一款天线相同，同样采用探针馈电，其中心频点在 2.5GHz($\lambda_0 = 120$mm)，-10dB 阻抗带宽为 2.17~2.77GHz。波导波长为 $\lambda_g \approx 0.92\lambda_0 = 110.4$mm。

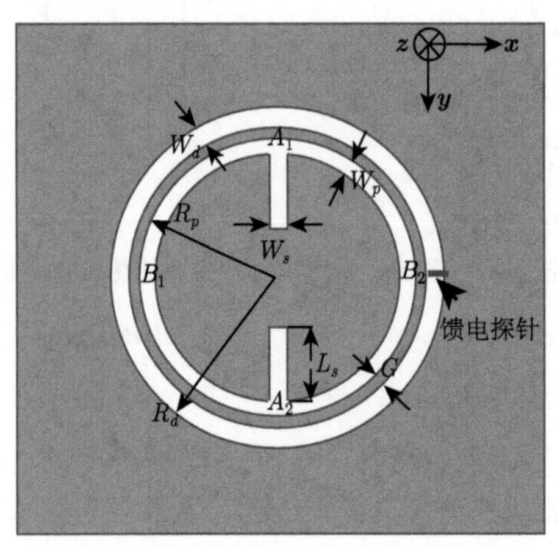

图 7.3.1　加载寄生缝隙圆环后天线的几何结构

7.3.1　模式分析

图 7.3.2 给出了天线混合模式的 MS 曲线，可以看出，在所考虑的频段内，有 5 个主要模式，其中 CM3 是非谐振模式 [23]，没有谐振点，其他都是谐振模式。

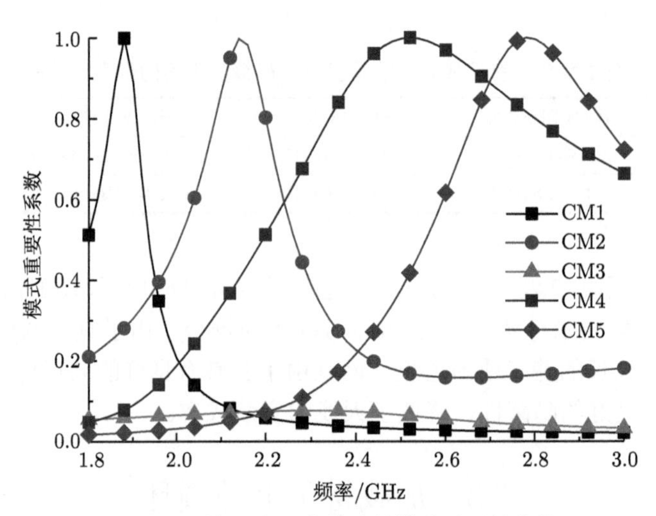

图 7.3.2　前 5 个混合模式的模式重要性曲线

图 7.3.3 和图 7.3.4 展示了混合模式的电流和磁流分布。从图 7.3.4(b) 和 (d) 可以看到，CM2 和 CM4 的大部分磁流位于寄生环 (内环) 上，而 CM5 的大部分磁流位于驱动环

(外环) 上。基于这个观察，我们可以认为，CM2 和 CM4 是由寄生环带来的，而 CM5 是由驱动环带来的。也就是说，CM2 和 CM4 的谐振频率可以通过寄生环的尺寸来调节，而驱动环的尺寸对它们的谐振频率影响很小。CM5 的情况与 CM2 和 CM4 正好相反。为了叙述方便，我们将 CM2 和 CM4 称为寄生模式，将 CM5 称为驱动模式。此外，图 7.3.4(b) 亦显示加载在寄生环上的两个枝节可以调节 CM2 的谐振频率。通过 CM2 和 CM4 的磁流分布，很容易理解为什么我们将枝节加载在 A_1 和 A_2 处 (图 7.3.1)，而不是在 B_1 和 B_2 处。如果将枝节加载在 B_1 和 B_2 处，则可以调节 CM4 的谐振频率。

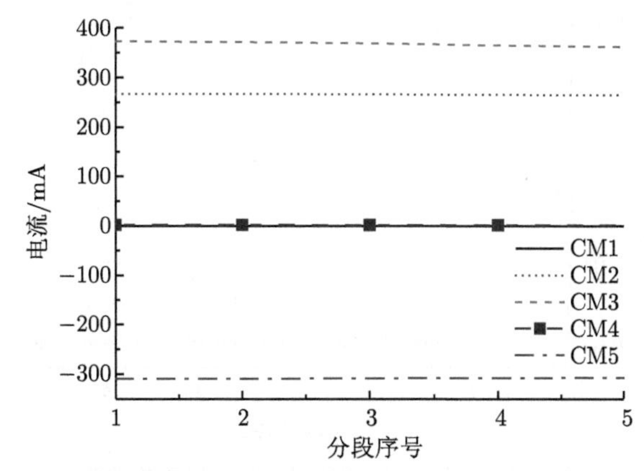

图 7.3.3　前 5 个混合模式在馈电探针上的电流分布 @2.5 GHz

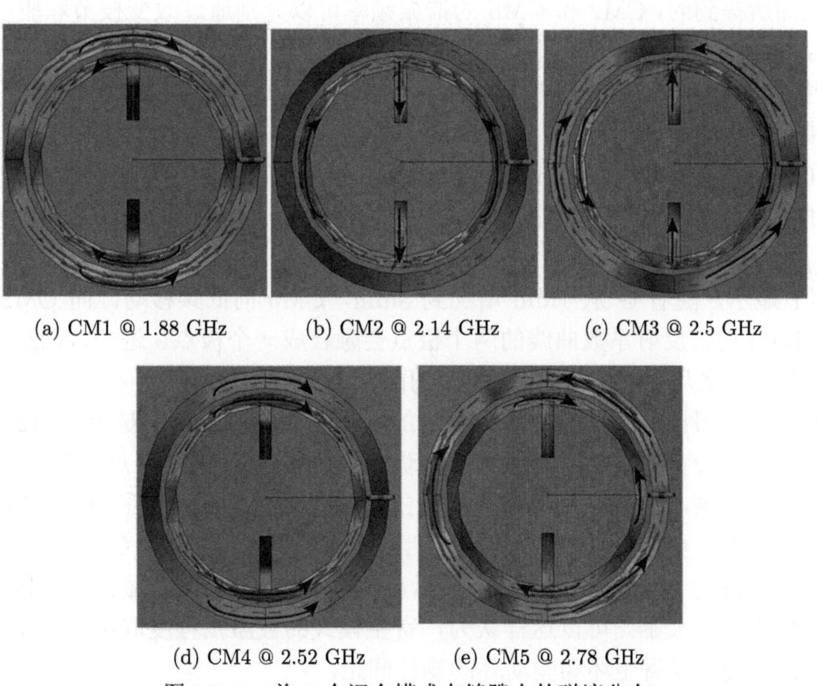

(a) CM1 @ 1.88 GHz　(b) CM2 @ 2.14 GHz　(c) CM3 @ 2.5 GHz

(d) CM4 @ 2.52 GHz　(e) CM5 @ 2.78 GHz

图 7.3.4　前 5 个混合模式在缝隙上的磁流分布

图 7.3.5 给出了前 5 个混合模式的加权系数曲线，可以看出，CM1 和 CM4 没有被激

励出来，这是因为它们在探针上的电流为零 (图 7.3.3)。相反，CM2 和 CM5 在所考虑频段内被有效地激励出来，进一步观察发现，在低频处，CM2 的加权系数大于 CM5，在高频处情况则相反。因此，CM2 和 CM5 分别是低频处和高频处天线的主要工作模式。CM3 虽然也被激励出来，但由于其加权系数比 CM2 和 CM5 小很多，因此可以忽略，下面在进行参数分析时只需考虑 CM2 和 CM5 这两个模式即可。

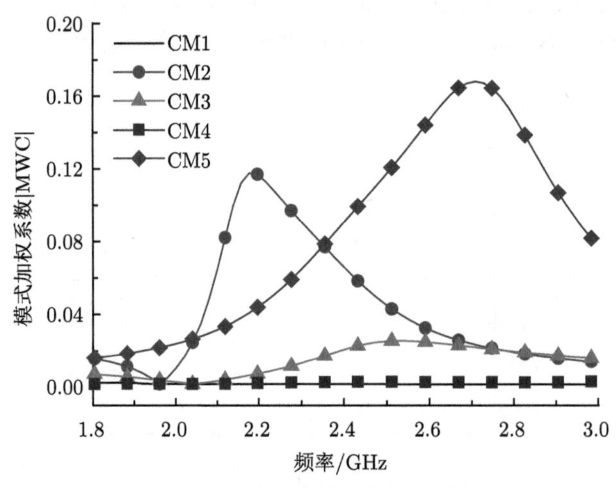

图 7.3.5　前 5 个混合模式的加权系数曲线

正如上面所提到的，CM2 和 CM5 的谐振频率可以分别通过改变枝节和驱动环的尺寸，即 L_s 和 G 来调节，图 7.3.6 和图 7.3.7 验证了这个结论。从图 7.3.6 可见，当 L_s 减小时，CM2 的谐振点向高频移动，而 CM5 几乎没有变化。与此同时，反射系数曲线的低频极点 (由 CM2 带来) 也在向高频移动，其高频极点 (由 CM5 带来) 几乎不动。当 L_s 进一步减小到等于 0mm 时，反射系数曲线只有一个极点，这是因为此时 CM2 和 CM5 的谐振点距离太近了。从图 7.3.6 可以看到，当 L_s 从增加到 11mm 时，两个模式都能被有效激励出来。

图 7.3.7 显示，随着 G 从 1mm 增加到 3mm，CM5 向低频移动，而 CM2 几乎不动。当 G 等于 3mm 时，反射系数曲线的两个极点会融合成一个极点。进一步研究显示，当 G 小于 1mm 时，带宽几乎不变，但带宽内的阻抗匹配会恶化。

现在我们可以得出结论，反射系数曲线的低频和高频极点分别是由 CM2 和 CM5 带来的，因此，天线带宽可以很容易地通过移动 CM2 和 CM5 的谐振点来调节。

可能有人会猜测，G 越大，驱动环和寄生环的间距越大，则寄生模式 CM2 越不容易被激励出来。然而，实际情况却并非如此。当 G 增大时，驱动模式 CM5 向低频移动，从而更加靠近寄生模式 CM2，图 7.3.7(c) 显示，此时 CM2 越会被激励出来，因为其加权系数曲线的峰值变得更大了。可以这样认为，寄生模式的被激励程度取决于寄生与驱动模式谐振点的距离，而不是寄生环和驱动环的物理间距。

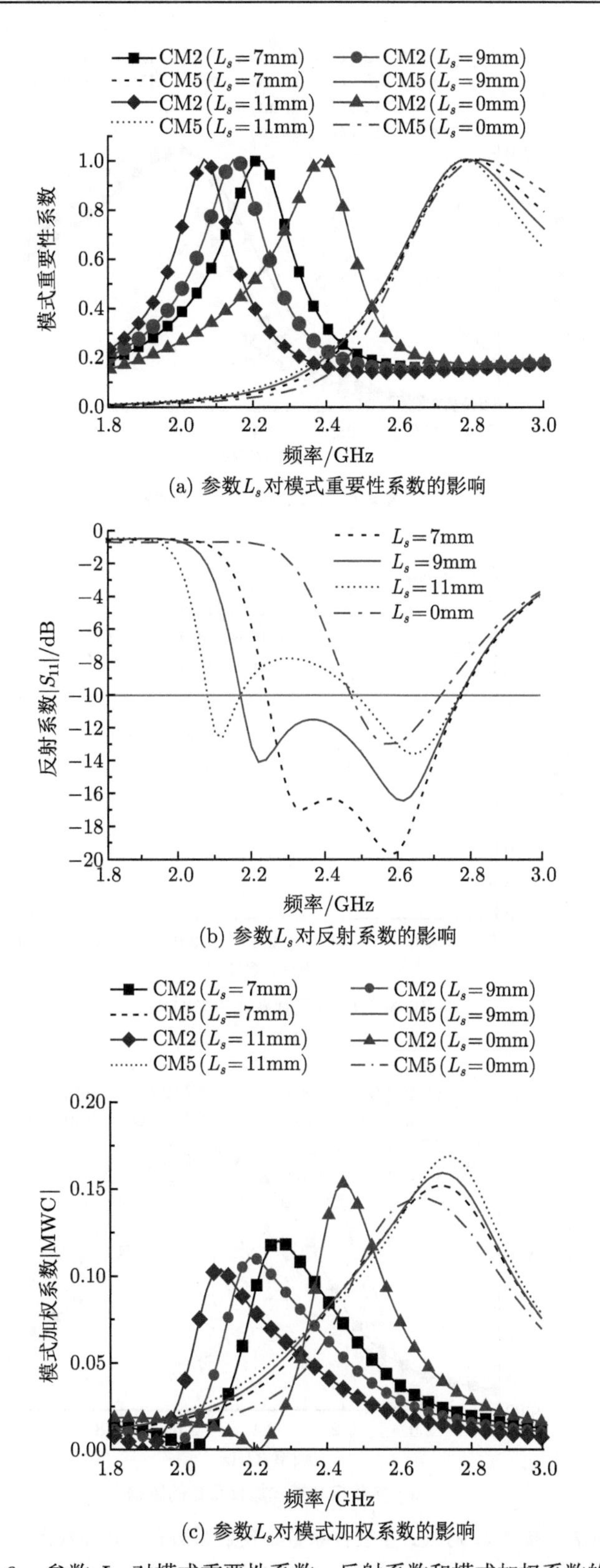

(a) 参数L_s对模式重要性系数的影响

(b) 参数L_s对反射系数的影响

(c) 参数L_s对模式加权系数的影响

图 7.3.6 参数 L_s 对模式重要性系数、反射系数和模式加权系数的影响

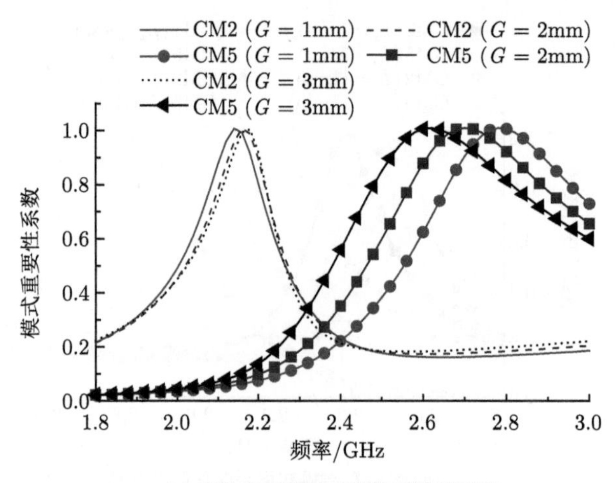

(a) 参数G 对模式重要性系数的影响

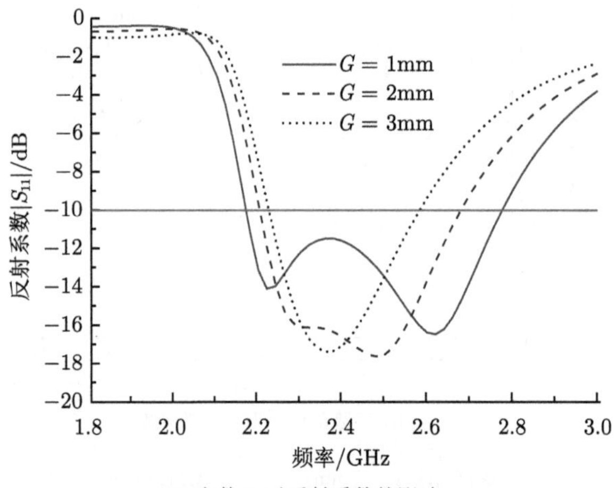

(b) 参数G 对反射系数的影响

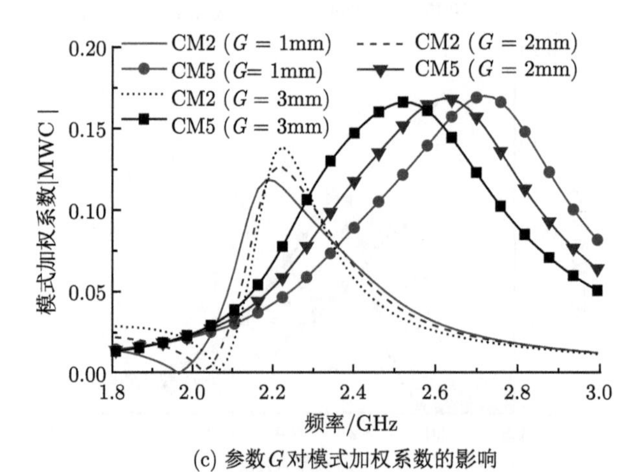

(c) 参数G对模式加权系数的影响

图 7.3.7 参数 G 对模式重要性系数、反射系数和模式加权系数的影响

图 7.3.8 展示了 CM2 和 CM5 的特征方向图，可以看出，两者的方向图不仅在工作频段内保持稳定，还非常相似，特别是 CM2 在低频 2.25 GHz 处的方向图与 CM5 在高频 2.65 GHz 处的方向图几乎一模一样，最大辐射都在上下边射方向。考虑到天线在低频和高频处的方向图分别由 CM2 和 CM5 决定，可以预测天线在整个工作频段内具有稳定的方向图，最大辐射是在上下边射方向上。

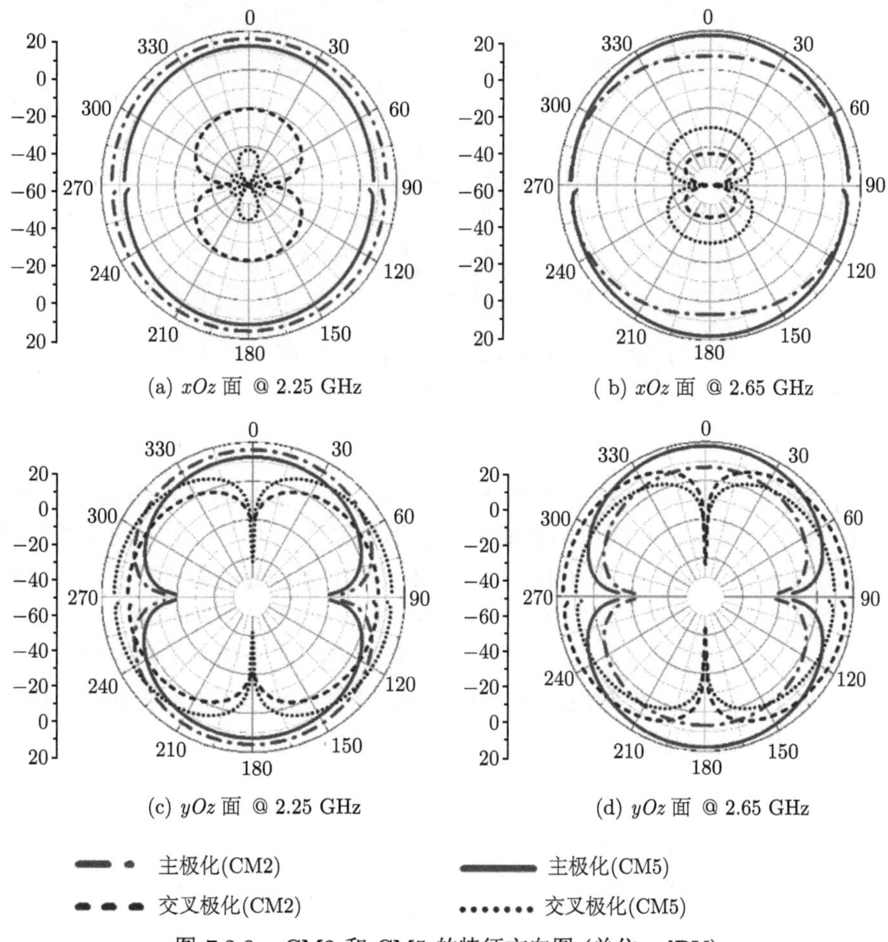

图 7.3.8 CM2 和 CM5 的特征方向图 (单位：dBV)

图 7.3.4 显示 CM2 和 CM5 的磁流主要沿着 Y–方向分布，因此这两个模式都主要提供天线的主极化辐射。在图 7.3.8 中，CM2 和 CM5 在上下边射方向的交叉极化都小于 −30dBV。可以预测，在边射方向上，天线的交叉极化比会非常好。

7.3.2 测试结果及分析

为了验证设计方法的正确性，我们加工出了缝隙天线，如图 7.3.9 所示，该天线采用 50Ω 特性阻抗的同轴线馈电。地板的大小设计为 150mm×150mm$(1.36\lambda_g \times 1.36\lambda_g)$。

从图 7.3.10 可以看出，反射系数的测量结果和仿真结果相匹配，10dB 阻抗带宽为 2.15∼2.75GHz。借助于加载寄生环，分数阻抗带宽从 12.5%显著增加到 24%。为了研究地板对带宽的影响，我们缩小了地板尺寸，仿真结果如图 7.3.11 所示，可以发现减小地板会导致带宽内阻抗匹配的变化，但对带宽本身影响很小。

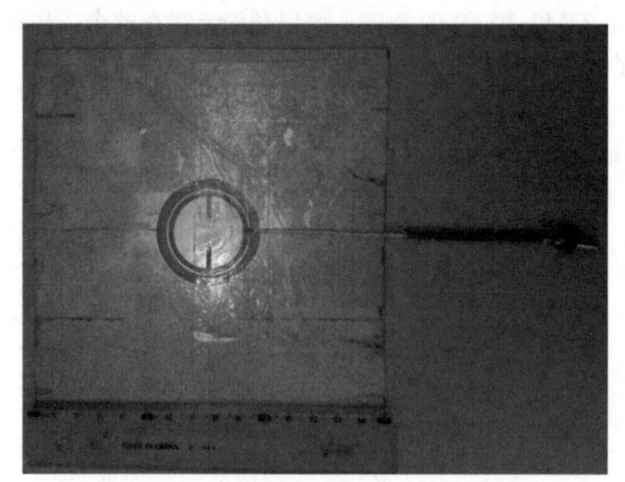

图 7.3.9　同轴探针馈电的天线加工原型

从图 7.3.12 可以看出，在中心频率 2.5GHz 处，上下边射方向的增益分别为 3.91dBi 和 3.81dBi。由于介质基板和馈电同轴线带来的不对称性，上下边射方向的增益有一点不一样。图 7.3.13 给出了天线在 2.1GHz 和 2.2GHz 两个频点处的磁流分布，可以看到，在 2.1GHz 处，驱动环和寄生环上的磁流沿着相反的方向，因此它们的辐射会相互抵消，特别是在上下边射方向上。然而在 2.2GHz 处，驱动环和寄生环上的磁流沿着相同的方向。所以，如图 7.3.12 所示，在工作频段以下，天线增益会迅速减小，但在工作频段内，天线增益变动小于 1.5dB，比较稳定。

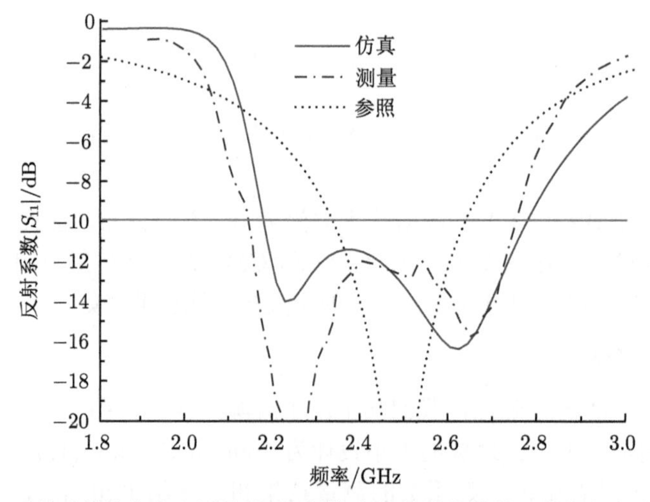

图 7.3.10　反射系数的仿真和测量结果 (图中参照结果指的是没有添加寄生环的情况)

图 7.3.14 给出了天线方向图的仿真和测量结果，两者比较一致。由于馈电探针的寄生辐射，测量出来的交叉极化会比仿真出来的大，尤其是在 xOz 面内。即便如此，所有的测量结果都显示在边射方向上，主极化比交叉极化至少要大 20dB，这表明天线的极化纯度高。天线方向图的形状在低频 2.25GHz 处与在高频 2.65GHz 处几乎完全一样。

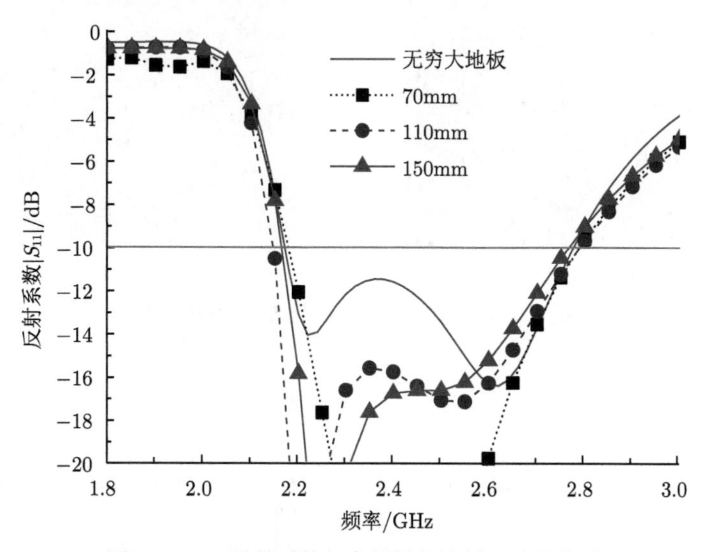

图 7.3.11 反射系数仿真结果与地板尺寸的关系

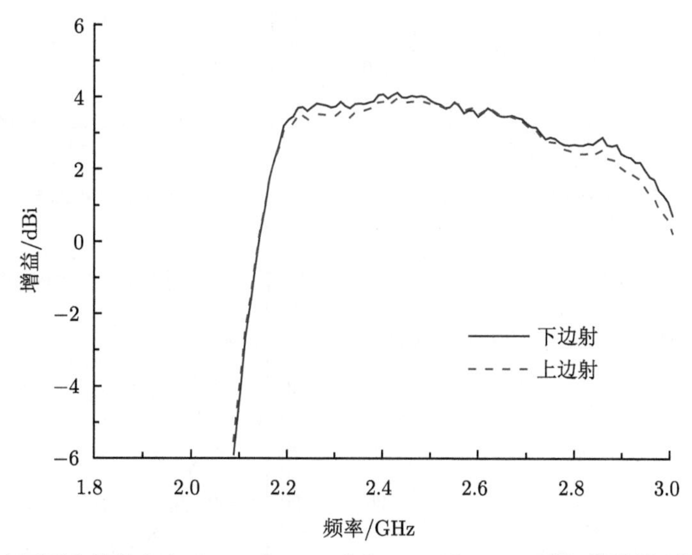

图 7.3.12 上下两个边射方向 ($\varphi = 0°, \theta = 0°$ 和 $\varphi = 0°, \theta = 180°$) 的增益 (均为测量结果)

图 7.3.15 给出了天线三维方向图的仿真结果，可以看到，在低频和高频都没有出现副瓣，而且最大辐射也没有偏离上下边射方向。进一步研究发现，采用较小地板 (70mm×70mm 或 110mm×110mm) 并不会有损辐射方向图的稳定。因此可以断言，该天线的辐射方向图

在工作频段内保持稳定。

(a) 2.1 GHz

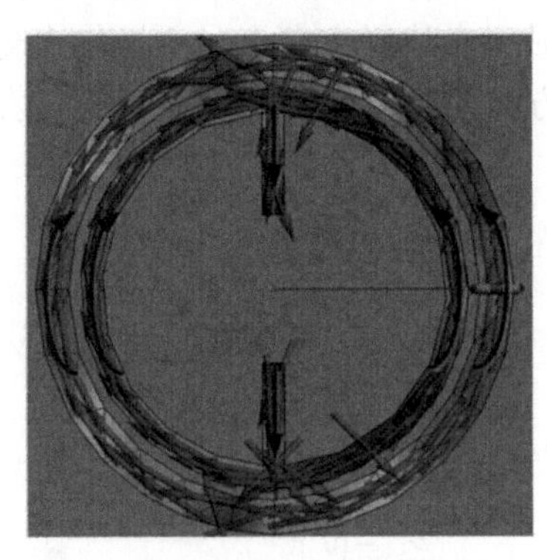

(b) 2.2 GHz

图 7.3.13　缝隙上的磁流分布 @ 不同频率

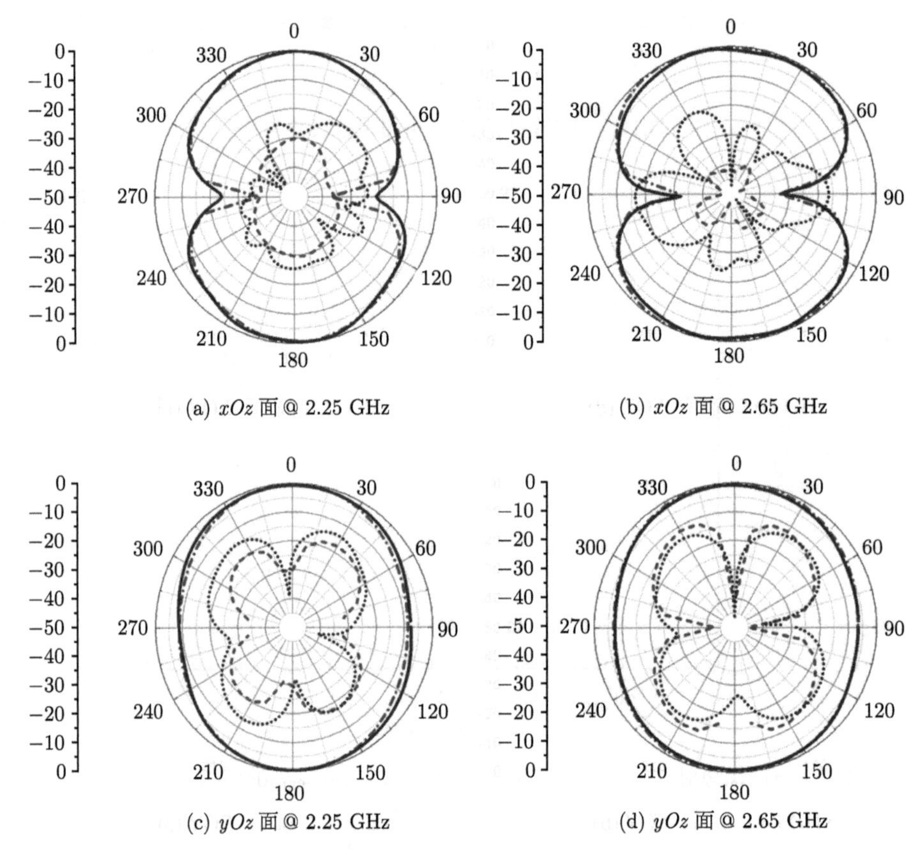

(a) xOz 面 @ 2.25 GHz

(b) xOz 面 @ 2.65 GHz

(c) yOz 面 @ 2.25 GHz

(d) yOz 面 @ 2.65 GHz

图 7.3.14　加载寄生环后天线辐射方向图的仿真和测量结果 (单位: dB)

主极化(仿真)　主极化(测量)
交叉极化(仿真)　交叉极化(测量)

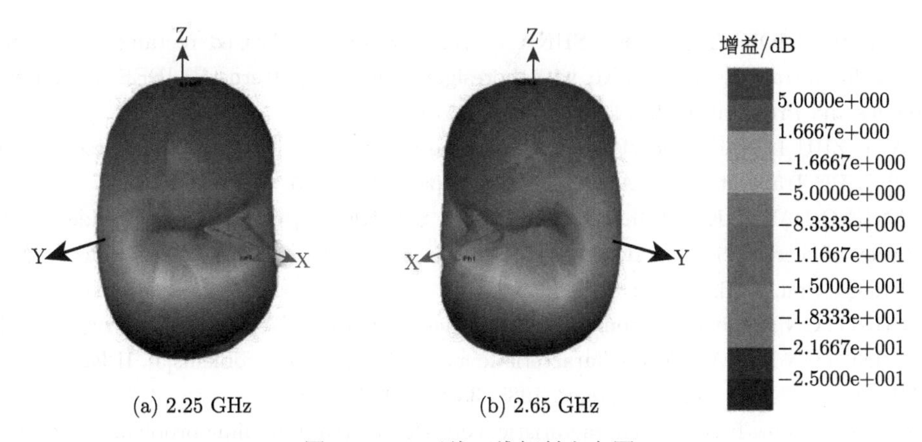

(a) 2.25 GHz (b) 2.65 GHz

图 7.3.15 天线三维辐射方向图

表 7.3.1 将本节所提出的缝隙天线与其他平面天线作了比较，可以看出，所提出的天线在工作频段内保持着双向辐射稳定的优势，且地板尺寸较大，天线特性关于地板大小不敏感，易于共形。

表 7.3.1 不同带宽平面天线的比较

天线类型	方法	工作模式	10-dB 带宽/GHz	方向图
[24] 贴片天线	加载短路探针	两个已存在的模式	2.32～2.70 (15.2%)	单向辐射稳定
[25] 贴片天线	加载生贴片	一个已存在的模式和一个新引入的模式	(4.1%)	单向辐射不稳定，高频主瓣倾斜，偏离上下边射方向
[26] 导电振子天线	加载寄生环	一个已存在的模式和一个新引入的模式	1.85～2.9 (44.2%)	全向辐射稳定
[27] 线形缝隙天线	偏馈	两个已存在的模式	(32%)	双向辐射不稳定，主瓣倾斜，偏离上下边射方向
[2] 阶梯形缝隙天线	电小尺寸的地板	—	3.2～13.2 (122%)	双向辐射不稳定，高频主瓣倾斜，偏离上下边射方向，出现旁瓣
7.2 节提出的圆环缝隙天线	加载缝隙枝节	一个已存在的模式和一个新引入的模式	2.25～2.70 (18.2%)	双向辐射不稳定，低频主瓣倾斜，偏离上下边射方向
7.3 节提出的圆环缝隙天线	加载寄生缝隙圆环	一个已存在的模式和一个新引入的模式	2.15～2.75 (24%)	双向辐射稳定
单独一个圆环缝隙天线 (参照)	—	一个已存在的模式	2.33～2.64 (12.5%)	双向辐射稳定

参考文献

[1] LATIF S I, SHAFAI L, SHARMA S K. Bandwidth enhancement and size reduction of microstrip slot antennas[J]. IEEE Transactions on Antennas and Propagation, 2005, 53(3): 994-1003.

[2] KUMAR R, KHOKLE R K, KRISHNA R. A horizontally polarized rectangular stepped slot antenna for ultra wide bandwidth with boresight radiation patterns[J]. IEEE Transactions on Antennas and Propagation, 2014, 62(7): 3501-3510.

[3] LU W J, ZHU L. Wideband stub-loaded slotline antennas under multi-mode resonance operation[J]. IEEE Transactions on Antennas and Propagation, 2015, 63(2): 818-823.

[4] ANTONINO-DAVIU E, CABEDO-FABRÉS M, SONKKI M, et al. Design guidelines for the excitation of characteristic modes in slotted planar structures[J]. IEEE Transactions on Antennas and Propagation, 2016, 64(12): 5020-5029.

[5] HARRINGTON R. Time-harmonic Electromagnetic Fields[M]. New York: McGrww-Hiu, 1961.

[6] HARRINGTON R, MAUTZ J. Characteristic modes for aperture problems[J]. IEEE Transactions on Microwave Theory and Techniques, 1985, 33(6): 500-505.

[7] LEVIATAN Y. Low-frequency characteristic modes for aperture coupling problems[J]. IEEE Transactions on Microwave Theory and Techniques, 1986, 34(11): 1208-1213.

[8] EL-HAJJ A, KABALAN K Y, HARRINGTON R. Characteristic mode analysis off electromagnetic coupling through multiple slots in a conducting plane[J]. IEE Proceedings H-Microwaves, Antennas and Propagation, 1993, 140(6): 421.

[9] LIANG P Y, WU Q. Duality principle of characteristic modes for the analysis and design of aperture antennas[J]. IEEE Transactions on Antennas and Propagation, 2018, 66(6): 2807-2817.

[10] HARRINGTON R, MAUTZ J, CHANG Y. Characteristic modes for dielectric and magnetic bodies[J]. IEEE Transactions on Antennas and Propagation, 1972, 20(2): 194-198.

[11] CHANG Y, HARRINGTON R. A surface formulation for characteristic modes of material bodies[J]. IEEE Transactions on Antennas and Propagation, 1977, 25(6): 789-795.

[12] LIN J F, CHU Q X. Increasing bandwidth of slot antennas with combined characteristic modes[J]. IEEE Transactions on Antennas and Propagation, 2018, 66(6): 3148-3153.

[13] LIN J F, CHU Q X. Design of wideband slot antennas by using combined characteristic modes[C]// 2019 IEEE International Symposium on Antennas and Propagation and USNC-URSI Radio Science Meeting. IEEE, 2019: 255-256.

[14] MIERS Z, LAU B K. Computational analysis and verifications of characteristic modes in real materials[J]. IEEE Transactions on Antennas and Propagation, 2016, 64(7): 2595-2607.

[15] CHEW W C, TONG M S, HU B. Integral equation methods for electromagnetic and elastic waves[J]. Synthesis Lectures on Computational Electromagnetics, 2008, 3(1): 1-241.

[16] YOSHIMURA Y. A microstripline slot antenna (short papers)[J]. IEEE Transactions on Microwave Theory and Techniques, 1972, 20(11): 760-762.

[17] CADFEKO Suite 7.0 [OL]. http://www.feko.info/product-detail/overview-of-feko.

[18] GARG R, BHARTIA P, BAHL I J, et al. Microstrip Antenna Design Handbook. 1st ed[M]. Norwood: Artech House, 2001.

[19] OBEIDAT K A, RAINES B D, ROJAS R G. Discussion of series and parallel resonance phenomena in the input impedance of antennas[J]. Radio Science, 2010, 45(6): 1-9.

[20] Ansoft Corp. HFSS. [OL]. http://www.ansoft.com/products/hf/hfss.

[21] SAAD A A R, MOHAMED H A. Bandwidth enlargement of a low-profile open-ring slot antenna based on SIW structure[J]. IEEE Antennas and Wireless Propagation Letters, 2017, 16: 2885-2888.

[22] CHEN C H, LI C Q, ZHU Z M, et al. Wideband and low-cross-polarization planar annual ring slot antenna[J]. IEEE Antennas and Wireless Propagation Letters, 2017, 16: 3009-3013.

[23] CABEDO-FABRÉS M. Systematic design of antennas using the theory of characteristic modes[D]. Valencia: Universitat Politecnica de Valencia, 2007.

[24] LIU N W, ZHU L, CHOI W W, et al. A low-profile aperture-coupled microstrip antenna with enhanced bandwidth under dual resonance[J]. IEEE Transactions on Antennas and Propagation, 2017, 65(3): 1055-1062.

[25] KUMAR G, GUPTA K. Nonradiating edges and four edges gap-coupled multiple resonator broadband microstrip antennas[J]. IEEE Transactions on Antennas and Propagation, 1985, 33(2): 173-178.

[26] WEN D L, HAO Y, WANG H Y, et al. Design of a wideband antenna with stable omnidirectional radiation pattern using the theory of characteristic modes[J]. IEEE Transactions on Antennas and Propagation, 2017, 65(5): 2671-2676.

[27] ZHU L, FU R, WU K L. A novel broadband microstrip-fed wide slot antenna with double rejection zeros[J]. IEEE Antennas and Wireless Propagation Letters, 2003, 2: 194-196.